Technische Bildverarbeitung – Maschinelles Sehen

Springer

Berlin
Heidelberg
New York
Barcelona
Budapest
Hongkong
London
Mailand
Paris
Santa Clara
Singapur
Tokio

B. Jähne · R. Massen
B. Nickolay · H. Scharfenberg

Technische Bildverarbeitung –
Maschinelles Sehen

Mit 138 Abbildungen und 19 Farbtafeln

Springer

Prof Dr. Bernd Jähne
Interdisziplinäres Zentrum
für Wissenschaftliches Rechnen (IWR)
Universität Heidelberg
Im Neuenheimer Feld 368
D - 69120 Heidelberg
E-mail: bjaehne@giotto.iwr.uni-heidelberg.de

Prof. Dr.-Ing. Robert Massen
Massen Machine Vision Systems GmbH
Am Seerhein 8
D - 78467 Konstanz

Dr.-Ing. Bertram Nickolay
Abteilung Mustererkennung
Fraunhofer-Institut
für Produktionsanlagen und Konstruktonstechnik
Pascalstraße 8 - 9
D - 10587 Berlin
E-mail: nickolay@ipk.fhg.de

Prof. Dr. Harald Scharfenberg
Fachhochschule Darmstadt
Fachbereich Mathematik und Naturwissenschaften
Aufbaustudiengang Optotechnik und Bildverarbeitung
Schöfferstraße 3
D - 64295 Darmstadt

ISBN-13: 978-3-642-64823-6   e-ISBN-13: 978-3-642-61403-3
DOI: 10.1007/978-3-642-61403-3

Die Deutsche Bibilithek – Cip-Einheitsaufnahme

Technische Bildverarbeitung - Maschinelles Sehen / B. Jähne ... - Berlin ; Heidelberg ; New York ;
Barcelona ; Budapest ; Hongkong ; London ; Mailand ; Paris ; Santa Clara ; Singapur ; Tokio :
Springer, 1995

NE: Jähne, Bernd

Satz: Reproduktionsfertige Vorlage der Autoren
SPIN: 10124238   62/3020 - 5 4 3 2 1 0 - Gedruckt auf säurefreiem Papier

Vorwort

Die digitale Bildverarbeitung gewinnt in weiten Bereichen der Wirtschaft zunehmend an Bedeutung. In der Güterproduktion ist die fortschreitende Automatisierung auf lange Sicht zwingend mit der Integration bildverarbeitender Systeme verbunden, um den steigenden Anforderungen an die Flexibilität der betrieblichen Prozesse gerecht zu werden und die Sicherung der Produktqualität zu gewährleisten. Die Bildverarbeitung erfordert interdisziplinäres Zusammenwirken. Sie nutzt die Technologien verschiedener Wissenschaftsgebiete wie Lichttechnik, Optik, Mikroelektronik, Mikrosystemtechnik und Neuroinformatik. Die technologische Entwicklung der Hard- und Softwarekomponenten bei gleichzeitigem Preisverfall hat dazu geführt, daß die Anzahl wirtschaftlicher Anwendungen rapide zugenommen hat. Der Markt der industriellen Bildverarbeitung in Deutschland hat sich durch stetiges Umsatzwachstum in der Vergangenheit und unvermindert positive Zukunftsaussichten eigenständig etablieren können.

In ähnlicher Weise entwickelt sich die digitale Bildverarbeitung zu einem von jedermann einsetzbaren Werkzeug in der wissenschaftlichen Meßtechnik. Durch zeilen-, flächen- oder sogar volumenhafte Erfassung der Meßdaten wird eine neue Qualität erreicht, die punktförmig messenden Sonden weit überlegen ist. Eine schier unübersehbare Fülle von Prozessen und Meßgrößen läßt sich heute mit modernen Visualisierungsverfahren und Halbleitersensoren quantitativ sichtbar machen. Zudem hat sich in den letzten 10 Jahren das Grundlagenwissen über digitale Bildverarbeitung so erweitert, daß in vielen Bereichen zuverlässige und robuste Verfahren zur Verfügung stehen, wo früher nur empirisches „Probieren" möglich war.

Dieses Buch wurde von vier Autoren gemeinsam verfaßt, um ein möglichst breites Wissen von den Grundlagen und den industriellen und wissenschaftlichen Anwendungen einzubringen. Im ersten Kapitel (R. Massen) wird der Leser aus der Sicht seines eigenen Sehvermögens an die maschinelle Bildverarbeitung herangeführt. Es wird erläutert, was es bedeutet, daß ein solches System sehen, erkennen und entscheiden kann. Das zweite Kapitel (B. Jähne) gibt einen Überblick über die technischen Möglichkeiten, die heute für Bildaufnahme und Bildauswertung zur Verfügung stehen. Um eine möglichst große Praxisnähe zu erreichen, werden in den Kapiteln 3 (B. Nickolay und H. Scharfenberg) und 4 (B. Jähne) eine Vielzahl von Anwendungsbeispielen aus der Produktion und dem Labor beschrieben. Die beschriebenen Industrieprojekte zur Anwendung der Bildverarbeitung stammen zum Teil aus gemeinsamen Projekten des Fraunhofer-Instituts für Produktionsanlagen und Konstruktionstechnik (IPK), Berlin, mit verschiedenen Firmen oder wurden von bekannten Anbietern von Bildverarbeitungssystemen realisiert. In diesem Zusammenhang sei auf die Anwenderfragebögen (siehe Anhang) zur Einsatzplanung und Abnahme von Bildverarbeitungssystemen hingewiesen. Diese Fragebögen basieren auf jahrelangen Erfahrungen des IPK in der Durchführung von Projekten der industriellen Bildverarbeitung.

Dazu seien einige ergänzende Bemerkungen gestattet: Es entspräche nicht der Zielsetzung dieses Buches, die auf Werbewirksamkeit konzipierten Applikationsberichte der einzelnen Firmen unreflektiert zu übernehmen. Daher wurde in intensiven persönlichen Gesprächen mit den Projektleitern und Firmeninhabern der betroffenen Firmen versucht, möglichst viel Zusatzinformation über die einzelnen Projekte zu erhalten, die vor allem für den potentiellen Anwender von größerem Interesse sind. Das ist leider nicht immer in dem Maße geglückt, wie wir uns das gewünscht hätten, aber wir haben natürlich Verständnis dafür, daß bei dem hohen Wettbewerbsdruck in dieser Branche die Firmen nur ungern das Wissen preisgeben, was sie als ihre spezielle Expertise und damit als Wettbewerbsvorteil betrachten. So ist zu verstehen, daß in einigen Applikationsberichten die eigentliche Bildauswertung nur sehr allgemein beschrieben werden kann und sich teilweise hinter nebulösen Begriffen wie „Berechnung charakteristischer Merkmale aus der Grauwertverteilung" verbirgt. Dennoch glauben wir, daß dabei einige wichtige Informationen über die Detailprobleme der Applikationen vermittelt werden, die für den Anwender von Nutzen sind (Entwicklungsaufwand, Entwicklungszeiträume, Beleuchtungsprobleme usw.). An dieser Stelle sei daher den betroffenen Firmen ausdrücklich gedankt, daß sie trotz mancher Hindernisse bereit waren, weitergehende Informationen zur Verfügung zu stellen.

Besonderer Dank gebührt dabei Herrn Beising von der Firma Rheinmetall E & S Machine Vision GmbH, Karlsruhe, Herrn Bär und Herrn Dr. Stein von der Firma Vitronic Dr.-Ing. Stein Bildverarbeitungssysteme GmbH, Wiesbaden, und Herrn Ersü von ISRA Systemtechnik GmbH, Darmstadt, für ihre Unterstützung. Herzlich bedanken möchten wir uns auch bei folgenden Universitätsinstituten, Forschungseinrichtungen und Firmen für die Überlassung von Bildmaterial bzw. die tatkräftige Mithilfe an der Erstellung dieses Buches:

- S. Müller, Dr. B. Schneider, Dr. G. Schwarze, M. Teunis und Dr. T. Wieland, Fraunhofer-Institut für Produktionsanlagen und Konstruktionstechnik, Berlin

- R. Eils, P. Geißler und H. Haußecker, Interdisziplinäres Zentrum für Wissenschaftliches Rechnen, Universität Heidelberg

- F. Hering und T. Scholz, Institut für Umweltphysik, Universität Heidelberg

- Dr. U. Schurr, Botanisches Institut, Universität Heidelberg

- Dr. G. Zinser, Heidelberg Engineering GmbH, Heidelberg

- J. Dieter und J. Klinke, Scripps Institut für Ozeanographie, Universität von Kalifornien

- J. Weickert, Zentrum für Techno- und Wirtschaftsmathematik, Universität Kaiserslautern

- T. Scheuermann, Fraunhofer-Institut für chemische Technologie, Pfinztal

- Dr. H.-G. Maas, Institut für Geodäsie und Photogrammetrie, ETH Zürich

- Prof. H. Bubb und C. Baur, Institut für Ergonomie, Technische Universität München

- M. Kröger, Bundesforschungsanstalt für Fischerei, Hamburg

- Adaptive Solutions, Inc., Beaverton, OR, USA

- AEON Verlag & Studio, Hanau

- Arcobel Graphics B.V., 's-Hertogenbosch, Niederlande

- ELTEC Elektronik GmbH, Mainz

- Stemmer PC-Systeme GmbH, Puchheim

- Texas Instruments GmbH, München

- Carl Zeiss Jena GmbH, Jena

An dieser Stelle möchten wir auch den Mitarbeitern des AEON Verlag & Studio unseren besonderen Dank aussprechen, deren Erfahrung und Einsatz — insbesondere bei der Erstellung der Bilder und Grafiken in der Endphase der Fertigstellung — ein nicht unmaßgeblicher Anteil am Gelingen dieses Buches zukommt.

Unser aufrichtiger Dank gilt auch den Mitarbeitern des Springer-Verlags für das Interesse an diesem Buch und die gute Betreuung in allen Phasen seiner Entstehung. Schließlich sind wir allen Lesern dankbar, die sich kritisch zu diesem Buch äußern, Verbesserungen oder Ergänzungen vorschlagen oder uns auf Unstimmigkeiten oder Druckfehler aufmerksam machen, die sich trotz aller Sorgfalt bei der Herstellung eingeschlichen haben können.

Sommer 1995   B. Jähne, R. Massen, B. Nickolay, H. Scharfenberg

Inhaltsverzeichnis

1 Sehen, Erkennen, Entscheiden

R. Massen

1.1   Einführung: Die Natur als Vorbild

Die technische Bildverarbeitung ist eine Disziplin der Natur- und Ingenieurwissenschaften, die sich an einem biologischen Vorbild orientiert: dem visuellen System des Menschen und der Tierwelt.

Spätestens seit Ikarus weiß der Ingenieur, daß die Nachahmung eines biologischen Vorbildes ihre Tücken hat. Ikarus stürzte bei seinem Versuch zu fliegen nicht ab, weil das Vorbild, der Vogelflug, falsch war. Sein Fehler war, daß er nicht zwischen der Funktion des Fliegens, den zum Fliegen eingesetzten Methoden und den zum Erreichen einer nach bestimmten Methoden arbeitenden Funktion erforderlichen Werkzeugen unterschied. Er imitierte etwas naiv die gleichen Methoden (schwingende Flügel), verwendete ähnliche Werkzeuge (Federn, Muskelkraft zur Bewegung der Flügel) und mußte dabei feststellen, daß offensichtlich diese Imitation einige entscheidende Lücken hatte. Der eigene Körper mit seinen im Vergleich zum Vogel viel zu schweren Knochen, die schlecht haftenden Federn, die bereits genetisch fixierte Intelligenz der Vögel, mit schwingenden Flügeln zu fliegen, wurden nicht berücksichtigt. Die Folgen sind bekannt: Ikarus stürzte ab, und der Mensch fliegt heute mit Maschinen, welche vom Vogel nur noch eine Funktion übernommen haben, nämlich die Erzeugung von Auftrieb an einem umströmten Flügel.

Es gilt, diesen Fehler bei der Beschäftigung mit der Bildverarbeitung nicht zu wiederholen. Die Aufgabe ist es, maschinelle Sehsysteme mit einem möglichst hohen Grad an visueller Intelligenz und einer Optimierung auf spezifische Aufgaben hin zu entwickeln. Daß dabei unser eigenes Sehsystem Vorbild ist, hat lediglich folgenden Zweck:

1. Es macht Mut, auch aus heutiger Sicht sehr schwierige Erkennungsaufgaben anzugehen, weil diese offensichtlich zumindest bei biologischen Systemen gelöst sind. Es gibt keine Entschuldigung zu sagen, es geht nicht.

2. Es hilft, die Aufgaben des Sehsystems in Funktionen zu gliedern und diese Funktionen als Aufgabenstellung für technische Bildsysteme aufzunehmen.

3. Es zeigt den großen Unterschied zwischen den chemisch-biologischen Werkzeugen, mit welchen die natürlichen Sehsysteme arbeiten, und den doch ganz anderen Werkzeugen, welche uns zur Realisierung technischer Sehsysteme zur Verfügung stehen: optische Komponenten, Schaltkreise sowie Rechnerhard- und -software.

Damit ist klar, daß das biologische Vorbild nicht imitiert werden kann: es geht darum, lediglich einen Teil seiner Funktionen nachzubilden und hoffentlich aus einigen der von der Natur eingesetzten Methoden zu lernen. Im übrigen aber muß ein eigener, technischer Weg gefunden werden.

1.2 Intelligente Systeme

Zusammenfassung

Ein System zeigt dann intelligentes Verhalten, wenn es mindestens über folgende Funktionen verfügt:

- möglichst umfassende Sensorik

- Aktuatorik

- Wissen speichern

- Vergessen

- nach einem weichen, adaptionsfähigen Programm arbeiten

- für Belohnung und Bestrafung empfindlich sein

Sehen, Erkennen und Entscheiden sind unwidersprochen „intelligente" Fähigkeiten des Menschen. Die Beschränkung auf den Menschen erfolgt nicht aus Überheblichkeit gegenüber der Tierwelt, sondern weil es im Rahmen dieser Buchreihe leichter ist, dem Leser anhand seines eigenen Sehsystems die benötigten Funktionen und Methoden verständlich zu machen.

Es ist bekanntlich heute noch schwierig, eine zufriedenstellende Definition für „Intelligenz" zu finden. Im Rahmen der technischen Bildverarbeitung möge eine pragmatische Umschreibung genügen:

Ein System besitzt dann Intelligenz, wenn es in der Lage ist, in einer komplexen, sich verändernden Umwelt aufgrund von redundanten und unvollständigen Informationen solche Handlungen autonom durchzuführen, welche zum Erreichen eines bestimmten Zieles erforderlich sind.

Dazu müssen folgende Funktionen vorhanden sein (Abb. 1.1):

1. Eine ausreichende *Sensorik*. Der Mensch verläßt sich selten auf nur ein Sinnesorgan, auch wenn oft der Seheindruck der dominierende ist. Auch die Vergangenheit der technischen Bildverarbeitung zeigt deutlich, daß *multisensorielle Systeme* mit mehreren, möglichst physikalisch unterschiedlichen und wenig korrelierten Sensoren für stabile Entscheidungen notwendig sind. Der Arzt verläßt sich nicht

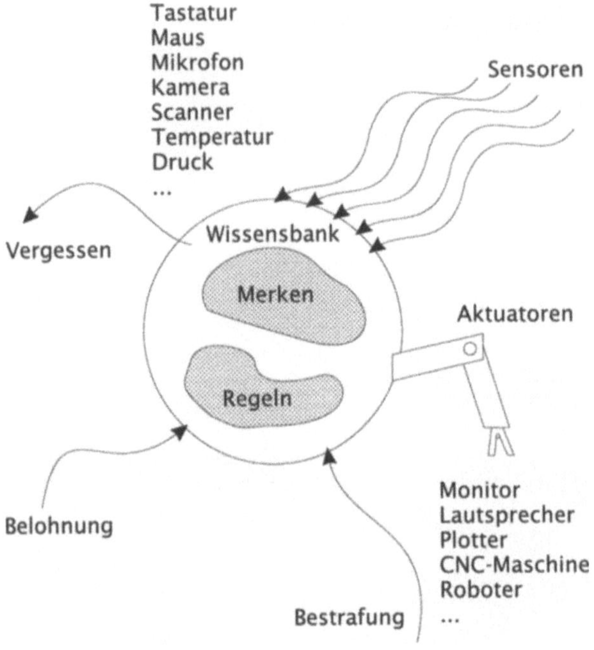

Abb. 1.1. Notwendige Elemente eines (künstlichen) intelligenten Systems

nur auf die Gesichtsfarbe seines Patienten, er tastet ab, er riecht, und er bedient sich chemisch-analytischer Sensoren, um eine Diagnose zu stellen. In der Bildverarbeitung werden wir Kameras in unterschiedlichen Wellenlängenbereichen (Farbe, nahes Infrarot) mit bildgebenden 3D- und Bewegungssensoren kombinieren und aufgrund der gemeinsamen Auswertung aller Signale und ihrer gegenseitigen Zusammenhänge Aussagen treffen.

2. Eine *Aktuatorik.* Auch bei genügend sensorieller Information ist es in einer komplexen und sich verändernden Umwelt unvermeidlich, daß mehrdeutige Situationen auftreten, welche mit der bestehenden Anordnung von Sensoren nicht verstanden werden können. So bedarf es z.B. eines anderen Blickwinkels, um bei sich gegenseitig verdeckenden Objekten auswertbare Bilder zu erhalten. Ein intelligentes System muß in der Lage sein, in seine Umwelt zurückzuwirken und diese zu verändern. Dies bedarf einer gesteuerten Mechanik oder Handhabung, kurz Aktuatorik genannt. Im einfachsten Fall ist dies das mechanische Handhabungssystem, welches bei der industriellen Qualitätskontrolle die zu prüfenden Produkte in das Bildfeld der Kamera(s) bringt und nach Gut und Schlecht aussortiert. In komplexeren Systemen ist es die mechanisch bewegte Kamera (oder Beleuchtung), welche in der Lage ist, die Bildszene aus

unterschiedlichen Blickwinkeln zu betrachten oder auszuleuchten. Aktuatorik ist unentbehrlich, damit ein intelligentes System lernen kann. So wie das Kind seine Bauklötze bewegen muß, um das Prinzip von Schwerkraft und Statik zu lernen, so muß ein intelligentes System zumindest über gewisse Möglichkeiten verfügen, zurück in die Welt zu wirken, welche es beobachten und verstehen soll.

3. *Wissen speichern.* Ein System ist intelligent, wenn es Wissen erwerben, speichern und erweitern kann. Diese Wissen kann Fakten betreffen (deklaratives Wissen) oder aber Regeln für den Umgang mit Fakten und sensorisch erfaßten Informationen (prozedurales Wissen). Wissen zu speichern ist keine einfache Aufgabe, da naturgemäß sowohl die verfügbaren Speicher begrenzt sind als auch die benötigte Zeit zum Ablegen und Aufrufen des Wissensspeichers nicht zu lang sein darf. Es ist daher eine der herausragenden Eigenschaften intelligenter Systeme, daß sie in der Lage sind, aus der immensen Flut von Rohdaten, welche die Wissensquellen („Sensoren") permanent liefern, nur wesentliche Informationen herauszufiltern und diese in einer möglichst sparsamen Weise abzuspeichern.

Die technisch wirksame Reduktion der Redundanz (des Überflüssigen) erst macht es möglich, solche Funktionen zu automatisieren, welche gemeinhin als Ausdruck menschlicher Intelligenz gesehen werden:

- Das Verstehen des gesprochenen Wortes, insbesondere im kontinuierlichen Sprechfluß.
- Das Lesen von handgeschriebener Schrift.
- Das Empfangen, Verstehen und Merken visueller Informationen.

Insbesondere auch bei technischen Bildverarbeitungssystemen sind große Anstrengungen erforderlich, um den, verglichen mit anderen Sinnesorganen, immensen Fluß visueller Rohdaten auf das wesentliche Wissen zu reduzieren, um überhaupt eine Chance zur automatischen Auswertung und Abspeicherung mit tragbarem Rechen- und Zeitaufwand zu erhalten. Hierbei spielen datenreduzierende Codierungen, Kompressionsverfahren und assoziative Abspeicherung eine bedeutende Rolle.

Wissensspeicher sind daher wesentlich anspruchsvollere Elemente als die reinen Daten/Programmspeicher üblicher Datenverarbeitungsrechner.

4. *Wissen vergessen.* Auch bei bester, komprimiertester Form der Wissensspeicherung wird es nicht ausbleiben, daß die zur Verfügung stehenden Kapazitäten nicht mehr ausreichen. Intelligente Systeme

müssen daher auch die Funktion des „Vergessen" aufweisen, wohlgemerkt, des Vergessens unwichtig gewordenen Wissens. Nur wer vergessen kann, kann permanent lernen. Wenn man betrachtet, wie wenig dieses Prinzip in der heutigen Datenverarbeitung verwirklicht ist, so erkennt man, wie weit unsere derzeitigen Rechner noch von den eigentlich selbstverständlichen Funktionen unserer biologischen Intelligenz entfernt sind.

5. Nach einem *„weichen" Programm* arbeiten. Wenn automatische Systeme ein intelligentes Verhalten nach o.g. Definition aufweisen sollen, so können sie nicht nach einem einmalig geschriebenen Programm arbeiten. Sie müssen die Möglichkeit der *Adaption (Lernfähigkeit)* haben; ihr Programm muß zumindest aufgrund äußerer Informationen in der Lage sein, selbständige Änderungen an sich selber durchzuführen. Man kann noch offen lassen, inwieweit diese Änderungen im Sinne der klassischen symbolischen *Künstlichen Intelligenz (KI)* die deklarative und prozedurale Wissensbasis betreffen oder im Sinne der konnektionistischen Systeme die selbständigen Änderungen der Gewichtskoeffizienten und der Struktur eines Neuronalen Netzes.

   Im Rahmen dieser Buchreihe werden sowieso immer beide Ansätze nebeneinander bestehen; ein Glaubenskrieg zwischen symbolischer Künstlicher Intelligenz, konnektionistischen Ansätzen oder klassischer Regelungs- und Nachrichtentechnik erscheint höchst überflüssig.

6. Empfänglich für *Belohnung* und *Bestrafung* sein. Ein intelligentes System kann nur lernen (sich adaptieren), wenn es durch äußere Stimuli zielgerichtet hierzu bewegt wird. Es muß sichergestellt sein, daß die Funktion der *Belohnung* vorhanden ist, um eine Adaptierung in einem bestimmten Sinne auszulösen und fortzusetzen. Entsprechend muß die Funktion der *Bestrafung* dafür sorgen, daß eine Adaptierung in eine nicht gewünschte Richtung wieder abgebaut wird.

   Diese Funktionen sind i.a. technisch sehr viel einfacher zu verwirklichen, als die doch sehr menschlichen Begriffe es vermuten lassen. Eine elektronische Maus, welche ihren Weg durch einen Irrgarten selbständig lernen soll, wird durch Kontakte bestraft, wenn sie an den Wänden anstößt. Für jeden Schritt in eine zufällig gewählte Richtung, welchen sie ohne anzustoßen durchläuft, wird sie belohnt. Werden beide Arten von Impulsen in jeweils einem *Belohnungs*-Zähler und einem *Bestrafungs*-Zähler summiert, erhalten wir für jede Trajektorie ein Gütemaß aus der Differenz von Belohnung zu Bestrafung. Damit lassen sich nach und nach Trajektorien aufbauen, bei welchen die Maus immer weniger anstößt: die Maus „lernt".

Es ist die Kunst und Aufgabe beim Entwurf intelligenter technischer Bildverarbeitungssysteme, diese Funktionen so weit und so vollkommen wie möglich mit den technischen Werkzeugen Optik, Rechnerhard- und -software zu realisieren.

1.3   Sehen

Zusammenfassung

Die „photographischen" Funktionen des menschlichen Auges wie:

- diskreter Sensor mit vielen lichtempfindlichen Sensorelementen

- optische Abbildung

- optimierte Ortsfrequenzübertragungsfunktionen

sind relativ gut verstanden und werden von technischen Kameras bei der Einzelbildaufnahme z. T. bereits übertroffen.
Die offensichtlich sehr effiziente Abspeicherung von Bildern beim Menschen allerdings ist weitgehend unklar. Ihre Leistungsfähigkeit wird bei weitem nicht von technischen Bild-„Daten"-Speichern erreicht.

1.3.1   Die Funktionen des Sehens

Das Sehen ist eine dermaßen vollkommene, fast ermüdungsfrei gelernte und unbewußt ablaufende Sinnestätigkeit, daß sich der Mensch nur selten über die zugrundeliegenden komplexen Funktionen Gedanken zu machen braucht. Tatsächlich „sieht" der Mensch nicht: er nimmt wahr (*perception*); im wesentlichen erkennt er wieder, was er vorher zumindest in Ansätzen bereits gesehen hat. Eine Unterteilung des Sehsystems in einen eher technisch-optischen Sensorikteil und einen informationsverarbeitenden Teil ist daher sicherlich beim Menschen wegen der engen Verkopplung riskant.

Wenn diese pauschale Unterteilung auch in diesem Buch beibehalten wird, dann nur aus Gründen der einfacheren Darstellung und unter Wahrung aller Bedenken, welche eine solche Aufspaltung wachruft.

Um trotz dieser Bedenken die Funktionen der biologischen Sehsysteme etwas zu strukturieren, wird eine grobe Unterteilung in die folgenden Funktionskategorien gewählt:

1. *Sehen*: die physikalisch-technischen Vorgänge bei der Bildaufnahme.

2. *Erkennen*: die „intelligenten" Vorgänge bei der Überführung von Bildpunkten in aussagefähigere, verdichtete Strukturen.

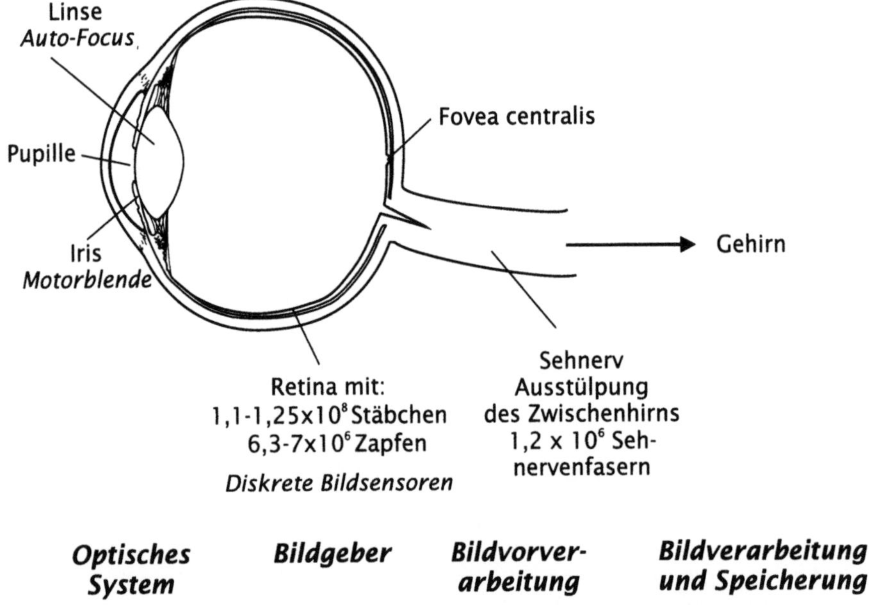

Abb. 1.2. Das biologische Sehsystem des Menschen und die technischen Imitate [1]

3. *Entscheiden*: die aus dem *Erkennen* abgeleiteten definitiven Schluß-
folgerungen über den Bildinhalt.

1.3.2 Der visuelle Sensor

Das Sehsystem kann in einen ziemlich gut bekannten technisch-optischen
Teil und einen wesentlich weniger klar abgegrenzten Informationsverar-
beitungs-/Erkennungsteil gegliedert werden (Abb. 1.2).

Über einen linsenförmigen *Glaskörper* wird ein Ausschnitt der Umwelt
auf die lichtempfindliche Netzhaut projiziert. Dieses biologische Objektiv ist von einer erstaunlich schlechten optischen Qualität: starke geometrische und chromatische Verzerrungen, große Unschärfe usw. machen diese Linse für jeden noch so primitiven Photoapparat unbrauch-
bar. Trotzdem fallen uns diese technischen Nachteile bewußt nicht auf;
ein starker Hinweis für die überragende Aufgabe der nachgeschalteten
Informationsverarbeitung.

Um die Belichtungszeit zu steuern, ist eine „Motorblende", die Iris,
vorhanden, welche über Muskeln die auf die Netzhaut (Retina) auftref-
fende Lichtmenge etwa im Verhältnis $1:10^4$ steuern kann.

Linsen und motorische Blenden sind Bestandteil jedes technischen
Bildsystems (Photoapparat, Videokamera), in der Regel mit einer im Vergleich zur Biologie sehr hohen (zu hohen?) technischen Qualität. Die

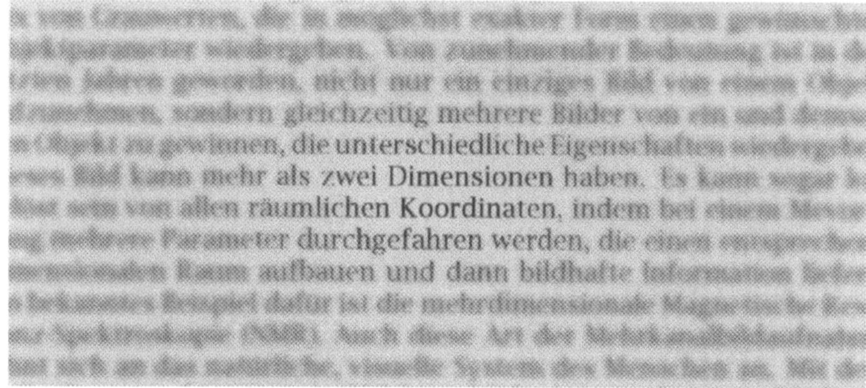

Abb. 1.3. Das menschliche Sehsystem verfügt über zwei deutlich unterschiedliche Auflösungen: mit dem hochauflösenden Netzhautbereich der Fovea centralis wird die interessierende Region erfaßt (*region-of-interest, ROI*); das Umfeld wird grob gerastert mit niedrigem Informationsgehalt als Warnzone (Bewegungsdetektion) und als Steuerzone (Nachführung des Augapfels) eher unbewußt gesehen

technische Nachahmung des biologischen Vorbildes kann als abgeschlossen gelten.

Das über die Linse in das Innere des Augapfels abgebildete Bild der Außenwelt fällt auf die Netzhaut, ein aus zahlreichen empfindlichen Bildpunkten bestehender Sensor [2]. Hier wird die erste erhebliche Datenreduktion durchgeführt. Erstaunlicherweise hat die Natur diesen Sensor als ein diskretes Element ausgebildet: ein Empfänger mit einer begrenzten Anzahl von lichtempfindlichen Sehrezeptoren, nicht ungleich einem technischen Halbleiter-Matrix-CCD-Sensor mit den einzelnen lichtempfindlichen Photoelementen.

Die *Fovea centralis* ist die Zone schärfsten Sehens, mit welcher der Mensch liest und aufmerksam beobachtet. Das umliegende Feld von Bildpunkten dient eher als Warnzone: in diesem Bereich werden vor allem Bewegungen wahrgenommen, die zum Nachsteuern der Blickrichtung genutzt werden. Das menschliche Auge arbeitet mit einer, bezogen auf das Sensorfeld „Netzhaut", ortsabhängigen Auflösung (space variant resolution). Hierdurch wird eine weitere, ganz erhebliche Datenreduktion vorgenommen.

Der zu zahlende Preis für diese starke Datenreduktion auf der Sensorseite ist die Notwendigkeit eines hochmobilen Augapfels. Das Auge/Kopf System ist fast dauernd in Bewegung. Durch schnelle Suchbewegungen, die sog. *Sakkaden*, behält das Auge die interessierenden Objekte in dem Teil des Blickfeldes, in welchem die höchste Auflösung vorhanden ist. Durch die weitgehend auf eine Bewegungsdetektion beschränkte Aufgabe der grobauflösenden Rezeptoren um die Fovea herum werden

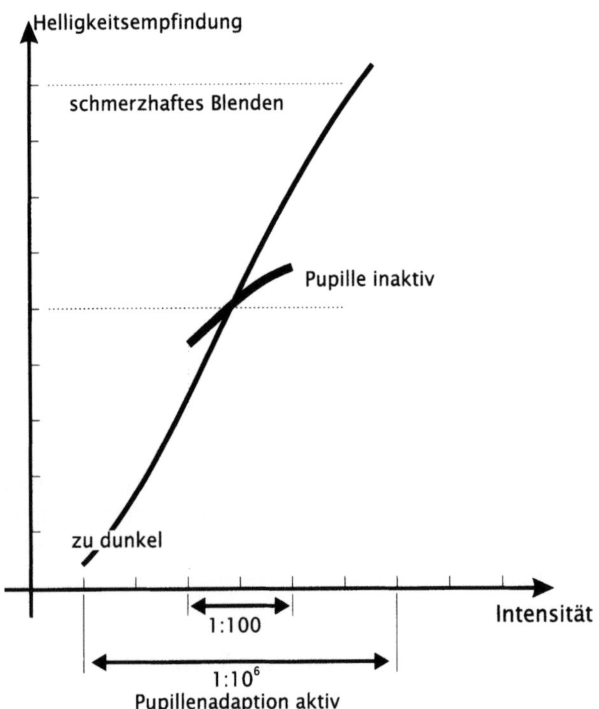

Abb. 1.4. Helligkeitsempfindung des menschlichen Sehsystems: Ohne die „Motorblende" (veränderliche Pupille) beträgt der wahrnehmbare Bereich bloß 1:100 entsprechend einer Auflösung von 7 Bit

die Steuersignale für die Aktuatorik gewonnen, welche die Blickrichtung nachführt oder zu wichtigen Ereignissen hinlenkt.
Diese drei Funktionen,

- Ortsvariante Sensorauflösung zur Datenreduktion,

- Bewegungsdetektion als Warnfunktion,

- Aktuatorik zum Nachführen der Blickrichtung und permanente Auswertung von Bildfolgen statt von Einzelbildern,

sind klassische Funktionen im Sinne des eingangs beschriebenen „intelligenten" Systems; sie werden bei den heutigen technischen Bildverarbeitungssystemen aus Aufwandsgründen nur sehr selten angewandt.
   Die Helligkeitsauflösung (Dynamik) der einzelnen Sehrezeptoren der Netzhaut ist nicht hoch: das Verhältnis der schwächsten noch wahrnehmbaren Lichtintensität bis zum schmerzhaft hellen Empfinden ist gerade 1:100 (Abb. 1.4). Bei festgestelltem Blendenmotor (fixierter Pupille) kann der Mensch nur einen kleinen Kontrastbereich (entsprechend etwa 7- bis 8-Bit-Digitalisierung) erfassen. Allerdings:

- Durch die Pupillenkontraktion wird der Bereich um den Faktor 10^4 von $1:10^2$ auf $1:10^6$ vergrößert.

- Die Lichtempfindlichkeit ist bei weit geöffneter Pupille so hoch, daß sie nahe am Photonenrauschen liegt (10^{-3} Lux). Wie beim Hören hat die Natur auch beim Sehen die höchste, physikalisch gerade noch sinnvolle Empfindlichkeit festgelegt bzw. durch Evolution erreicht.

Insgesamt deckt unser Auge daher einen Dynamikbereich von ca. $1:10^6$ ab. Dies ist auch erforderlich, um von grellem Sonnenlicht bis zu dunkler Nacht Objekte zu sehen, deren Oberflächen von spiegelnder bis zu vollständig matter Reflexion reichen.

Die diskrete Netzhaut ist nicht nur aufgeteilt in eine Zone mit feiner und eine mit grober Auflösung, sondern auch in getrennte Sehstäbchen für das achromatische, reine Grauwertsehen und Sehzapfen für das chromatische, das Farbsehen. Beide Arten von Rezeptoren sind vermischt angeordnet, allerdings in einem Raster, welches für das Grauwertsehen ca. dreimal feiner ist als für das Farbsehen (Abb. 1.5). Die örtliche Auflösung ist daher deutlich besser beim Grauwertsehen. Dies drückt sich in einem Abfall der Modulationsübertragungsfunktion erst bei höheren Ortsfrequenzen aus (Einheit: Linienpaare pro Grad Blickwinkel).

Welche Bedeutung der Frequenzgang der örtlichen Übertragungsfunktion bei biologischen Systemen hat, läßt sich gut anhand des Zebras erklären (Abb. 1.6). Das auffällige schwarz/weiße Streifenmuster ist offensichtlich keine Tarnung im Sinne einer Verschmelzung mit dem Hintergrund für das in einer gelben Steppenlandschaft lebende Tier. Ganz im Gegenteil: der extreme, sonst in der Natur nicht vorkommende schwarz/weiß-Kontrast und das fast periodische Streifenmuster legen nahe, daß hier ein ganz besonderer Zweck verfolgt wurde. Eine hübsche und plausible Antwort wurde von einem britischen Zoologen vorgeschlagen. Ein sehr lästiger Feind des Zebras ist eine Stechmücke. Bedingt durch ihr grob gerastertes Facettenauge ist die Übertragungsbandbreite des Ortsfrequenzgangs für diese Mücke sehr niedrig: sie kann nur grobe, großflächige Strukturen erkennen.

Die Umrisse einer nicht gestreiften Gazelle sind großflächig und tieffrequent: die ungestreifte Gazelle wird erkannt und gestochen. Durch das hochfrequente Steifenmuster moduliert, verschiebt sich der Frequenzgang des Zebras hingegen in einen wesentlich höheren Frequenzbereich außerhalb der Bandbreite des Sehsystems der Stechmücke. Die Stechmücke kann das Zebra nicht mehr erkennen. Es ist vor diesem Feind geschützt (Abb. 1.7).

Die Übertragungsfunktion für das menschliche Farbsehen ist unterschiedlich zum Grauwertsehen: Tiefpaßverhalten beim Farbsehen und Bandpaßverhalten beim Grauwertsehen. Dies wird durch eine unterschiedliche neuronale Verschaltung in den ersten Lagen der Netzhaut bewirkt.

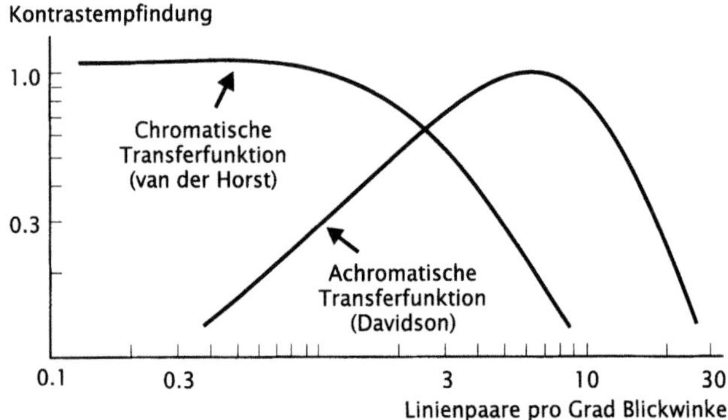

Abb. 1.5. Modulationsübertragungsfunktion (MTF = modulation transfer function) des menschlichen Sehsystems für das Farb- und das Grauwertsehen. Der Grauwertkanal hat ein höherfrequentes Bandpaßverhalten und ist damit optimiert für die Erkennung von Konturen und Strukturen. Der Farbkanal hat Tiefpaßverhalten und ist optimiert für die Erkennung von strukturarmen Regionen

Abb. 1.6. Warum ist das Zebra so auffällig gemustert? Das Streifenkleid ist gegenüber dem Hintergrund das Gegenteil der erwarteten Tarnung

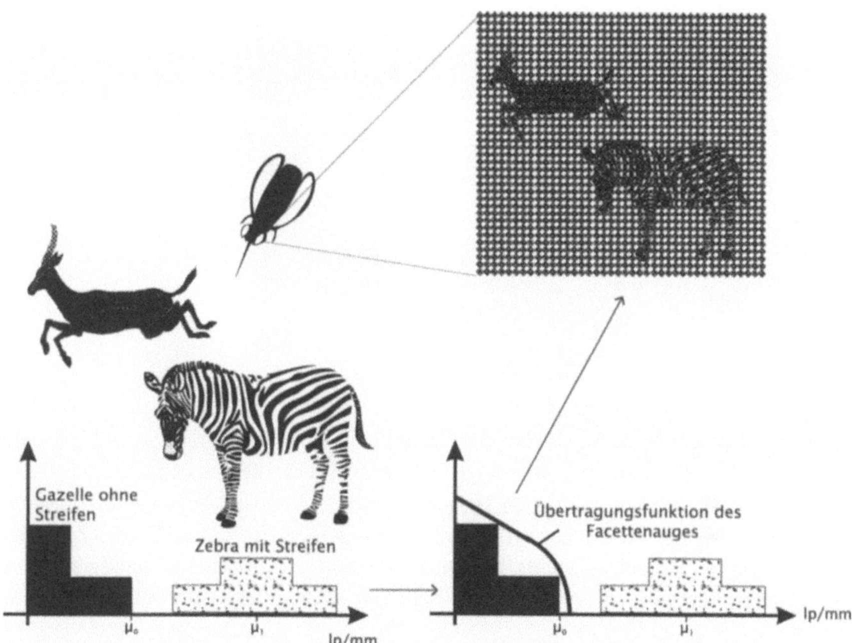

Abb. 1.7. Durch das Anlegen eines Streifenkleides verschiebt sich das Ortsfrequenz-
spektrum des Zebras zu wesentlich höheren Ortsfrequenzen (Amplitudenmodulation
mit Hilfe eines hochfrequenten Trägersignals). Es liegt damit nicht mehr innerhalb des
Durchlaßbereiches des groben Facettenauges der plagenden Stechmücke: es ist für diese
unsichtbar!

Damit zeichnet sich das menschliche Auge durch folgende Funktionen
aus:

- Getrennte, aber örtlich auf der Netzhaut vermischte Bildpunktsen-
  soren für Grauwert- und Farbsehen.

- Hochauflösendes Bandpaßverhalten beim Grauwertsehen.

  Der Mensch sieht damit beim Grauwertsehen besser die Kanten von
  Objekten und feine Details. Er ist aber kaum empfindlich für örtlich
  nur langsam veränderliche Grauwertverläufe (wie sie z. B. immer
  durch eine nicht ganz gleichmäßige Ausleuchtung entstehen). Es
  bedarf daher der ganz speziellen Ausbildung zum Radiologen, um
  die von einem Tumor oder einer Tuberkulose herrührenden Schatten auf einer Lungenaufnahme zu erkennen.

  *Der Grauwertkanal ist optimiert für die Erkennung von Objekten
  anhand ihrer Konturen, auch bei ungleichmäßiger Beleuchtung.*

- Niedrig auflösendes Tiefpaßverhalten beim Farbsehen.

Abb. 1.8. Das Sehsystem der Kobra hat ein zeitliches Hochpaßverhalten: nur bewegte Bilder werden wahrgenommen, unbewegte nicht. Dies ist für die sich von lebenden Tieren ernährende Schlange eine sinnvolle Datenreduktion. Auch der Schlangenbeschwörer weiß dies und verhält sich unbeweglich, um nicht gebissen zu werden. Die Kobra überlistet den Nachteil ihres Sehsystems, indem sie den Kopf wiegt: das sich bewegende Bild des Schlangenbeschwörers wird aufgrund der Relativbewegung wieder wahrgenommen

Der Mensch erkennt örtlich langsam veränderliche Farbverläufe ganz gut im Gegensatz zu langsam veränderlichen Grauwertverläufen. Allerdings sind feine Details nicht mehr so genau zu erkennen. Die Drucker kennen diese Tatsache seit langem und drucken daher gerne um einen farbigen Schriftzug einen dünnen, schwarzen Rand (*Vierfarben-Druck*).

Der Farbkanal ist optimiert für die Erkennung von Regionen anhand ihrer Farbe.

Neben der örtlichen Auflösung ist auch die zeitliche Auflösung von großer Bedeutung. Das visuelle System des Menschen verhält sich zeitlich wie ein Tiefpaßkanal: stehende Bilder sind gut zu erkennen, schnelle aufeinanderfolgende Bilder immer weniger. Ab einer Frequenz von etwa 15 Bildern pro Sekunde werden die einzelnen Bilder nicht mehr aufgelöst und der Seheindruck eines kontinuierlichen Films entsteht.

Das visuelle System der Amphibien und Reptilien (beide ernähren sich von lebenden Tieren) verhält sich hingegen zeitlich wie ein *Hochpaßkanal*: diese Tiere erkennen überhaupt nur sich bewegende Objekte (Abb. 1.8). Die Kobra sieht den Schlangenbeschwörer nicht, wenn er sich nicht bewegt. Sie kompensiert dieses Manko ihres Sehsystems mit einem Trick: sie wiegt selber ihren Kopf hin und her. Dadurch bewegt sich das Bild des Schlangenbeschwörers relativ zur Netzhaut: die Kobra kann ihn wieder erkennen.

Die Auslegung als Hochpaßsystem stellt eine erhebliche Datenreduktion dar und vereinfacht dementsprechend die Bildverarbeitung im leistungsmäßig begrenzten Zentralnervensystem dieser Tiere. Da sie sich

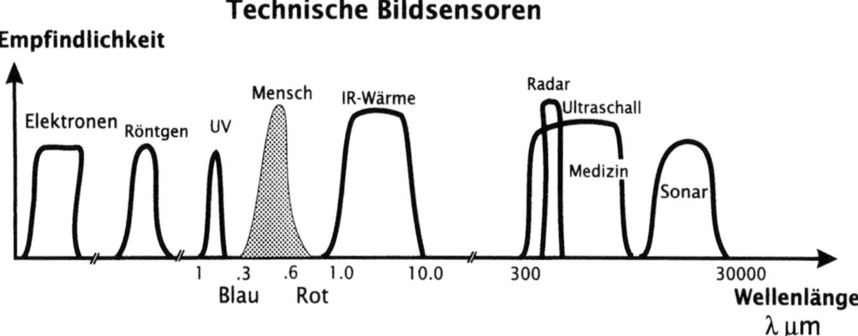

Abb. 1.9. Bereich der Wellenlängen, der von technischen Bildsensoren (siehe auch Abb. 2.3 und Tabelle 2.1) und vom menschlichen Sehsystem erfaßt wird. Der Mensch ist für viele interessante optische Frequenzen blind

aber sowieso nur von lebenden Tieren ernähren und ihre Feinde sich zwangsläufig auch bewegen, ist diese Beschränkung systemoptimal.

Der vom Menschen erfaßte Wellenlängenbereich ist relativ beschränkt (Abb. 1.9). Es gibt eine ganze Reihe von Tieren mit einem ausgedehnteren Sehvermögen, insbesondere bis in den nahen Infrarot-Bereich hinein. In dieser Buchreihe werden zahlreiche bildgebende Sensoren vorgestellt, welche den gewaltigen Bereich von der Elektronenstrahlung bis hin zu akustischen Wellenlängen abdecken. Allein diese Möglichkeit, in Bereichen zu sehen, welche dem Menschen verschlossen sind, ist Grund genug für die schnell wachsende Bedeutung der technischen Bildverarbeitung.

Die bisherige Betrachtung des menschlichen Sehsystems zeigt bereits, daß eine Unterteilung in ein physikalisch-optisches System und in eine nachgeschaltete Signal/Informationsverarbeitung eigentlich nicht korrekt ist. Funktionen wie das Tiefpaß/Bandpaßverhalten des Farb-/Grauwertkanals lassen sich nur durch eine festverdrahtete Signalverarbeitung, d. h. durch eine Kombination von Sensor- und Signalverarbeitungsfunktionen erklären.

Tabelle 1.1 stellt zur Übersicht die wichtigsten Funktionen des menschlichen Sehsystems und die entsprechenden Funktionen einer technischen Bildverarbeitung gegenüber. Die meisten dieser eher physikalisch-technischen Funktionen sind bereits gut mit den heutigen Komponenten der technischen Bildverarbeitung nachgebildet. Weniger positiv wird sich leider die Situation beim Vergleich der Bildspeicherung und der informationsverarbeitenden Funktionen darstellen.

1.3.3 Der Bildspeicher

Während durch die Untersuchung des Augapfels beim Menschen und bei Tieren die meisten optisch-technischen Komponenten und ihre Funktio-

Tabelle 1.1. Funktionen des menschlichen Sehsystems vs. technische Bildverarbeitung

Menschliches Sehsystem	Technische Bildverarbeitung	Realisie-rungsgrad
Optische Abbildung durch Hornhautlinse	Linsen-Objektive	hoch
Steuerung der Belichtung durch muskelbetriebene Pupille	Motorische Blenden	hoch
Fokussierung durch muskelgesteuerte Veränderung der Brennweite	Mechanisch-motorische Fokussierung	hoch
Selbständige Fokussierung	Autofocus-Systeme	hoch
Hochmobiler Augapfel	Mechanisch nachgeführte Kameras	niedrig
Netzhaut mit Sehrezeptoren	CCD-Sensoren mit diskreten Bildpunkten	hoch
In der Netzhaut integrierte Signal-/Informationsverarbeitung	„Intelligente" CCD-Sensoren	sehr niedrig
Grob/fein Rasterung der lichtempfindlichen Sensorelemente	Ortsvariante Auflösung	sehr niedrig
Dynamik 1:100 bei fester Blende	Quantisierung 8 Bit	hoch
Trennung von Grauwert- und Farbsehen	Schwarz/weiß- und Farbkameras	hoch
Bandpaßverhalten des Grauwertkanals	Kantenbetonung durch Bildverarbeitung	hoch
Tiefpaßverhalten des Farbkanals	Bildgebende Sensoren praktisch immer mit Tiefpaßeigenschaften	hoch
Wellenlängenbereich Blau bis Rot	wesentlich weiterer Wellenlängenbereich	sehr hoch

nen beim Sehen physiologisch verstanden sind, beginnen die Probleme bereits bei der einfachen Frage: wie speichern wir bildhaft aufgenommene Informationen ab?

Die triviale Einteilung in Dateneingabe, Datenspeicherung und Datenverarbeitung, wie sie bei allen traditionellen Rechnern vorliegt, verführt dazu, eine ähnliche Einteilung auch beim Zentralnervensystem zu versuchen und das Auge als eine sensorische Dateneingabe-Schnittstelle und das Gehirn als Speicher und Prozessor zu sehen. Diese Aufteilung scheitert aber bereits an der erforderlichen Speichergröße, welche notwendig ist, um alle Bilder, die ein Mensch in seinem Leben sieht, abzulegen.

Man weiß eigentlich bis heute nicht genau, wie das menschliche Gehirn überhaupt Informationen speichert. Die wieder sehr in Mode gekommene Beschäftigung mit (künstlichen) neuronalen Netzen hat bisher im wesentlichen nur gezeigt, daß neben der klassischen Abspeicherung von Informationen in Form codierter Symbole eine ganz andere Form der Abspeicherung redundanter und wenig formalisierter Information in simulierten neuronalen Netzen möglich ist. Man muß aber auch beim heutigen Stand der Forschung auf dem Gebiet der neuronalen Netze eingestehen, daß mit diesem Modell keineswegs solche prinzipiellen Fragen wie die nach der Abspeicherung von Bildern im Gehirn beantwortet werden.

Man kann heute eigentlich nur sagen, wie Bilder mit Sicherheit nicht abgespeichert sind:

- Es gibt keinen 1:1 Zusammenhang zwischen Bildpunkten auf der Netzhaut und den Neuronen bzw. den ca. 10^{15} Synapsen im Gehirn. Ein einziges Bild mit ca. 10^8 Netzhaut-Bildpunkten (Fovea) würde bei einer direkten Abspeicherung eines Bildpunktes pro Synapse nach 10^7 Bildern das Gehirn vollständig ausgefüllt haben. Bei einem angenommen Bildfluß von 10 wahrgenommenen Bildern pro Sekunde und 10 Stunden Sehen pro Tag wäre damit das Gehirn nach ca. 300 Tagen vollständig belegt.

- Aus Gründen des Naturprinzips der größtmöglichen Ökonomie erscheint es wenig sinnvoll, reine Bildrohdaten abzuspeichern (wie es bei den heutigen technischen Bildrechnern allerdings üblich ist). Wir können erwarten, daß Bildinformationen im Gehirn in einer komprimierten Form gespeichert werden, welche berücksichtigt, daß der Mensch ein Leben lang Bildsequenzen empfängt. Eine differentielle oder assoziative Codierung, die neue Bilder nur als Unterschied zu den bereits gesehenen ablegt, erscheint plausibel.

- Es ist denkbar, daß diese *Kompression* dadurch erreicht wird, daß gar keine Bildpunkte abgespeichert werden, sondern nur symbolische Elemente wie Konturen, Kanten, Farbregionen und ihre logischen Beziehungen untereinander (semantische Netze; Abb. 1.10). Die erreichbaren Datenreduktionsfaktoren wären mit ca. $1:10^4$ bis $1:10^6$ groß genug.

- Die hohe Störempfindlichkeit einer rein symbolischen Bildbeschreibung widerspricht allerdings dieser Annahme: das Gehirn ist ein elektrochemisches System mit außergewöhnlich hohem Störpegel, dem permanenten Ausfallen von neuronalen Elementen und der Möglichkeit zur Selbstheilung beim Ausfall ganzer Hirnregionen. Eine starke lokale Abspeicherung widerspricht diesem Verhalten.

Es sprengt den Rahmen dieses praktisch orientierten Buches zur technischen Bildverarbeitung, die interessanten und sich noch im ständigen Wandel befindlichen Erkenntnisse der Hirnforschung auf diesem Gebiet darzustellen. Aus der heutigen Situation kann nur eine Lehre gezogen werden:

Für die technische Funktion des Abspeicherns und Wiederaufrufens von Bildern stehen zur Zeit keine biologischen Vorbildfunktionen bereit, nicht

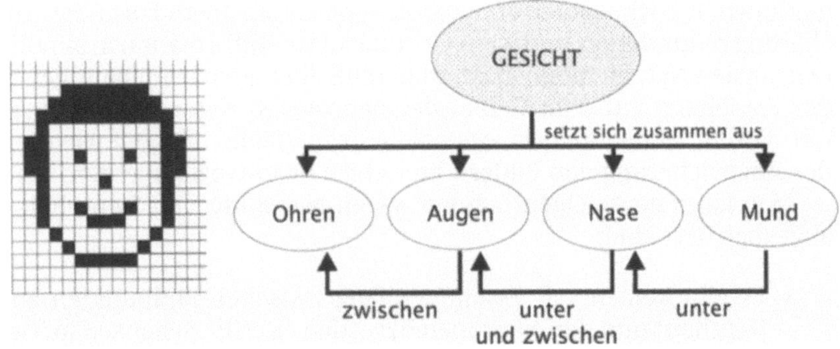

Abb. 1.10. Ikonische (links) und symbolische (rechts) Bilddarstellung. Ein ikonisches, d. h. durch viele Bildpunkte dargestelltes Bild ist eine sehr redundante, speicheraufwendige Datenstruktur, allerdings mit dem Vorteil einer hohen Störsicherheit. Die symbolische Beschreibung ist extrem kompakt, allerdings auch sehr empfindlich: ein falsches Symbol kann die Aussage komplett verfälschen

deswegen, weil es sie nicht gibt, sondern weil die Forschung auf diesem Gebiet noch keine ausreichenden Erkenntnisse geliefert hat.

1.3.4 Der biologische Bildrechner

Bildverarbeitende Funktionen wie Kantenanhebung, Richtungsempfindlichkeiten und Symmetriedetektion finden bereits in den ersten Schichten der Netzhaut statt. Der Sehnerv selbst ist viel mehr als ein bloßer Datenbus zum Prozessor; er stellt eine Ausstülpung des Gehirns mit noch wenig bekannten informationsverarbeitenden Funktionen dar. Die Trennung in Datenerfassung und Datenverarbeitung sowie die Trennung in Datenspeicherung und Datenverarbeitung sind technische Modelle, welche zumindest in dieser reinen Form beim menschlichen Sehsystem nicht vorliegen. Es ist auch fraglich, ob bei einem so multisensoriell ausgelegten System wie dem Menschen eine Trennung der Informationsverarbeitung nach Informationstypen (auditiv, taktil, visuell, olfaktorisch) sinnvoll ist oder ob nicht eine globale, einheitliche Form der Abspeicherung und der Verarbeitung gewählt wurde. Die physiologischen Daten der einzelnen Hirnregionen deuten darauf hin. Neueste Entwicklungen sog. „multisensorieller" Kameras, welche zu jedem Bildpunkt mehrere physikalisch verschiedene Signale liefern, zeigen in die gleiche Richtung [3].

Für die technische Funktion der Bildverarbeitung stehen ebenfalls wenige biologische Vorbilder bereit. Die technische Bildverarbeitung muß daher ihre eigenen Prozessorarchitekturen definieren, um Funktionen zu schaffen, welche denen des Menschen nahekommen.

1.4 Erkennen

Zusammenfassung

Objekterkennung durch *Nachbarschaft*.

Kanten sind ein auf der Nachbarschaft von Bildpunkten beruhendes Ordnungsprinzip: Bildpunkte mit der gemeinsamen Eigenschaft, daß sie sich von ihrer Umgebung sprunghaft unterscheiden. Aus Kanten können Objektkonturen gewonnen werden, welche einen großen Teil der Bildinformation tragen. Geschlossene Konturen umranden Regionen.

Texturen sind ein auf der Nachbarschaft von Bildpunkten beruhendes Ordnungsprinzip: Bildpunkte mit ähnlicher lokaler Unregelmäßigkeit. Bilder können in Regionen gleicher Textur zerlegt werden.

Farbe ist ein Attribut von Regionen. Benachbarte Bildpunkte mit ähnlichem Farbvektor vermitteln den Eindruck von Farbe und erlauben die Erkennung von Regionen mit wenigen Kanten oder Texturen.

Abstand (Entfernung) kann aus der Ähnlichkeit benachbarter Bildpunkte, Kanten, Regionen und Texturen in zwei aus verschiedenen Blickrichtungen aufgenommenen Bildern bestimmt werden.

Bewegung wird erkannt aus der Veränderung räumlich benachbarter Bildpunkte in zeitlich benachbarten Bildern

---

In diesem Kapitel werden die wichtigsten Bildelemente behandelt, anhand derer der Mensch Strukturen in einer großen Anzahl von Bildpunkten erkennt. Es wird dabei davon ausgegangen, daß die Auswertung eines einzelnen Bildes oder aber einer Sequenz von Bildern auf der Extraktion von Strukturen, die deutlich größer sind als der einzelne Bildpunkt, aufbaut. Dies ist zugegebenermaßen eine sehr technische Vorstellung: ein hoch-redundantes Bild auf der Netzhaut, bestehend aus vielen wenig strukturierten Bildpunkten, wird in eine Menge von größeren, mehr Information tragenden Strukturen, ähnlich den Molekülen, zerlegt. Diese Zerlegung ist eine wirksame Datenreduktion. Sind diese Strukturen und ihre Beziehungen zueinander gefunden, so kann eine effektive Bildauswertung anhand deutlich komprimierter Daten erfolgen.

Es ist keineswegs sicher, daß das gleiche Ziel nicht auch mit einem mehr ganzheitlichen Vorgehen erreicht werden kann: der Ableitung von Erkenntnissen direkt aus der großen Menge unstrukturierter Bildpunkte. Die Klassifikation mit neuronalen Netzen hat zeitweise diese Hoffnung auf eine solche rein holistische Bildauswertung genährt. Beim heutigen Stand der Forschung ist allerdings klar, daß die Erkennung in Bildern mit Hilfe konnektionistischer Klassifikatoren bisher ebenfalls nur

Abb. 1.11. An welchen Strukturen orientiert sich das menschliche Erkennungssystem?

an verdichteten Merkmalen, gewonnen aus Strukturen, welche wesentlich größer als der einzelne Bildpunkt sind, vernünftig funktioniert.

1.4.1 Erkennung von Objekten

Ein Bild ist eine Ansammlung von Bildpunkten, welche zu verschiedenen Objekten gehören. Das Bild in Abb. 1.11 besteht aus den Objekten „junge Frau" und „Hintergrund". Das Objekt „junge Frau" wiederum kann zerlegt werden in „Kopf" und „Brustpartie", diese wiederum in „Gesicht" mit „Haaren" usw.

Warum ist diese verbal so umständlich zu beschreibende hierarchische Zerlegung für den Menschen visuell mühelos und quasi parallel durchführbar? Weil sich unser Sehsystem an einer Reihe von Bildstrukturen orientiert, welche bereits auf der Ebene der Netzhaut mit festverdrahteten „Prozessoren" aus den Bildpunkten extrahiert werden.

Die automatische Bildauswertung durch Erkennen von Objekten in einem Bild kann wirksam auf der Analyse von nur fünf lokalen, d.h. aus benachbarten Bildpunkten gewonnenen Bildstrukturen aufgebaut werden. Aufgrund der Eigenschaft der *Lokalität* können diese Bildstrukturen überaus wirksam mit Hilfe von festverdrahteten (biologischen oder technischen) Prozessoren auch aus sehr großen Mengen von Bildpunkten gewonnen werden.

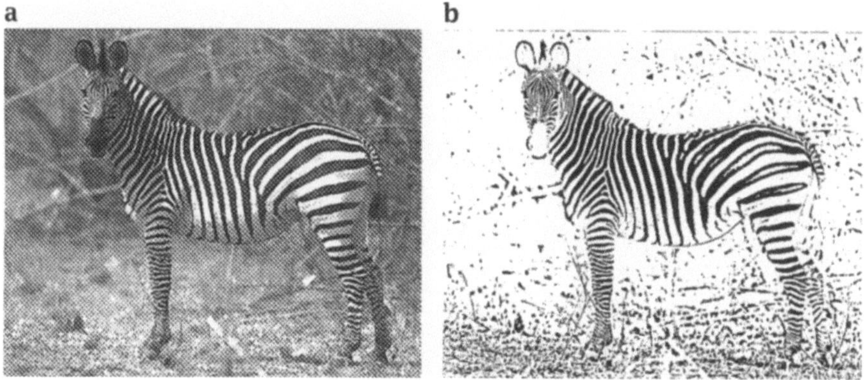

Abb. 1.12. a Grauwertszene, **b** Durch Hochpaßfilterung extrahierte Grauwertkanten

Abb. 1.13. Die Konturzeichnungen der ersten Höhlenmenschen bis zu den Azteken zeigen, daß offensichtlich graphische Konturen sehr viel Information über ein Bild wiedergeben und diese Art des Sehens genetisch fixiert ist

1.4.2 Helligkeitskanten und Konturen

Abbildung 1.12 zeigt eine Originalbildszene und das hieraus extrahierte Kantenbild. Kanten sind schnelle lokale Veränderungen einer Bildpunkteigenschaft. Eine Helligkeitskante liegt dort vor, wo sich die Helligkeit zwischen benachbarten Bildpunkten sprunghaft ändert. Eine Kante besteht in Querrichtung noch aus mehreren Bildpunkten. Durch die Verdünnung auf einen Bildpunkt entsteht die linienartige Kontur, der graphische Umriß.

Örtliche Änderungen der Helligkeit sind die wichtigsten Kanten; genauso können aber Kanten auch als Änderungen der Farbe (*Farbkante*), der Textur (*Texturkante*), der Entfernung (*Raumkante*) und der Bewegung (*Bewegungsfeldkante*) definiert werden. Offensichtlich enthalten Helligkeitskanten und -konturen sehr viel Information: bereits die ersten Höh-

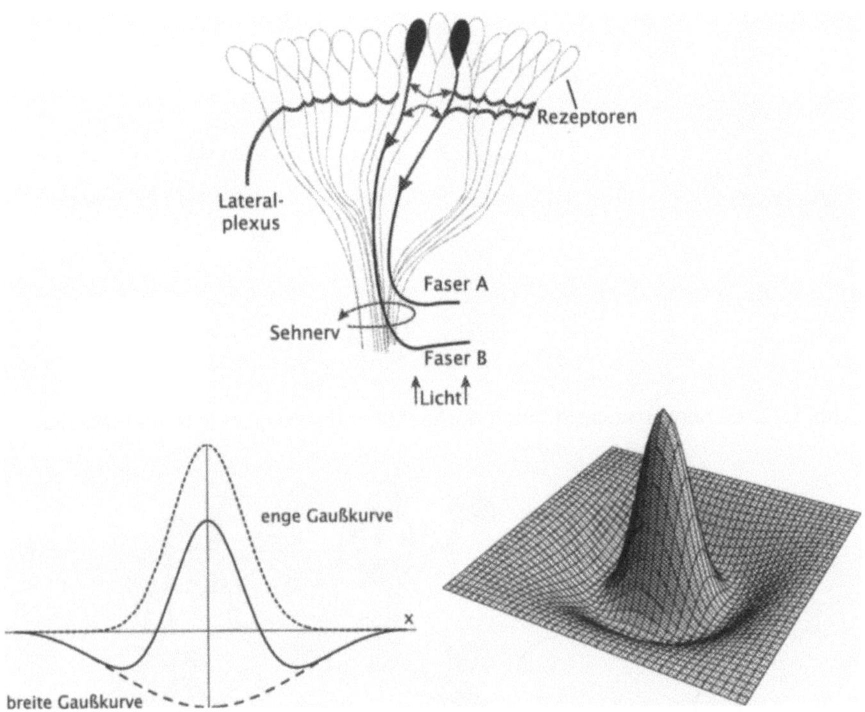

Abb. 1.14. Benachbarte Schwarz/weiß-Sehstäbchen sind auf der Netzhaut so mit ihren Nachbarn verschaltet, daß ein belichtetes Stäbchen die Empfindlichkeit seiner Nachbarn herabsetzt. Die sog. laterale Inhibition entspricht einer Nachbarschaftsgewichtung mit einem Bandpaßfilterkern in Form eines mexikanischen Hutes

lenmenschen zeichneten ihre Tierbilder als Konturen und wählten keine flächige Darstellung (Abb. 1.13).

Es ist bekannt, daß bereits auf der Netzhautebene eine Verschaltung benachbarter achromatischer Sehstäbchen vorliegt, welche für die sog. *„laterale Inhibition"* sorgt (Abb. 1.14). Wird ein Sehstäbchen beleuchtet, so sinkt die Lichtempfindlichkeit der benachbarten Stäbchen. Diese lokale Empfindlichkeitsfunktion sieht aus wie ein *„mexikanischer Hut"*: positive Empfindlichkeit in der Mitte, abnehmende Empfindlichkeit (Inhibition) in einem ringförmigen Bereich um den Mittelpunkt, verschwindende Auswirkung weiter nach außen.

Eine Folge dieser lateralen Inhibitions-Verschaltung ist der bandpaßförmige Ortsfrequenzgang des menschlichen Auges: der Mensch sieht konstruktionsbedingt Helligkeitskanten besonders gut, langsam veränderliche Helligkeiten kaum.

Dieses Prinzip wird auch zur Erhöhung der Bildschärfe bei Photofilmen und Photopapieren eingesetzt. Bei der Belichtung von Silberhalogeniden werden Substanzen freigesetzt, welche die Empfindlichkeit der

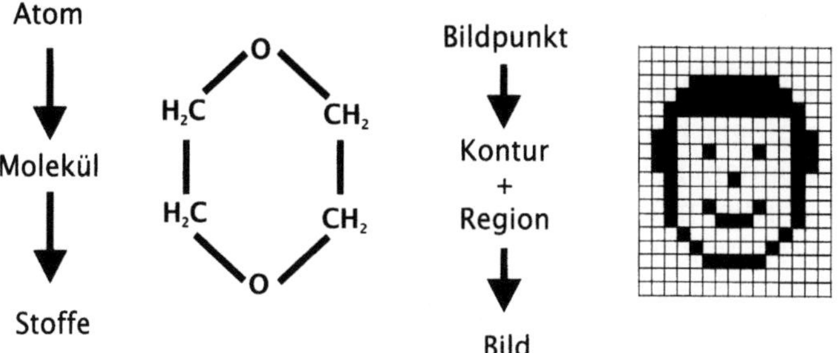

Abb. 1.15. Stoffe bestehen aus atomaren Strukturen, welche sich nach dem Prinzip der Nachbarschaft gruppieren; die Wechselwirkungen beschränken sich auf lokal benachbarte Atome und Moleküle. Bilder sind Strukturen, welche sich aus der Gruppierung von Bildpunkten zu Kanten, Regionen, Texturen usw. organisieren. Höherwertige Elemente entstehen aus der Gruppierung benachbarter Elemente

Halogenidkörner in der Umgebung herabsetzen [4]. Die Folge sind ausgeprägtere Kanten und damit schärfere Bilder.

Da die Kantenbetonung eine physiologisch eingebaute Bildvorverarbeitung ist, ist es logisch, daß der Mensch aus Kanten und Konturen besonders viel Information ableitet. Oft reichen Konturen alleine aus, um ein Bild vollständig zu beschreiben. Dies kommt bei allen Comics, Skizzen und technischen Zeichnungen zum Ausdruck.

Man kann, wie in Abb. 1.15 dargestellt, eine gewisse Ähnlichkeit zwischen den Strukturen in der Chemie und in der Bildverarbeitung erkennen. Atome sind die Bausteine unserer Stoffe, welche für sich allein noch kein Ordnungsprinzip, keine Stoffstruktur erkennen lassen. Erst durch die Bindung räumlich benachbarter Atome zu Molekülen entstehen erste Strukturen, welche als Baugruppen für die Bildung von Stoffen erforderlich sind. Der Schlüsselbegriff ist auch hier *Nachbarschaft*: nur lokal beieinander liegende Atome bzw. Moleküle gehen eine Bindung ein. Das Strukturierungsprinzip beruht auf der Bindung von Nachbarn, nicht auf der Bindung von Atomen, welche weit voneinander entfernt sind.

Dieses Strukturierungsprinzip ist auch ein Wachstumsprinzip: Kristalle wachsen lokal aus einem Keim, Pflanzen wachsen lokal aus einem Saatkorn, Bilder entstehen aus immer mehr Struktur annehmenden, aneinandergrenzenden Bildelementen. Nur der Mensch baut Fabriken, indem er an allen Enden gleichzeitig zu bauen anfängt. Er benötigt daher auch, im Gegensatz zur Natur, einen vor Beginn bis ins kleinste Detail festgelegten Bauplan!

Aus einem aus Bildpunkten zusammengesetzten Bild lassen sich Strukturen bilden, indem benachbarte Bildpunkte, welche sich in bestimmten Eigenschaften, z. B. ihrer Helligkeit, Farbe etc. ähneln, verbunden werden. Die einfachste durch eine lokale Betrachtung extrahierbare Struktur ist die Kante; sie beschreibt Bildpunkte, welche die gemeinsame

Eigenschaft haben, sich von ihrer Umgebung sprunghaft zu unterscheiden.

Solche Nachbarschaftsoperationen sind mit festverdrahteten technischen oder biologischen Prozessoren wesentlich einfacher durchzuführen als Operationen, bei denen weit auseinanderliegende Bildpunkte angesprochen werden müssen: es werden nur Verbindungsleitungen über kurze Distanzen benötigt, die einfach wachsen (bei biologischen Prozessoren) oder auf einem Chip untergebracht werden können (bei technischen Nachbarschaftsprozessoren).

Die Erkenntnis der großen Bedeutung der Nachbarschaft zwingt dazu, alle solche Datenstrukturen zum Abspeichern von Bildern kritisch zu betrachten, bei denen dieses wichtige Organisationsprinzip verlorengeht. Dies geschieht regelmäßig dann, wenn Bilder so abgespeichert werden, daß benachbarte Bildpunkte nicht auch an benachbarten Speicheradressen abgelegt werden (leider üblich bei fast allen heutigen technischen Bildverarbeitungssystemen).

Das Ordnungsprinzip bei der Bestimmung von Kanten lautet: Finde benachbarte Bildpunkte, welche sich stark von ihrer Umgebung unterscheiden.

Es gibt ein hierzu duales Ordnungsprinzip: Finde benachbarte Bildpunkte, welche sich untereinander wenig unterscheiden. Dieses Ordnungsprinzip führt zur Erkennung von Regionen, d. h. dem Inneren einer Kontur. Damit sind zwei grundlegende, zueinander duale Strukturen in Bildern genannt, welche durch Betrachtung von Nachbarschaften gewonnen werden:

- *Kanten* und Konturen als Orte mit großer Änderung

- *Regionen* als Orte mit großer Einheitlichkeit

Konturen sind die Ränder von Regionen; Regionen sind das Innere von geschlossenen Konturen. Beide drücken damit das gleiche aus.

1.4.3 Texturen

In Abb. 1.16 versteckt sich ein Gepard im Savannengras. Das Bild ist voller kleiner Kanten; es gibt aber keine Umrißkonturen, anhand derer Gras und Tier zu unterscheiden wären. Regionen mit gleichen Bildpunkten liegen auch nicht vor. Trotzdem kann der Mensch dieses Bild leicht verstehen.

Offensichtlich stützt sich unser Sehsystem hierbei auf die Erkennung einer bestimmten lokalen Regelmäßigkeit im Unregelmäßigen ab: die Form und die Richtung der Kanten des Grases sind anders als die der Fellflecken beim Gepard. Solche Eigenschaften einer Oberfläche nennt man Textur.

Es ist bis heute nicht klar, wie die ausgezeichnete Fähigkeit des menschlichen Sehsystems, Texturen mühelos zu unterscheiden, funktioniert. Der Begriff *Textur* ist auch nicht genau definiert, aber intuitiv einleuchtend.

Abb. 1.16. Eine vom menschlichen Sehsystem relativ mühelos zu interpretierende Texturszene. Die automatische Isolierung des Geparden mit Methoden der Digitalen Bildverarbeitung und Mustererkennung ist derzeit kaum möglich

Auch Texturen beruhen auf dem Prinzip der Nachbarschaft: nur benachbarte Bildpunkte bilden Texturmuster. Texturen in Abb. 1.11 sind z. B. das Strickmuster des Pullovers, das Muster der Haare usw. Sie können bereits erkannt werden, indem nur ein kleiner Ausschnitt des Bildes betrachtet wird. Operatoren zur automatischen Bestimmung von Regionen gleicher Textur werden später ausführlich behandelt. Sie beruhen oft auf lokalen Statistiken zweiter Ordnung, auf lokalen Richtungen und Symmetrien, auf lokal definierten fraktalen Dimensionen. Leider ist bis heute zu wenig von den biologischen Texturerkennungsmechanismen bekannt, woran sich technische Operatoren orientieren könnten.

1.4.4 Farbe

Abbildung 1.17 zeigt ein Beispiel, wie wichtig Farbe zum Erkennen von Objekten in Bildern ist, welche sich weder anhand ihrer Konturen noch anhand von Texturen unterscheiden lassen. Das Bild Abb. 1.17a ist bis auf eine reine Schwarz/weiß-Darstellung reduziert: weder Grauwerte, Farbe noch Texturen sind vorhanden, um die von den Konturen berandeten Regionen zu markieren. Es ist kaum möglich, den Bildinhalt zu erraten.

Wie bereits in Abb. 1.5 gezeigt, hat das Farbsystem des Menschen Tiefpaßverhalten: Farbe ist eine Eigenschaft von Regionen. Das Tiefpaßverhalten hilft uns bei der Erkennung von Regionen, welche allein durch ihre Berandungskontur nicht ausreichend beschrieben sind. Als Attribut einer Region braucht die örtliche Auflösung beim Farbsehen auch nicht so groß zu sein wie bei dem vor allem an der Kantenerkennung orientierten bandpaßartigen Grauwertsehen.

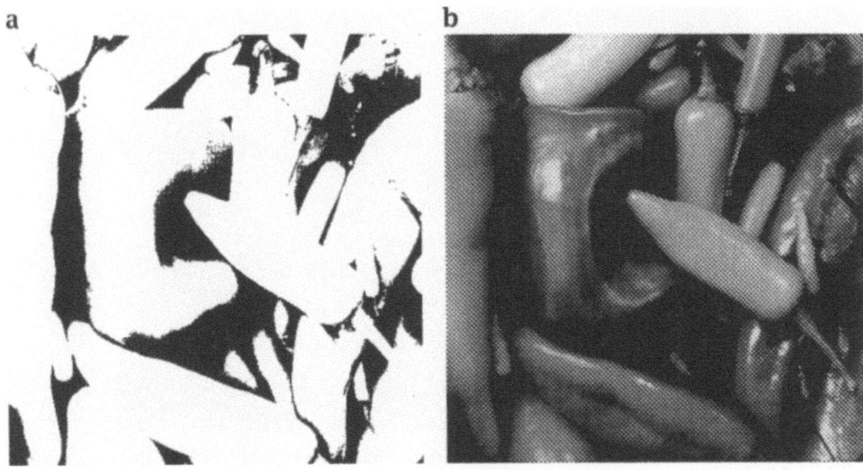

Abb. 1.17. a Ein segmentiertes Grauwertbild: Was stellt es dar? **b** Erst das Attribut *Farbe* erlaubt es, den Bildinhalt zu erkennen (siehe Farbtafel 1, S 247)

Obschon die Farbrezeptoren auf einem Rot/Grün/Blau-ähnlichen Filtermechanismus beruhen, empfindet der Mensch *Farbe* nicht als diese drei getrennten Komponenten des Farbvektors. Er empfindet eher in den Begriffen *Farbton* (entsprechend der Wellenlänge im Spektrum), *Sättigung* (Abweichung von den Unfarben Weiß und Schwarz) und *Helligkeit*.

1.4.5 Abstand und Raum

Abbildung 1.18a zeigt ein Beispiel für eine Bildszene, welche ohne die dritte Dimension, die Tiefe, nicht gedeutet werden kann. Durch die Aufnahme von senkrecht oben und einer aus der gleichen Richtung einfallenden Beleuchtung enthält die Bildszene kaum deutbare Konturen, überhaupt keine Texturen und keine Farbinformation. Erst die dreidimensionale Aufnahme Abb. 1.18b ermöglicht ohne Schwierigkeiten die Deutung.

Die Bedeutung des räumlichen Sehens ist nicht so groß wie vermutet, auch wenn die Natur den Menschen vorsichtigerweise mit zwei Augen in einer Stereo-Anordnung ausgestattet hat. Die zweidimensionale (Pseudo-3D-) Darstellung in Abb. 1.18b erlaubt die Bilddeutung praktisch genauso gut wie die des echten dreidimensionalen Gegenstandes.

Der Mensch nutzt die beiden in einer Stereoanordnung positionierten Augen zur Gewinnung einer Rauminformation. Bildpunkte, welche der gleichen Stelle des Objektes entsprechen, werden durch das Beobachten aus zwei unterschiedlichen Richtungen auf den beiden Netzhäuten an unterschiedlicher Stelle abgebildet. Aus dem Abstand der korrespondierenden Bildpunkte auf der Netzhaut des linken und des rechten Auges lassen sich alle drei Raumkoordinaten X,Y,Z berechnen. Hierzu sind auch Nach-

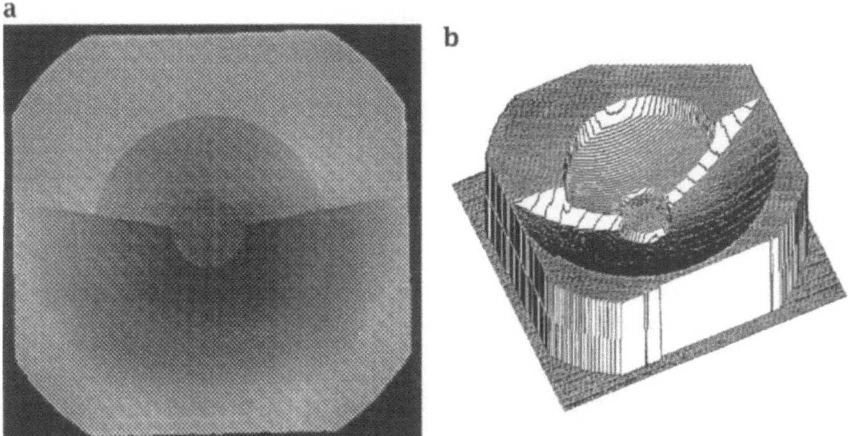

Abb. 1.18. a Grauwertdarstellung eines Bildes mit kaum Konturen (bedingt durch die Beleuchtung senkrecht von oben), ohne Texturen und Farbe. Erraten Sie den Bildinhalt? **b** Die (Pseudo-) 3D-Darstellung erlaubt ohne weiteres die Erkennung des dargestellten Objektes: ein Spiegelreflektor eines Autoscheinwerfers

barschaftsoperationen erforderlich: es wird jeweils der Bildinhalt in einem kleinen Ausschnitt des linken Auges auf der Netzhaut des rechten Auges wiedergesucht (Korrelation von kleinen Bildregionen).

Allerdings ist der Mensch sehr wohl auch in der Lage, mit nur einem Auge einen räumlichen Eindruck zu gewinnen: aus dem Schattenverlauf an ihm bekannten Objekten (*Shape from Shading*), aus der geometrischen Verzerrung von Oberflächentexturen, aus der Bildschärfe usw.

1.4.6 Bewegung

Abbildung 1.19 zeigt eine Bildzene mit einem Objekt, welches sich weder durch Konturen, Texturen oder Farbe vom Hintergrund unterscheidet. Trotzdem reicht eine einzige Verschiebung des Objektes gegenüber dem Hintergrund aus, um das Objekt klar zu erkennen (und nie mehr wieder zu vergessen!).

Die Auswertung einer Verschiebung erfordert die Auswertung von mindestens zwei Bildern, d. h. einer Bildfolge. Aus dieser wird die Bewegung dadurch erkannt, daß die Bewegung kleiner Regionen oder Kanten verfolgt wird. Auch die *Bewegungsdetektion* beruht daher auf Nachbarschaftsoperationen.

Bewegung ist ein sehr starkes Merkmal: der Mensch sieht im täglichen Leben immer Bildfolgen. Als „Fluchttier" ist Bewegung für ihn oft das einzige Alarmmerkmal bei getarnten Feinden.

Um die auszuwertende Datenflut bei der kontinuierlichen Auswertung von Bildfolgen beherrschbar zu machen, wird beim Bewegungssehen

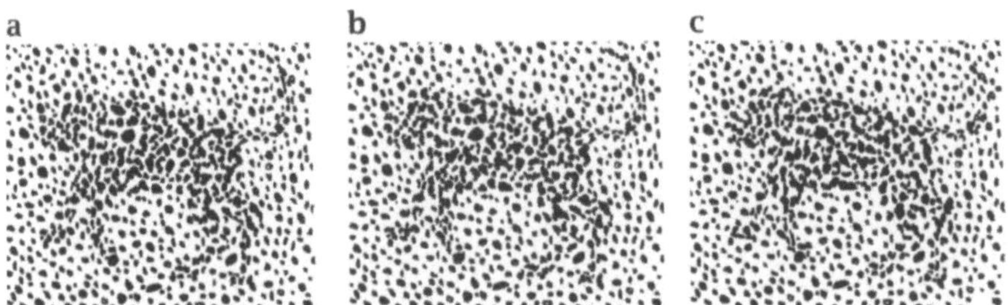

Abb. 1.19. Ein Objekt bewegt sich von rechts nach links. Es unterscheidet sich vom Hintergrund weder durch Kanten, Texturen noch Farbe

viel a priori-Wissen eingesetzt: Wir wissen, wie schnell sich in etwa ein Dalmatinerhund bewegen kann; wir kennen die Bewegungsabläufe der einzelnen Körperteile zueinander. Nur so ist die große Leichtigkeit zu erklären, mit welcher der Mensch einen sich in der Bewegung beständig deformierenden Körper als ein ganzes Objekt erkennt und verfolgt.

1.4.7   Erkennen aus Nachbarschaften

Erkennen aus Bildern bedeutet, einzelne Objekte, welche sich in einem Raster aus vielen Bildpunkten verstecken, zu entdecken. Ausgehend von dem einfachen Ordnungsprinzip der Nachbarschaft haben wir gezeigt, daß im wesentlichen fünf Bildstrukturen für das Gruppieren von Bildpunkten zu Objekten und dem Erkennen dieser Objekte gegenüber dem ebenfalls nur aus Bildpunkten bestehenden Hintergrund ausreichen:

1. Kanten und Konturen

2. Texturen

3. Farbe

4. Abstand

5. Bewegung

Alle diese Bildstrukturen bilden Regionen; diese Regionen sind bereits entweder die gesuchten Objekte oder zumindest Teile dieser Objekte. Die automatische Extraktion dieser fünf Grundstrukturen beruht auf Nachbarschaftsoperationen, d. h. auf Operationen, bei denen jeweils nur relativ wenige Bildpunkte in der Umgebung eines betrachteten Zentralpunktes zu berücksichtigen sind.

Damit sind Nachbarschaftsoperationen auch der Schlüssel zur Beherrschung großer Bilder. Da eine lokale Nachbarschaft zwangsläufig nur relativ wenige Bildpunkte auf einmal erfassen muß, sind technische Nachbarschaftsprozessoren relativ einfache Prozessoren, deren Komplexität unabhängig von der Größe des ganzen Bildes ist. Die Natur hat dieses Prinzip frühzeitig erkannt und solche Prozessoren bereits in die Netzhaut eingebaut. Nur die mit solchen Nachbarschaftsprozessoren zu Strukturen verdichtete Information verläßt den Augapfel über den Sehnerv und gelangt in das Gehirn.

1.5 Entscheiden

Zusammenfassung

Entscheidung ist der Prozeß, mit dem wir ein gesehenes Bild, aus dem Strukturen durch Nachbarschaftsoperationen im Bildraum erkannt wurden, definitiv einem bekannten Objekt zuordnen, und zwar wiederum aufgrund von Nachbarschaftsbetrachtungen im (abstrakten) Merkmalsraum.

1.5.1 Entscheiden aufgrund unscharfer Erkenntnisse

Der Mensch erkennt Strukturen in den Bildern, welche sein optisches System aufnimmt. Die Grundmechanismen, aussagekräftige Strukturen (Kanten, Texturen, Farbe, Entfernung und Bewegung) aufgrund von Nachbarschaftsoperationen aus „dummen" Bildpunkten zu extrahieren, sind in Abschn. 1.4 besprochen worden.

Entscheiden bedeutet, sich aus diesen extrahierten Strukturen für die Wiedererkennung eines bereits bekannten Objektes zu entschließen, um dann ggf. entsprechende körperliche Aktionen auszulösen:

1. Bewegt sich etwas Unbekanntes, Feindliches in meiner Nachbarschaft und muß ich flüchten ? (Bewegung)

2. Ist der Graben schmal genug, um ihn mit einem Sprung zu überqueren? (Entfernung)

3. Ist der Salat auf dem Mittagstisch nicht zu alt? (Farbe)

4. Paßt die gemusterte Krawatte zu meinem Anzug? (Textur)

5. Nähert sich mein Fahrzeug dem Fahrbahnrand und muß ich gegenlenken? (Kontur)

6. Muß ich die Bildszene aus einem anderen Blickwinkel noch einmal betrachten, um schlüssig entscheiden zu können? (Rekursion der Fragen 1 bis 6)

Tabelle 1.2. Gegenüberstellungen der Meldungen eines technischen Meßsystems und eines unscharfen biologischen Erkennungssystems

Technisches messendes System	Biologisches erkennendes System
Objekt mit Geschwindigkeit >2m/sec	Etwas bewegt sich ziemlich schnell
Vertiefung mit Breite 1,5 m	Sehr breiter Graben
Salatfarbe weicht um $\Delta(L, a, b)$ ab von *Soll*-Farbe	Ziemlich bräunlich, der Salat
Texturorientierung 45 Grad; Texturfrequenz 2 Linienpaare/cm	Krawatte reichlich schräg und unruhig
Straßenrandkontur bei Pixel 450	Straßenrand nahe am äußeren Blickfeld
Meßwerte außerhalb Toleranzband für sichere Erkennung; Messungen wiederholen	Keine sichere Entscheidung möglich

Im Gegensatz zu einem technischen Apparat, bei welchem konstruktionsbedingt bestimmte, von möglichst *genau* arbeitenden Sensoren gelieferte Meßwerte möglichst *genau* reproduzierbare Aktionen auslösen, muß der Mensch seine Entscheidungen aus eher *unscharfen und ungenauen Meldungen* seines Seh- und Erkennungssystems ableiten (Tabelle 1.2). Die ausgelösten Aktionen sind oft falsch; Fehler sind in biologischen Systemen systemimmanent. Ihre Abwesenheit wäre bei einem intelligenten System sogar verdächtig!

Die Methoden, aus erkannten Strukturen eine definitive Entscheidung abzuleiten, entsprechen daher beim Menschen prinzipbedingt nicht streng logischen *Wenn-Dann-Regeln*, sondern unscharfen (*fuzzy*) logischen Regeln aufgrund einer Häufung ausreichend signifikanter erkannter Merkmale und Strukturen in den gesehenen Bildern.

Wir zeigen im folgenden, daß durch die Abbildung von erkannten Strukturen und Merkmalen in einen abstrakten geometrischen Raum, den sog. Merkmalsraum, der Entscheidungsprozeß wiederum als eine Nachbarschaftsoperation beschrieben werden kann. Die Bedeutung der Nachbarschaft setzt sich vom optisch erfaßten geometrischen Raum der Bildpunkte in den abstrakten, mathematischen Raum der Merkmalsvektoren fort.

Es ist sicherlich eine interessante Frage für Biologen und Physiologen, ob nicht bereits, bedingt durch die genetische Konstruktion unserer Lebensform, nämlich die Agglomeration (benachbarter) Zellen mit hoher biologischer, chemischer und elektrischer Kommunikation, die *Nachbarschaft* ein Lebensprinzip ist, welches sich auf allen Ebenen unseres Seins wiederfindet. Als lokal wirksames Prinzip ist die Nachbarschaft einfach, da sie nur Verbindungen und Beziehungen in der unmittelbaren Umgebung benötigt und keine Verbindungen zum gesamten, ausgedehn-

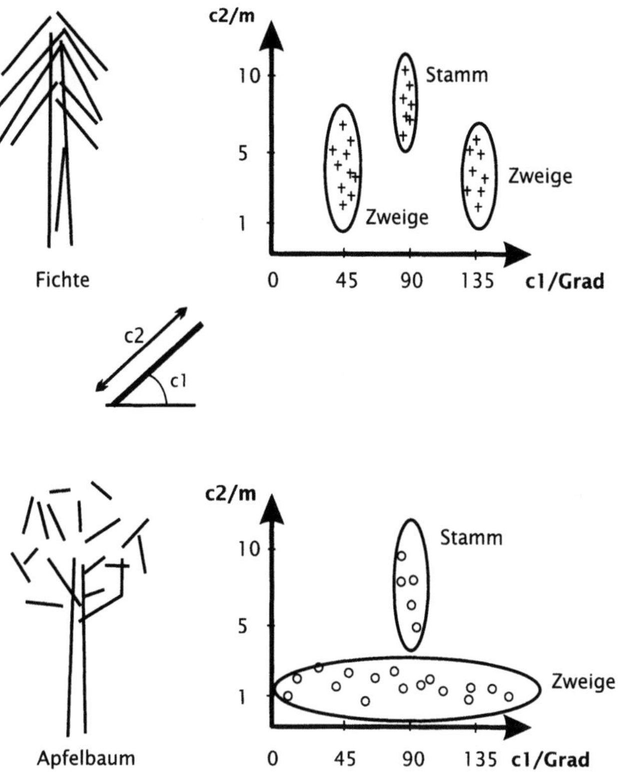

Abb. 1.20. Im Erkennungsprozeß werden aus dem Bild eines Baumes aufgrund von Nachbarschaftsoperationen aus den Bildpunkten Konturen extrahiert. Die Merkmale $c1$ = „Winkel zur Waagerechten" und $c2$ = „Länge" bilden typische Nachbarschaften im zweidimensionalen Merkmalsraum

ten System. Sie ist auch störsicher, da sie die schnelle Ausbreitung (*broadcasting*) von Fehlern im ganzen System verhindert.

1.5.2   Entscheiden durch Mustererkennung

Strukturen in Bildern bilden gewisse Muster. Die Entscheidung, ob ein Muster ein bestimmtes Objekt darstellt, erfolgt auf der Basis einer ausreichenden Ähnlichkeit mit bekannten, d. h. irgendwann vorher gelernten Mustern. Wir entscheiden aufgrund einer Muster-Wiedererkennung. Die aus dem Bild einer Fichte extrahierten, zu Geradenstücken vereinfachten Konturen der Zweige und des Stammes bilden ein prägnantes Muster, das sich deutlich von dem eines Apfelbaumes unterscheidet (Abb. 1.20)

Tragen wir das Merkmal „Winkel eines Konturstückes, bezogen auf die Waagerechte" ($c1$) und das Merkmal „Länge des zugehörigen Konturstückes" ($c2$) in einem XY-Diagramm auf, so bilden sich für die Fichte und den Apfelbaum typische Muster aus. Betrachten wir x-Achse und y-Achse als geometrische Längen, so stellen diese Muster Nachbarschaften im Gelände dar, welches von den beiden Achsen begrenzt ist. Die Statistiker sprechen von *Clustern* (*Punktwolken*), meinen aber das gleiche, nämlich eine Menge von Vektoren ci, deren euklidische Distanz zueinander kleiner ist als zu Vektoren, welche außerhalb des Clusters liegen. Dies ist nichts anderes als die Definition einer Nachbarschaft.

Die Entscheidung, ob das Bild eines Baumes eine Fichte oder einen Apfelbaum darstellt, kann auf ein einfaches Ähnlichkeitsmaß zurückgeführt werden: befinden sich die Konturen mehr in der Nachbarschaft des Musters (Clusters) *Fichte* oder *Apfelbaum*? Man spricht von der Klassifikation eines Bildes in eine der beiden Klassen *Fichte* oder *Apfelbaum*.

Das Lernen von Bildern ist damit ein Prozeß der gezielten Nachbarschaftserkennung von Merkmalen im abstrakten Merkmalsraum unter Anleitung eines Experten. Das Kind lernt, *Bäume* zu erkennen anhand der von der wissenden Mutter hergestellten und immer wiederholten verbalen Verbindung des Wortes mit den entsprechenden Bildern (überwachtes Lernen).

Intelligente Kinder, welche schnell lernen, sind Kinder, die mit größerer Leichtigkeit typische Nachbarschaften im (abstrakten) Merkmalsraum erkennen. Visuelle Intelligenz und Abstraktionsvermögen hängen eng zusammen.

Die Erkennung der Strukturen selbst, wie z. B. die Konturerkennung, ist weitgehend genetisch „festverdrahtet", d. h. in der neuronalen Verschaltung der Sehzapfen und -stäbchen festgelegt. Sie unterliegt nicht mehr der formbaren Intelligenz.

Technisch sollte der Vorgang der Entscheidung logischerweise mit Rechnerkomponenten, welche ebenfalls Nachbarschaften bilden, besonders elegant nachgebildet werden können: mit neuronalen Netzen, die auf die Bildung von Nachbarschaften im Merkmalsraum trainiert werden.

1.5.3 Entscheiden mit unscharfen Regeln

Die Entscheidung durch Zuordnung zu Nachbarschaften im abstrakten Merkmalsraum ist eine biologisch begründete konnektionistische Betrachtungsweise. Sie suggeriert als technische Implementierung ebenfalls konnektionistische technische Strukturen. Diese Betrachtung führt daher fast zwangsläufig zu echten oder simulierten neuronalen Schaltkreisen.

Im Prinzip fußt diese Betrachtungsweise lediglich auf der Abbildung visueller Merkmale in den abstrakt-mathematischen Raum der Merkmalsvektoren, ein Raum, in dem sich durch eine (fast unausweichliche) Assoziation mit einem geometrischen Raum die fundamentale Beziehung *Nachbarschaft* besonders anschaulich verstehen läßt.

Eine andere Betrachtungsweise ist die Formulierung der Entscheidung anhand von logischen Regeln: *wenn* in der oberen Hälfte eines

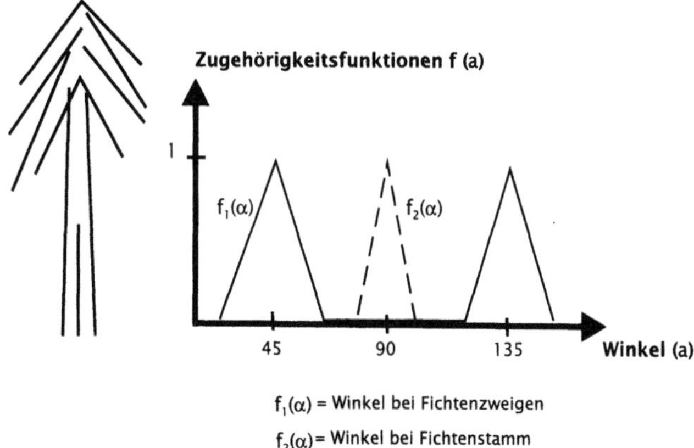

Abb. 1.21. Fuzzy Logik Darstellung der unscharfen Fakten:
„Fichtenzweige bilden Geraden unter vor allem unter 45 Grad und unter 135 Grad"
„Fichtenstämme bilden ziemlich senkrechte Geraden"

Baumes Zweige Geradenstücke unter 45 Grad und unter 135 Grad zur Waagerechten bilden, *dann* handelt es sich um eine Fichte.

Spätestens nach dem Schiffbruch, den die auf scharfen Regeln basierende symbolische Künstliche Intelligenz und die darauf aufgebauten Expertensysteme erlitten haben, weiß man, daß Regeln im Erkennungsprozeß unscharf sein müssen: wenn schon Logik, dann *Fuzzy Logik* [5].

In Abb. 1.21 ist stark vereinfacht dargestellt, wie die Aussagen

- „Fichtenzweige bilden Geraden vor allem unter 45 Grad und unter 135 Grad"

- „Fichtenstämme bilden ziemlich senkrechte Geraden"

durch zwei unscharfe logische *Zugehörigkeitsfunktionen* dargestellt werden können. Auch bei dieser auf Regeln basierenden Betrachtungsweise bleibt das Nachbarschaftsprinzip erhalten. Die Zugehörigkeitsfunktion $f(a)$ drückt aus, daß Winkelwerte um z. B. 45 Grad eine Nachbarschaft darstellen, d. h. zusammengehören; sie bilden eine Gemeinschaft, eine unscharfe Menge, einen Nachbarschaftsverband. Alle diese Ausdrücke sind synonym.

1.5.4 Ähnlichkeit und Nachbarschaft im Entscheidungsprozeß

Der Mensch entscheidet sich für das Vorhandensein eines bestimmten Objektes in einem Bild durch zweistufige Nachbarschaftsoperationen:

1. Er extrahiert mit Nachbarschaftsoperationen Strukturen wie Kanten, Texturen, Farbe, Bewegung und Abstand aus Bildpunkten (ikonische Bildvorverarbeitung)

2. Er entscheidet sich für die Wiedererkennung eines bestimmten Objektes aufgrund der Ähnlichkeit der extrahierten Strukturen mit vorher gelernten. Die Ähnlichkeit kann als Nachbarschaft im (abstrakten) Merkmalsraum oder als benachbarte Werte unscharfer Zugehörigkeitsfunktionen gesehen werden (symbolische Bildverarbeitung).

Das Konzept der *Nachbarschaft* durchzieht damit wie ein roter Faden die biologische Bildverarbeitung. Diese Erkenntnis gibt uns einen wichtigen Hinweis, wie wir technische Sehsysteme zu organisieren haben. Sie zeigt auch, wie weit wir heute noch bei ganz trivialen Aufgaben wie der Speicherung von zweidimensionalen Bildern in einem nur durch einen linearen Adreßraum zugänglichen Speicher von diesem Konzept abweichen: nur weil unsere Kameras die Bildpunkte zeilenweise abgeben, speichern wir sie auch in dieser Sequenz und brechen damit die vorhandenen zweidimensionalen Nachbarschaften unbekümmert auf.

Wenn es uns gelänge, sowohl die Nachbarschaft von Bildpunkten bei der Abspeicherung im Adreßraum des Bildspeichers beizubehalten als auch die Abspeicherung ähnlicher Merkmale im Adreßraum des Merkmalsspeichers als Nachbarn abzulegen, hätten wir dieses grundlegende biologische Prinzip in unseren Bildrechnerarchitekturen verwirklicht und würden somit sehr viel näher an die Leistungsfähigkeit unseres biologischen Sehsystems heranrücken.

1.6 Literaturverzeichnis

[1] Rohen JW (1971) Funktionelle Anatomie des Nervensystems. Schattauer, Stuttgart

[2] Levine D (1985) Vision in Man and Machine. Mc Graw-Hill

[3] Massen R (1995) The multisensorial camera: a new approach in multisensorial pattern recognition. Proceedings of conference „From pixels to sequences", Zürich 1995. ISPRS Vol 30 part 5W12

[4] Lohmann J (1989) Image enhancement — chemical, digital, visual. Angewandte Chemie, english edition. Vol 28 Nr 12:1601–1766

[5] Kandel A (1986) Fuzzy mathematical techniques with applications. Addison-Wesley

2 Komponenten des maschinellen Sehens

B. Jähne

2.1 Einleitung

In diesem Kapitel werden die Komponenten beschrieben, die ein maschinelles System benötigt, um eine visuelle Meß- oder Erkennungsaufgabe erfolgreich durchzuführen. Wir orientieren uns dabei an der grundlegenden Dreiteilung *Sehen, Erkennen, Entscheiden,* wie sie in Anlehnung an das menschliche visuelle System in Kap. 1 eingefügt worden ist. Hier geht es darum aufzuzeigen, welche technischen Möglichkeiten dazu heute und in naher Zukunft zur Verfügung stehen. Abbildung 2.1 faßt die grundsätzlichen Teilschritte zusammen.

2.1.1 Sehen

Sehen bedeutet in der technischen Bildverarbeitung nicht nur die eigentliche Bildaufnahme, sondern ein ganzes Spektrum an Bildvorverarbeitungsoperationen. Das liegt zum einen daran, daß bei der technischen Bildverarbeitung eine quantitative Auswertung im Gegensatz zu einem qualitativen Erkennen beim Sehsystem des Menschen im Vordergrund steht. Nach der eigentlichen Bildaufnahme müssen geeignete Schritte zur geometrischen Korrektur, zur photometrischen Kalibrierung und eventuell zur Verminderung von Störungen bei der Bildaufnahme durchgeführt werden. Zum anderen gibt es eine ganze Reihe von Bildaufnahmeverfahren, — sogenannte indirekte Bildaufnahmemethoden — die nicht direkt ein Bild liefern, sondern erst eines mehr oder weniger aufwendigen Rekonstruktionsverfahrens bedürfen, um eine bildhafte Information zu gewinnen. Das bekannteste Beispiel ist wohl die Computertomographie, bei der aus Projektionen erst die Bilddaten berechnet werden müssen.

Am Ende des „Sehvorganges" steht ein digitales Bild in Form einer Matrix von Grauwerten, die in möglichst exakter Form einen gewünschten Objektparameter wiedergeben. Von zunehmender Bedeutung ist in den letzten Jahren geworden, nicht nur ein einziges Bild von einem Objekt aufzunehmen, sondern gleichzeitig mehrere Bilder von ein und demselben Objekt zu gewinnen, die unterschiedliche Eigenschaften wiedergeben. Dieses Bild kann mehr als zwei Dimensionen haben. Es kann sogar losgelöst sein von allen räumlichen Koordinaten, indem bei einem Meßvorgang mehrere Parameter durchgefahren werden, die einen entsprechend dimensionalen Raum aufbauen und dann bildhafte Information liefern. Ein bekanntes Beispiel dafür ist die mehrdimensionale Kernspin-Resonanz-Spektroskopie (NMR).

Ein wichtiger Aspekt des Sehens ist es, ein Objekt gleichzeitig mit unterschiedlichen Strahlungsarten oder Abbildungsmethoden aufzunehmen. Man spricht dann von Mehrkanalbildaufnahme. Auch diese Methode lehnt sich an das natürliche visuelle System des Menschen an. Mit dem Farbsehsystem können wir Objekte gleichzeitig in drei verschiedenen Farbbereichen, Rot, Grün und Blau, erkennen. Heute stehen enorme

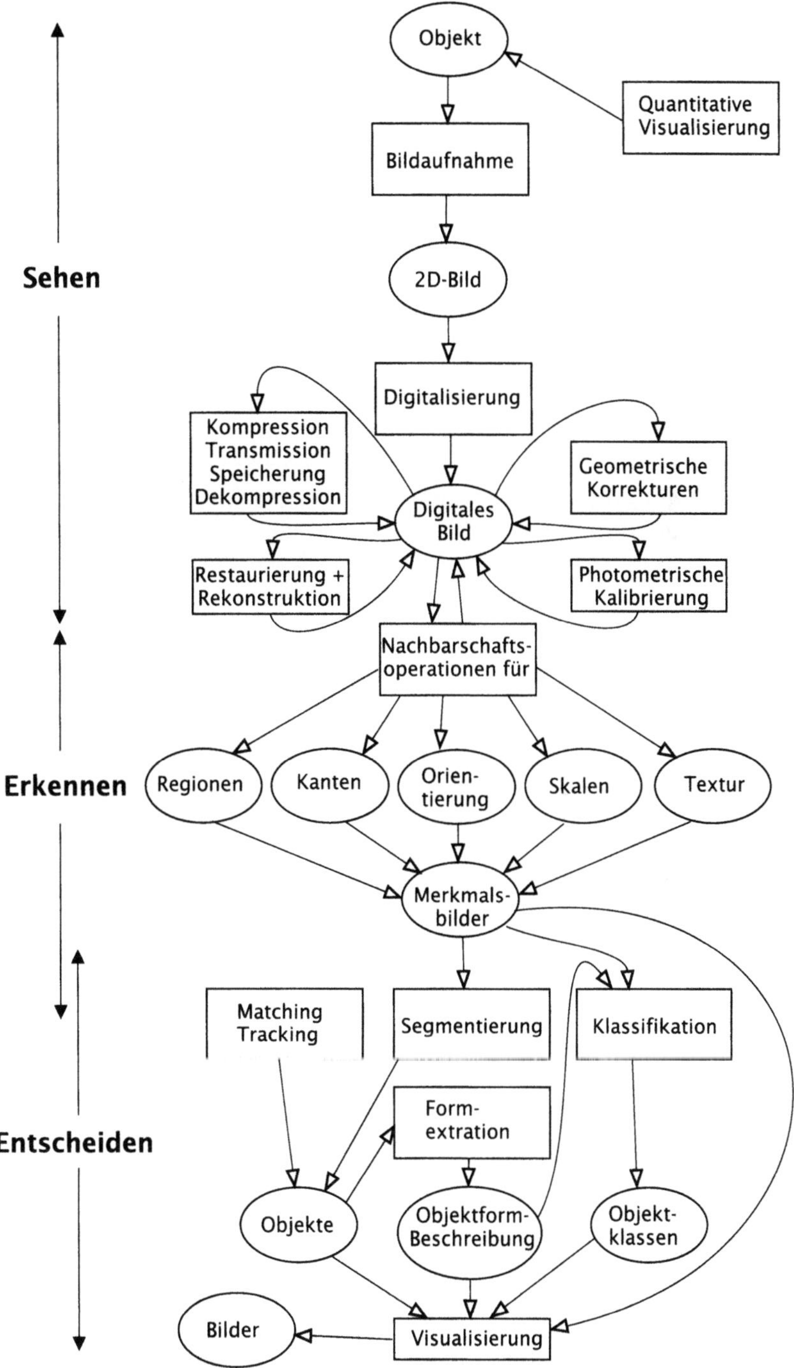

Abb. 2.1. Grundsätzliche Teilschritte eines visuellen Meßsystems. Die Methoden sind in rechteckige Kästen gesetzt, während die Ein- und Ausgangs„objekte" von runden Kästen umrahmt sind.

technische Möglichkeiten zur Verfügung, die in der technischen Bildverarbeitung weit über ein einfaches Farbsehen hinauszugehen.

2.1.2 Erkennen

An das Sehen schließt sich das Erkennen an. Erkennen bedeutet, aus den Bildern geeignete Merkmalsbilder zu extrahieren und diese Merkmale dann eindeutig Objekten zuzuordnen. In Abschn. 1.4 wurden in Anlehnung an das visuelle System schon die prinzipiellen Möglichkeiten des Erkennens von Objekten geschildert. Dieses spiegelt sich weitgehend auch in der technischen Bildverarbeitung wieder. Objekte, die sich direkt durch Grauwerte identifizieren lassen, können entweder über die Erkennung von Regionen oder über Kanten identifiziert werden. Liegen komplexe Muster vor, führen die grundlegenden Operationen, umorientierte Grauwertstrukturen und deren Skalen zu identifizieren, zu einer Analyse und Quantifizierung der Textur. Nach einer erfolgreichen Berechnung eines oder mehrerer Merkmalsbilder führt schließlich die Operation der Segmentierung zu einer eindeutigen Identifizierung und Erkennung von Objekten.

2.1.3 Entscheiden

Nach dem Erkennen von Objekten ist es möglich, ihre Form zu vermessen und damit Formparameter zu extrahieren. Zusammen mit den visuellen Parametern der Objekte selbst erlauben diese Parameter nun eine Klassifizierung, d.h. eine Einteilung der Objekte in verschiedene Klassen und damit einen Entscheidungsprozeß. Aus der Entscheidung können entsprechende Reaktionen erfolgen, die dann den Abschluß des maschinellen Sehprozesses bedeuten.

2.1.4 Übersicht

In diesem Kapitel werden wir uns Schritt für Schritt der technischen Realisierung der Schritte *Sehen, Erkennen und Entscheiden* widmen. In Abschn. 2.2 wird ein Überblick über bildaufnehmende Sensoren und die breiten technischen Möglichkeiten, bildhafte Information zu gewinnen, gegeben. Wie schon erwähnt, steht am Ende dieses Prozesses die Gewinnung eines digitalen Bildes. In den beiden folgenden Abschnitten diskutieren wir dann im Detail die beiden wesentlichen Komponenten, mit denen die maschinelle Bildverarbeitung durchgeführt wird, die Hardware (Abschn. 2.3) und die Software und Algorithmen (Abschn. 2.4).

2.2 Bildgewinnung

Zusammenfassung

Die Bildgewinnung, das technische „Sehen", schließt eine kaum überschaubare Fülle von Methoden ein, quantitativ Meßgrößen mit räumlicher und bei Bildsequenzen zusätzlich zeitlicher Auflösung zu erfassen, darunter:

- Beleuchtungs- und Aufnahmetechniken zur präzisen Erfassung der Geometrie von Objekten.

- Quantitative Umsetzung von Meßgrößen aller Art in Helligkeitswerte in Bildern.

Entscheidend für die weiten Einsatzmöglichkeiten sind robuste und preisgünstige Halbleiterbildsensoren, die das elektromagnetische Spektrum von Röntgenstrahlen bis zum fernen Infrarot abdecken. Digitale Kameras werden höhere zeitliche und räumliche Auflösungen und eine vereinfachte Rechnerschnittstelle mit sich bringen.

2.2.1 Bedeutung und Klassifizierung

Die *Bildaufnahme* ist der erste Schritt des Sehens. Im engeren Sinn kann es als die Gewinnung flächenhafter Information über einen uns interessierenden Gegenstand angesehen werden. In einem weiteren Sinn kann jede Art von quantitativer Visualisierung komplexer Information, die von mehreren Parametern abhängt, als Sehen aufgefaßt werden. Dazu gehört z. B. die Erfassung von *Volumenbildern*, also die Erweiterung um eine weitere, räumliche Koordinate, die Gewinnung von *Bildsequenzen*, mit denen dynamische Veränderungen erfaßt werden können, aber auch jegliche andere Aufnahmetechnik, die uns Informationen von mehreren Parametern liefert. Sind diese höherdimensionalen Daten erst einmal gewonnen, können sie mit exakt den gleichen Methoden weiterverarbeitet werden wie ein mit einer Kamera aufgenommenes Bild.

Die Sprache verrät schon, wieviel durch eine solche Bildaufnahme gewonnen wird. Man sagt nicht umsonst, daß man sich ein Bild von einer Sache macht. Jedem ist vertraut, wieviel leichter sich selbst ein einfacher Zusammenhang aus einer Grafik anstatt aus einer Tabelle oder Beschreibung ersehen läßt. Um so mehr gilt dies für komplexere Information, die nicht mehr in einer einfachen Grafik, sondern nur noch mit Bildern repräsentiert werden kann. Diese Betrachtungen verdeutlichen, welche grundlegende Bedeutung die digitale Bildverarbeitung hat.

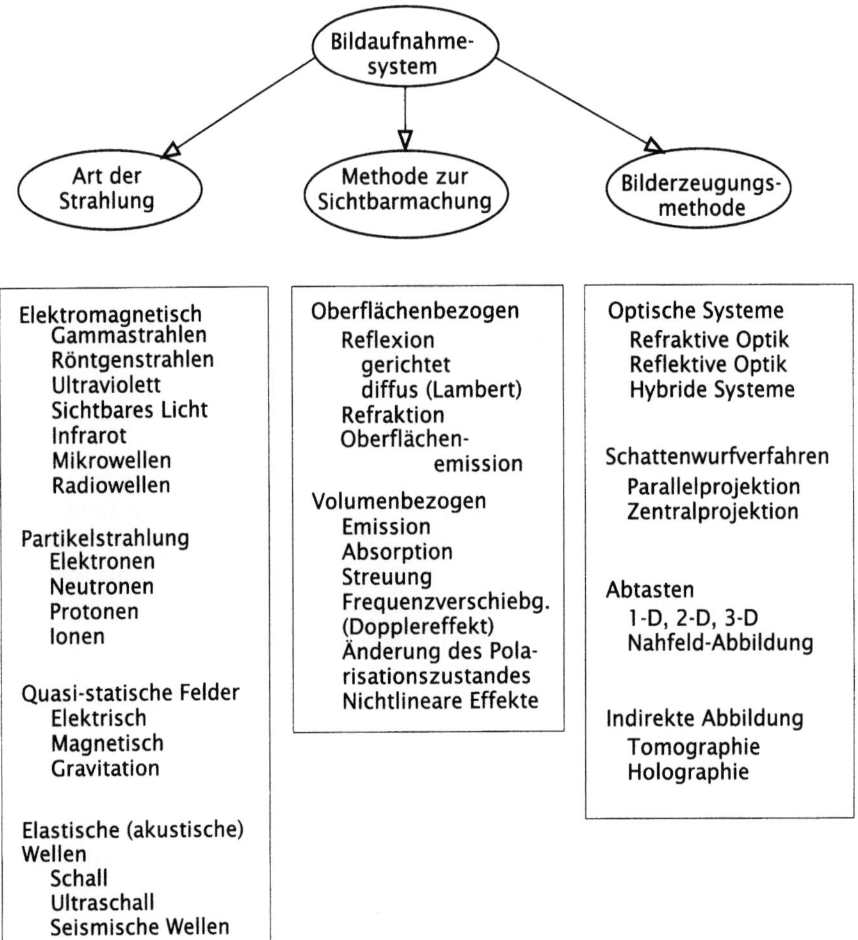

Abb. 2.2. Einteilung bildaufnehmender Verfahren nach Art der Strahlung, Methode zur Sichtbarmachung und Bilderzeugungsverfahren

Abbildung 2.2 zeigt, daß sich ein bildaufnehmendes Verfahren nach mehreren Kriterien einteilen läßt. Bis auf wenige Ausnahmen sind es berührungslose Verfahren. Sie benutzen daher eine Strahlung, die von einem Objekt ausgesandt wird, um es aufnehmen zu können. *Licht*, d. h. der Teil der elektromagnetischen Strahlung, der vom menschlichen visuellen System erfaßt wird, ist nur ein winziger Bruchteil der möglichen Strahlungsarten, die für ein bildaufnehmendes Verfahren benutzt werden können. Es gibt heute technische Bildaufnahmesysteme, die das gesamte Spektrum der elektromagnetischen Strahlung von den Gammastrahlen bis hin zu den Radiowellen benutzen. Neben den elektromagnetischen Wellen stehen für bildaufnehmende Systeme aber auch *Teilchenstrahlung* von *Elektronen, Neutronen* und *Protonen* oder *Ionen*,

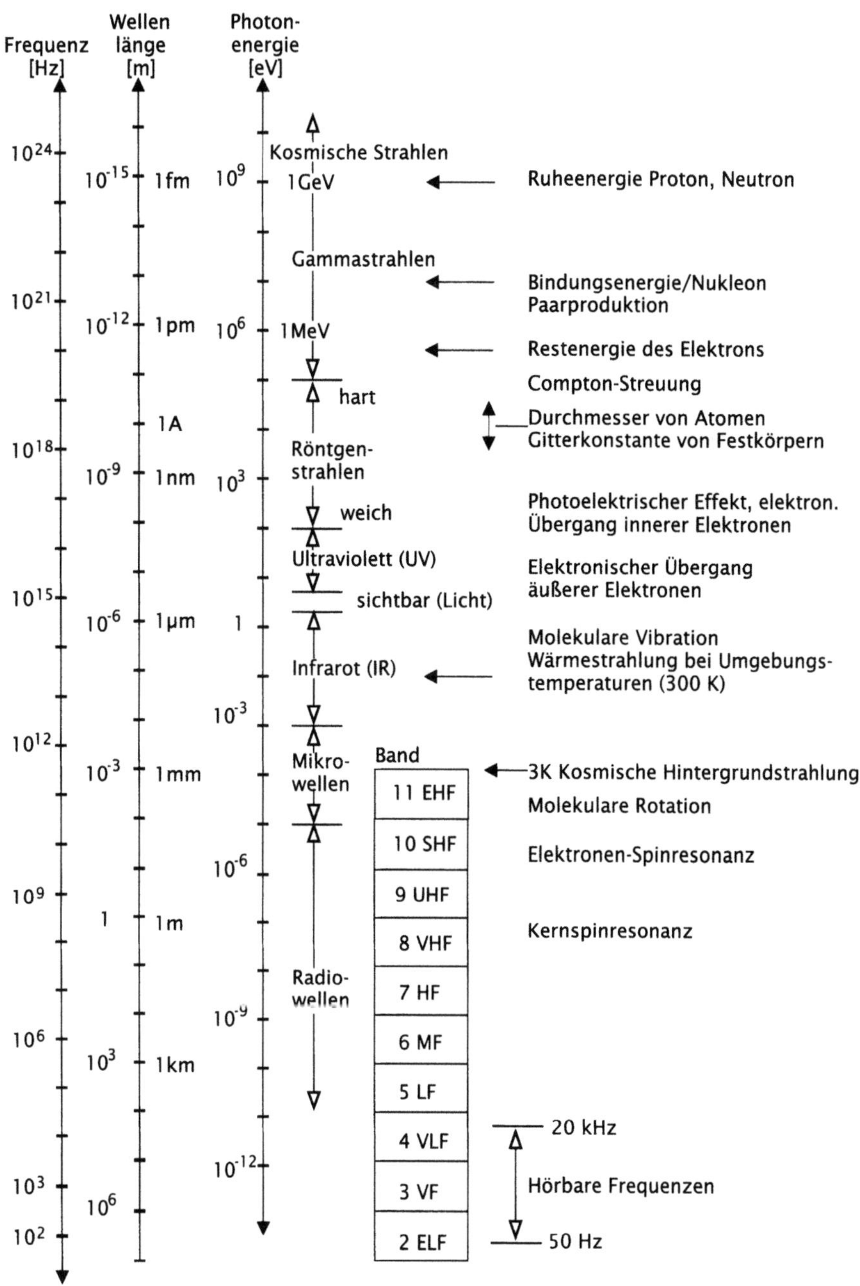

Abb. 2.3. Klassifizierung des *elektromagnetischen Spektrums*; vgl. auch Abb. 1.9

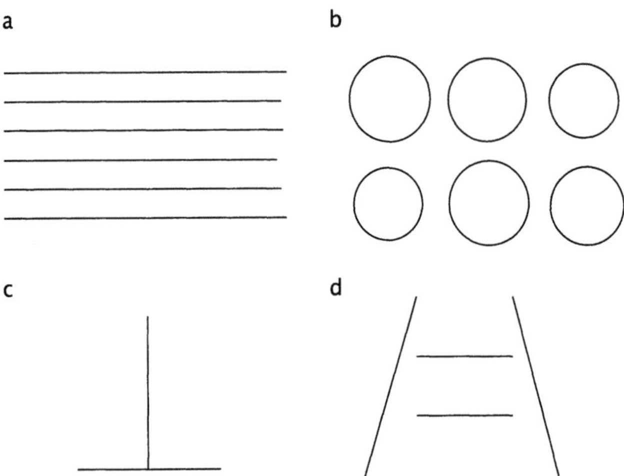

Abb. 2.4. Beispiele *optischer Täuschungen*, die belegen, daß das menschliche visuelle System im allgemeinen wenig geeignet ist, Längen, Abstände und Flächen absolut zu bestimmen. **a** Bei parallelen Linien lassen sich kleine Längenänderungen sofort und genau erkennen. **b** Es ist schon schwieriger, die Größe der nebeneinander abgebildeten Kreise abzuschätzen. **c** Die vertikale Linie erscheint länger als die horizontale, obwohl beide gleich lang sind. **d** Die obere horizontale Linie erscheint länger als die untere. Warum?

quasistatische Felder wie elektrische, magnetische oder Gravitationsfelder und schließlich elastische bzw. *akustische Wellen*, d. h. die Ausbreitung von Deformationen in Gasen, Flüssigkeiten und Festkörpern zur Verfügung.

Am vielfältigsten sind nach wie vor die Möglichkeiten, die sich durch *elektromagnetische Wellen* ergeben. Abb. 2.3 zeigt eine Klassifizierung des gesamten elektromagnetischen Spektrums und bildet gleichzeitig die vielfältigen Formen der Wechselwirkung zwischen elektromagnetischer Strahlung und Materie ab. Abhängig von der Wellenlänge bzw. der Energie der elektromagnetischen Strahlung lassen sich völlig unterschiedliche materielle Eigenschaften abbilden.

Ein Bildaufnahmesystem ist weiterhin dadurch charakterisiert, welche Art der Wechselwirkung zwischen Strahlung und Materie zur Abbildung benutzt wird. Bei den uns vertrauten natürlichen Szenen dominiert die *Reflexion* von Strahlung an Oberflächen von undurchsichtigen Objekten. Die Reflexion kann entweder gerichteter oder diffuser Art sein.

Wissenschaftlich-technische Bildaufnahmesysteme nutzen eine weitere Fülle von Wechselwirkungen. Dazu gehören entweder oberflächen- oder volumenbezogene *Emission*, *Absorption* und *Streuung* von Strahlung, die *Frequenzverschiebung* von Strahlung aufgrund des *Dopplereffektes* und die Änderung des Polarisationszustandes. Durch hochintensive Strahlungsquellen wie Laser erschließen sich zudem die weiten Möglichkeiten, nichtlineare Effekte auszunutzen.

Das dritte Kriterium von Bildaufnahmesystemen ist schließlich die Art und Weise der Abbildung. Neben den klassischen optischen Systemen mit refraktiven oder reflektiven optischen Elementen gibt es drei weitere Typen von abbildenden Verfahren: Schattenwurfverfahren, Abtasten und diverse Methoden der indirekten Abbildung. Zu den bekanntesten *Schattenwurfverfahren* gehört die Abbildung mittels Röntgenstrahlen. Dabei wird ohne jegliche optische Elemente die Strahlung, die von einer Punktquelle ausgeht und das zu untersuchende Objekt durchdringt, auf einem Projektionsschirm gemessen. *Abtastende Systeme* sind heute mit der Erfindung des Rastertunnelmikroskopes bis in die atomaren Dimensionen vorgedrungen. Zu den bekanntesten Verfahren der *indirekten Abbildungsmethoden* gehören die Tomographie und die Holographie.

2.2.2 Geometrie und Photometrie

Zur Bildaufnahme gehören zwei wesentliche Aspekte. Der erste beschäftigt sich mit der *Geometrie der Abbildung*. Es geht um die Frage, wo das abgebildete Objekt zu liegen kommt und wie die Größenverhältnisse des Originalobjektes zu dem abgebildeten Objekt sind.

Geometrie der optischen Abbildung

Diese Beziehungen lassen sich heute sehr genau erfassen, so daß sich optisch abbildende Systeme bis zu Genauigkeiten von mindestens 1:10 000 einsetzen lassen. Damit eröffnet sich ein weites Applikationsfeld von berührungslosen Vermessungsaufgaben. Diese Eigenschaften sind ein wesentlicher Unterschied zum menschlichen visuellen System, das für genaue Größenmessungen wenig geeignet ist. Die vielfältigen bekannten *optischen Täuschungen* (Abb. 2.4) zeigen sehr deutlich, wie sehr der Eindruck von Länge und Größe vom Kontext abhängen.

Allerdings setzen präzise Messungen entsprechend genaue Kalibrierungen voraus. Reale Optiken weichen von der idealen optischen Geometrie nach dem Strahlensatz ab. Handelsübliche Optiken für CCD Kameras können Verzerrungen bis zu einigen Prozent am Bildrand aufweisen, während bei speziellen verzerrungsarmen *Meßoptiken* die Verzerrungen wenige Promille oder darunter betragen. Bei Genauigkeitsforderungen im Bereich 1:10 000 sind aber selbst bei Meßoptiken Korrekturen der Restverzerrung unerläßlich.

Photometrie der optischen Abbildung

Sehr wesentlich und oft verkannt ist der zweite Aspekt des abbildenden Systems, nämlich die Frage, welcher Bruchteil der ausgesandten elektromagnetischen Strahlung von dem bildaufnehmenden System empfangen wird und damit die Helligkeit der abgebildeten Objekte bestimmt. Dieser

Aspekt aus dem Bereich der *Photometrie* ist für entsprechende Meßaufgaben mindestens so wichtig wie die Frage der Geometrie der Abbildung.

Neben den grundlegenden Fragen, was die vom Objekt ausgesandte oder reflektierte Strahlung über es aussagt, muß auch genau untersucht werden, was mit der Strahlung passiert, ehe sie auf der Bildebene auftrifft. Sie kann auf diesem Weg absorbiert oder abgelenkt werden; außerdem kommt zusätzliches Szenenlicht hinzu. Ein allgegenwärtiger Effekt ist auch, daß die Bildhelligkeit von der Mitte zum Rand abfällt.

2.2.3 Halbleiterbildsensoren

Zur digitalen Verarbeitung müssen Bilddaten in elektrische Signale umgesetzt werden. In den Anfängen der Videotechnologie wurden Röhrenkameras benutzt. Dieser Bildgeber hat für die quantitative Bildanalyse eine Reihe von gravierenden Nachteilen. Die Bildgeometrie ist nicht stabil und durch elektrische und magnetische Felder beeinflußbar. Außerdem wird beim Auslesen das Bild nicht komplett gelöscht, so daß ein Bruchteil immer im nächsten Bild verbleibt.

Einen für die quantitative Bildanalyse entscheidenden Fortschritt brachte die Entwicklung von *Halbleiterbildsensoren*. Besonders verbreitet sind die sog. *Charge-Coupled Devices* (*CCD*), die heute in jeder Consumer-Videokamera oder in jedem Video-Camcorder zu finden sind. Damit steht ein billiger, geometrisch stabiler und lichtempfindlicher Bildsensor zur Verfügung.

Die Umwandlungsrate von Licht in elektrische Ladungsträger ist selbst bei den als Massenprodukte eingesetzten CCD-Sensoren sehr gut. Etwa jedes dritte Lichtquant (Photon), das auf ein Sensorelement fällt, setzt einen Ladungsträger frei. Je nach Bauart kann ein Sensorelement zwischen 20 000 und 500 000 Ladungsträger pro Belichtung speichern. Bei Zimmertemperatur wird allerdings die Empfindlichkeit nicht nur durch die herausgelösten Ladungsträger selbst, sondern durch den sogenannten Dunkelstrom begrenzt. Selbst bei den kurzen Belichtungszeiten des Videostandards von etwa 40 ms werden allein durch die Temperatur (Schwingung des Kristallgitters) einige hundert Elektronen ausgelöst.

Für hohe wissenschaftliche Ansprüche kann die Umwandlung von Licht in Ladungsträger fast perfekt gemacht werden. Durch Kühlung und andere Maßnahmen kann der Dunkelstrom soweit heruntergesetzt werden, daß selbst Belichtungen von mehreren Stunden ohne nennenswerten Dunkelstrom möglich sind. Durch Optimierung des CCD-Designs, insbesondere durch Benutzung eines abgeätzten, dünnen Chips, der von der Rückseite beleuchtet wird, ist es möglich, die *Quantenausbeute* (das Verhältnis freigesetzter Ladungsträger zu einfallenden Lichtquanten) auf bis zu über 80 % zu steigern. Damit erreichen CCD-Bildsensoren fast die theoretisch maximal mögliche Lichtempfindlichkeit. Zum Vergleich: selbst hochempfindliche Photoemulsionen sind etwa um den Faktor 100

Tabelle 2.1. Spektraler Empfindlichkeitsbereich verschiedener Halbleiter-Flächensensoren, sortiert von kurzen zu langen Wellenlängen. In der letzten Spalte ist entweder die Empfindlichkeit in Elektronen pro keV (e/keV) oder die Quantenausbeute (Wahrscheinlichkeit der Erzeugung eines Ladungsträgers durch ein Photon) angegeben

Sensortyp	Spektraler Bereich	Typische Empfindlichkeit
Szintillator glasfastergekoppelt auf Si-CCD	20-100 keV	0,5 e/keV
Fibergekoppelte röntgenstrahl-empfindliche Fluoreszenzschicht auf Si-CCD	3–40 keV	5 e/keV
Direkte Detektion mit Beryllium-Fenster auf Si-CCD	3-15 keV	0,3 e/keV
Spezialbehandelte, abgeätzte, von hinten beleuchtete Si-CCD	< 30 nm 30 eV–8 keV	
Si-CCD mit UV-Fluoreszenzbeschichtung und MgF_2-Fenster	0,12-1 μm	<0,4
Abgeätzte, von hinten beleuchtete Si-CCD	0,25-1,0 μm	<0,80
Standard Si-CCD	0,45-1,0 μm	0,1-0,4
Pt:Si	1,4-5,0 μm	0,001-0,01
InSb	1,0-5,5 μm	<0,85
HgCdTe	8,0-12,0 μm	
Si:Ga	8,0-12,0 μm	

weniger lichtempfindlich als die für wissenschaftliche Anwendungen optimierten CCD-Sensoren.

2.2.4   Sensoren für nicht sichtbare Strahlung

Moderne Halbleiter-Bildsensoren sind nicht auf den sichtbaren Strahlungsbereich beschränkt (Tabelle 2.1). Ein normaler Silizium-Photosensor ist außer im sichtbaren Bereich auch im nahen Infrarot bis zu etwa 1 μm empfindlich. Besonders interessant sind spezielle Sensoren im mittleren (3-5 μm) und fernen (8-12 μm) *Infrarot*. Strahlung in diesem Bereich wird von allen Körpern entsprechend ihrer Temperatur und Emissivität ausgestrahlt und kann damit zur direkten berührungslosen Oberflächentemperaturmessung eingesetzt werden. Diese Sensoren, die in der Vergangenheit wegen der hohen Preise vorwiegend für militärische Zwecke eingesetzt wurden, finden wegen des enormen Applikationspotentials immer mehr Anwendungen in Industrie und Wissenschaft. Sie sind von besonderer Bedeutung für alle Prozesse, bei denen Wärme ausgetauscht wird oder entsteht. Beispiele der vielfältigen Applikationen reichen von der Überprüfung der Schwachstellen in der Wärmeisolierung von Häusern, Untersuchungen von Durchblutungsstörungen in der Medizin, Auffinden defekter (zu heißer) Bauelemente auf Platinen, der berührungslosen Messung der Wärmeleitfähigkeit bis hin zur Messung der

Gasaustauschrate zwischen Atmosphäre und Meer unter Benutzung von Wärme.

CCD-Sensoren können auch für *ultraviolette Strahlung* (*UV*) empfindlich gemacht werden; Standard-CCDs allerdings nur bis etwa 400 nm. Eine UV-Empfindlichkeit bis zu 250 nm kann erreicht werden, wenn der Silizium-Chip auf eine Dicke von etwa 15 µm abgeätzt und von hinten beleuchtet wird. Alternativ kann der Chip mit einer sehr dünnen Schicht eines organischen Fluoreszenzfarbstoffes beschichtet werden. Bei Verwendung eines entsprechenden Fenstermaterials kann die Empfindlichkeit dann bis herunter zu 120 nm reichen.

CCDs können auch zur direkten Detektion von *Röntgenstrahlen* im Bereich zwischen 3 und 15 keV benutzt werden. Durch weitere Maßnahmen kann die Empfindlichkeit auf den Bereich von 30 eV bis 100 keV ausgedehnt werden.

2.2.5 Digitale CCD-Kameras

Seit den Anfängen der Bildverarbeitung bis heute waren Videokameras an den Videostandard gebunden. Damit war eine Bildrate von 25 Bildern/s (bzw. 30 Bilder/s für den amerikanischen Standard) vorgegeben und eine doch recht bescheidene Auflösung von maximal 580 Zeilen (480 beim amerikanischen Format). Ein solcher Standard war natürlich die Voraussetzung, daß man mit Videobildern überhaupt umgehen konnte. Die Monitore ebenso wie die analogaufzeichnenden Videorekorder waren darauf festgelegt; bei Abweichungen vom Standard gab es keine — oder nur sehr teuere — Möglichkeiten, Bilder zu betrachten oder aufzuzeichnen.

Spätestens mit dem Aufkommen der Halbleiter-CCD-Kameras wurde dieser Standard immer mehr als eine lästige Zwangsjacke empfunden. Im Gegensatz zu den alten Röhrenkameras weisen die CCD-Kameras eine stabile Geometrie auf und sind daher auch für präzise Vermessungsaufgaben geeignet (Videometrie). Die analoge Übertragung der Videosignale und die Probleme bei der analogen Synchronisation zwischen Kamera und Bildspeicher (*Pixeljitter*) setzen der Genauigkeit aber deutliche Grenzen. Ein weiteres sehr lästiges Problem ist das sogenannte Zeilensprungverfahren des Videosignals. Ein Bild besteht aus zwei Halbbildern, das erste aus den geraden und das zweite aus den ungeraden Zeilen. Die beiden Halbbilder werden daher zu unterschiedlichen Zeiten belichtet, und nur ruhende Objekte können die volle vertikale Auflösung ausnutzen. Das brachte die generelle Einschränkung mit sich, daß sich die Applikation an die vom Videostandard vorgegebene örtliche und zeitliche Auflösung anpassen mußte. Erfassung schneller Ereignisse oder Applikationen, die höhere Auflösungen fordern, waren damit ausgeschlossen.

Lange Zeit waren *Zeilenkameras*, die weite Verbreitung in industriellen Anwendungen gefunden haben, die einzige Abweichung vom Videostandard. Allerdings waren für Zeilenkameras spezielle Bildspeicher

Tabelle 2.2. Spezifikationen von digitalen CCD-Kameras

Kamera	Sensorgröße	Bildrate 1/s	Grauwert- auflösung Bit	Pixel- taktrate MHz
DALSA CA-D1-128	128×128	900	8	16
DALSA CA-D1-256	256×256	200	8	16
Kodak Megaplus 1.4	1320×1035	6.9	8	10
Kodak Megaplus 4.2	2029×2044	2.1	8	10
DALSA CA-D4-1024A	1024×1024	30	8	2×20
Pulnix TM-1001	1024×1024	15	8	20
Tektronix TK512CB (Chip)	512×512	0,5	16	0,150

notwendig. Mit dem Aufkommen digitaler CCD-Kameras zeichnet sich
eine grundlegende Änderung der Bildaufnahme ab. Das Bildsignal wird
nicht mehr länger als analoges Videosignal übertragen, sondern direkt
in der Kamera digitalisiert und dann als digitales Signal an den Rechner
übertragen. Mit diesem Schritt sind weitreichende Vorteile verbunden:

Höhere Bildqualität

Bei analogen Videosignalen war die Auflösung auf 8 Bit (256 Grauwerte) begrenzt. Eine bessere Auflösung war insbesondere wegen dem
Rauschen des analogen Signals nicht denkbar. Bei direkter Digitalisierung
in der Kamera sind durch langsames Auslesen, großflächige Sensorelemente und weitere technische Maßnahmen Grauwertauflösungen bis zu
16 Bit möglich. Anwendungen, die von diesen neuen Möglichkeiten pro-
fitieren werden, sind abbildende Spektrometer und jede Meßtechnik, bei
der es notwendig ist, kleine Änderungen in der Strahlungsflußdichte zu
messen.

Stabile Bildgeometrie

Durch die Matrixanordnung der Sensorelemente in einer CCD-Kamera ist
in natürlicher Weise schon eine flächige *Digitalisierung* in zwei Richtungen vorgenommen. Bei analoger Übertragung geht die Digitalisierung in
Zeilenrichtung aber wieder verloren. Ein *Sensorelement* (*SEL*) entspricht
daher im allgemeinen nicht einem *Bildelement* (*PEL* oder *Pixel*). Durch
Driften in der Elektronik und Jitter in der Synchronisationsschaltung geht
außerdem die stabile Geometrie in Zeilenrichtung verloren. Dieses Problem kann zwar durch sogenannte *pixelsynchrone Digitalisierung* des
Bildspeichers überwunden werden. Bei digitalen Kameras ist dieses Problem aber von vornherein nicht gegeben. SELs und PELs sind identisch.
Mit digitalen Kameras werden damit präzise Vermessungsaufgaben erst

richtig erschlossen. Allerdings müssen dazu die Bildverarbeitungsalgorithmen nachziehen. Subpixelgenaue Verfahren werden von entscheidender Bedeutung sein (siehe dazu auch Abschn. 2.4.3).

Hohe örtliche Auflösung

Die Sensoren brauchen sich nicht mehr an der geringen Videoauflösung zu orientieren. Heute sind Sensoren mit bis zu 3072×2048 Bildpunkten kommerziell erhältlich. Für ruhende Bildvorlagen gibt es verschiedene Verfahren, mit denen ein normalauflösender Sensor präzise auf der Bildebene verschoben wird, um damit eine vielfach höhere Auflösung zu erreichen.

Hohe zeitliche Auflösung

Zur Erfassung schneller Ereignisse können Sensoren mit höherer Bildrate benutzt werden. Es gibt natürlich technisch bedingte Grenzen in der Geschwindigkeit, mit der die Pixel von dem Sensor ausgelesen werden können. Das begrenzt die maximale Bildfrequenz heute für eine örtliche Auflösung von 128×128 Bildpunkten auf 900 Bilder/s und bei 256×256 auf 200 Bilder/s. Diese Grenzen können aber durch parallele Ausgabe der Bildpunkte über mehrere digitale Kanäle überwunden werden. Spezielle Hochgeschwindigkeitskameras erreichen heute 1000-4000 Bilder/s.

Vereinfachte und einheitliche Rechnerschnittstelle

Einer der wichtigsten Vorteile ist schließlich die einfachere und vor allem einheitliche Bildspeicherschnittstelle. An einen Bildspeicher mit einem digitalen Kamera-Interface lassen sich digitale Sensoren aller Art anschließen. Tabelle 2.2 faßt die Spezifikationen einiger digitaler Kameras zusammen.

2.3 Hardware

Zusammenfassung

Für die breite wissenschaftliche und technische Anwendung bildverarbeitender Techniken ist der Trend weg von Spezialhardware eine wesentliche Voraussetzung. Bezüglich Rechenleistung und Busbandbreiten mit neuen Bussystemen wie dem PCI-Bus erreicht heute Standardhardware auf Personalcomputern und Workstations eine Verarbeitungsgeschwindigkeit, mit der sich selbst anspruchsvolle Bildverarbeitungsaufgaben lösen lassen. Die Hardware zur Bildaufnahme schrumpft durch die hohe Grafikleistung mit Bilddarstellung in Fenstern auf der graphischen Benutzeroberfläche auf ein Minimum.

Wesentliche sich abzeichnende Trends in der Entwicklung von Bildverarbeitungshardware sind:

- Intelligente Kameras mit integrierter programmierbarer Bildverarbeitung.

- Signifikante Beschleunigung der Rechenleistung für Bildverarbeitungsoperatoren durch direkte Integration spezieller Induktionssätze für parallele Pixeloperationen in Standardprozessoren.

- Diverse Parallelrechnerarchitekturen.

2.3.1 Bildverarbeitung auf Spezialhardware

Schon kurz nach der Erfindung des *Mikroprozessors* hielt auch die Bildverarbeitung Ende der 70er Jahre Einzug in den Mikroprozessor-Markt. Die *Bildspeicher* der ersten Generation waren sehr einfach aufgebaut. Sie enthielten Module zur Digitalisierung der analogen Videosignale, Video-Analog/Digital-Konverter zur Darstellung des digitalisierten Bildes auf einem Monitor und natürlich den Bildspeicher selbst. Zu Beginn der 80er Jahre war es mit 64k-Speicherbausteinen gerade möglich, ein 512×512 8-Bit-Grauwertbild auf einer Platine unterzubringen.

Mit dieser ersten Generation von Bildspeichern mußte die gesamte Bildverarbeitung auf dem Hostrechner durchgeführt werden. Da damals die Systeme einen 16-Bit-Adreßraum hatten (bei der legendären PDP-11 von Digital Equipment waren 32 kByte Programmspeicher und 32 kByte Datenspeicher vorhanden), mußte das Bild Zeile für Zeile aus dem Bildspeicher in den Speicher übertragen, dort verarbeitet und wieder zurückgeschrieben werden. An die Verarbeitung eines vollständigen Bildes war wegen des knappen Speichers nicht zu denken.

Tabelle 2.3. Taktrate, Busbandbreite und effektiv erreichbarer Datendurchsatz bei verschiedenen Bussystemen: spezielle Videobussysteme für Bildverarbeitung, Standard PC-Bussysteme, Bussysteme für Standard-Ein-/Ausgabegeräte und lokale Netzwerke

Bustyp	Taktrate MHz	Busbreite Bit	Effektiver Durchsatz MByte/s
ITI VISION*bus*	16	32	64
ITI 151/40	40	16	80
PC ISA-Bus	8	16	2
PC EISA-Bus	8	32	25
PC VL-Bus	33	32	30
PC PCI-Bus	33	32	30–90
SCSI Festplatten	5/10	8/16	2–8
CD-ROM, normal	–	–	0,15
CD-Rom, sechsfach	–	–	0,90
Ethernet 10T	10	1	0,15
Ethernet 100T	100	1	5
FDDI	100	1	8

Es ist deswegen nicht verwunderlich, daß bei der zweiten Generation von Bildspeichern spezielle Hardware ergänzt wurde. Schon die einfachsten Bildspeicher enthielten *Nachschautabellen* (Lookup tables, *LUT*), mit denen die Grauwerte eines Bildes zur Darstellung interaktiv manipuliert werden konnten, ohne daß es notwendig war, den Bildspeicherinhalt zu verändern. Damit war es schon bei den ersten Bildspeichern möglich, homogene Punktoperationen in Echtzeit durchzuführen.

Heute findet man eine ganze Reihe von Spezialprozessoren auf Bildspeichern der zweiten Generation. Dazu zählen eine allgemeine *arithmetisch-logische Einheit*(*ALU*), mit der zwei Bilder (oder ein Bild und eine Konstante) punktweise in Echtzeit durch arithmetische (z. B. Addition und Multiplikation) oder logische Operationen verknüpft werden können. Neben solchen allgemeinen Prozeßelementen gibt es Spezialprozessoren zur Extraktion von Histogrammen und Merkmalen, für Faltung, Rangordnungsfilter, morphologische Bildverarbeitungsoperationen und Binärkorrelatoren. Modulare Systeme dieser Art enthalten ein spezielles *Videobussystem*, mit dem die Bilddaten in Echtzeit von Prozeßelement zu Prozeßelement geschleust werden. Typischerweise können dabei bis zu 16-Bit-Bilddaten mit einer Taktrate von 40 MHz übertragen und verarbeitet werden (siehe Tabelle 2.3). Das entspricht einer maximalen Bilddatentransferrate von 80 MByte/s. Einige dieser Prozeßelemente erreichen eine enorme Spitzenverarbeitungsgeschwindigkeit. Ein 8×8-*Faltungsprozessor* mit einer Taktrate von 40 MHz führt maximal 2 560 Milliarden Multiplikationen und 2 520 Milliarden Additionen pro Sekunde durch.

Tabelle 2.4. Zusammenstellung der Leistungsfähigkeit von Mikroprozessoren für arithmetische Operationen. Angegeben ist die Anzahl der Takte für 16-Bit-Ganzzahl-Addition (Add) und -Multiplikation (Mul) und 32-Bit-Gleitkomma-Addition (Fadd) und -Multiplikation (Fmul) unter der Annahme, daß sich die Operanden in Registern befinden

Prozessor	Taktrate	Add	Mul	Fadd	Fmul
8086/87	4.7 MHz	3	113-118	70-100	130-145
80286/287	12 MHz	2	21	70-100	90-145
80386/387	33 MHz	2	9-22	23-34	25-37
80486	100 MHz	1	13	8-20	16
Pentium	133 MHz	1	10	3	3

Allerdings hat die hohe Spezialisierung der Prozeßelemente auch ihre Schattenseiten. Zuerst einmal ist es sehr zeitraubend und schwierig, ein solches komplexes System zu programmieren. Ein gravierendes Problem ergibt sich, wenn einer der notwendigen Verarbeitungsschritte nicht mit einem der Prozeßelemente durchgeführt werden kann. Dann wird die ganze Verarbeitungskette von der langsamen Verarbeitungsgeschwindigkeit dieses einen Schrittes bestimmt. Generell ist problematisch, daß solche Systeme — wegen der Dauer der Hardwareentwicklung — deutlich dem Fortschritt der Algorithmenentwicklung hinterherhinken. Denn gerade in diesem Bereich sind in der letzten Zeit enorme Fortschritte erzielt worden (siehe dazu auch Abschn. 2.4).

Eine genauere Analyse zeigt auch, daß nur selten die volle Leistungsfähigkeit der Prozeßelemente ausgenutzt werden kann. Ein typisches Beispiel ist die Berechnung eines einfachen Ableitungsfilters mit der Faltungsmaske $1/2[1\ 0\ -1]$ mit einem 8×8-Faltungsprozessor. Bei der Durchführung dieser Operation arbeitet er nur mit etwa 1/32 (!) seiner Spitzenleistung. Ein anderes Problem solcher speziellen Prozeßelemente ist die geringe Rechengenauigkeit. Der schon angesprochene Faltungsprozessor kann z. B. nur 8-Bit-Bilder mit 8-Bit-Faltungskoeffizienten verarbeiten und das Ergebnis als skaliertes 16-Bit-Bild ausgeben. Das ist für viele moderne Faltungsoperationen zu ungenau.

2.3.2 Bildverarbeitung auf Standardhardware?

Aufgrund der eben geschilderten Nachteile entwickelt sich inzwischen eine dritte Generation von Bildverarbeitungssystemen. Diese sind gekennzeichnet durch eine möglichst weitgehende Integration der Bildverarbeitung in allgemeinverfügbare Rechner, d. h. PCs und Arbeitsplatzrechner. Auch in industriellen Applikationen ist ein deutlicher Trend weg von teurer Spezialhardware zu spüren. Die Vorteile dieses Vorgehens liegen auf der Hand: Einsatz allgemeinverfügbarer, kostengünstiger Hardware und benutzerfreundlicher und leistungsfähiger *Entwicklungswerkzeuge*.

Im folgenden wird daher die Leistungsfähigkeit von Standardhardware im Hinblick auf Bildverarbeitung ausführlich analysiert. Wir diskutieren die beiden wesentlichen Faktoren getrennt: zuerst die Rechenleistung der Zentraleinheit (CPU) und dann die Busbandbreite, d.h. die Geschwindigkeit, mit der Daten zwischen der CPU und dem Speicher bzw. der Peripherie ausgetauscht werden kann.

Rechenleistung

Beispielhaft soll die Entwicklung der CPUs an der weitverbreitetsten 86er Prozessorserie von Intel dargestellt werden. Die Entwicklung der CPUs anderer Hersteller lief dazu weitgehend parallel. Die Taktrate der CPU hat sich von 4.7 MHz für den 8086 um den Faktor 30 für den Pentium erhöht (Tabelle 2.4). Schon allein dadurch werden alle Rechenoperationen um denselben Faktor beschleunigt. Bei der Analyse der Rechenleistung fällt eine für die Bildverarbeitung bedeutsame Verschiebung auf. Während die frühen Mikroprozessoren für eine 16-Bit-Integeraddition nur 3 Taktzyklen brauchten, wurden etwa 100 Taktzyklen für die Integermultiplikation oder einfache Gleitkommaoperationen wie Addition und Multiplikation benötigt, selbst wenn ein numerischer Koprozessor benutzt wurde. Von daher ist es verständlich, daß damals bei der Entwicklung von Bildverarbeitungsalgorithmen versucht wurde, alles in Integerarithmetik zu programmieren und soweit wie möglich Multiplikationen auf Kosten von weiteren Additionen zu vermeiden.

Heutzutage hat ein solches Vorgehen auf Standardhardware keinen Sinn mehr. Mit modernen RISC-Prozessoren werden auch Gleitkommaadditionen und -multiplikationen effektiv in einem Takt abgearbeitet. Es ist sogar vorteilhaft, mit Gleitkomma- statt Integeroperationen zu arbeiten, da sie parallel zu den Integeroperationen ablaufen. Bei manchen RISC-Prozessoren (z.B. i860 und Power PC) können darüber hinaus je eine Gleitkommamultiplikation und -addition parallel abgearbeitet werden. Aus diesen Veränderungen ergeben sich auch gravierende Veränderungen für die Entwicklung schneller Bildverarbeitungsalgorithmen. Es ist nicht nur bequemer und genauer, sondern sogar schneller, *Gleitkommaarithmetik* auf Standard-CPUs zu benutzen.

Busbandbreite

Trotz der recht hohen Rechenleistung war die Durchführung von Bildverarbeitungsoperationen auf Standard-PCs bis vor kurzem recht wenig effektiv. Der Grund lag in dem langsamen Datentransfer zwischen dem Bildspeicher und dem Hauptspeicher (RAM) des PC. Über den Standard-ISA-Bus wurden Transferraten von typischerweise zwischen 0,25 und 2 MByte/s erreicht. Damit war jede Bildverarbeitungsoperation auf dem PC mit dem hohen Zusatzaufwand des langsamen Bilddatentransfers von und zu dem Bildspeicher belastet.

Abb. 2.5. Der Framegrabber PC_EYE1 von ELTEC als Beispiel für die neue Generation von PCI-Bus Framegrabbern ohne eigenen Bildspeicher. Die Bilddaten werden mit Hilfe eines DMA-Controllers direkt in den PC-Speicher übertragen

Inzwischen haben neuere, schnellere Bussysteme das Bild komplett verändert (Tabelle 2.3). Alle neuen PC-Bussysteme (EISA, VL und PCI) sind 32 Bit breit (statt 16 Bit beim alten ISA-Bus) und haben Taktraten bis zu 33 MHz. Der eindeutige Favorit der neuen Bussysteme ist der *PCI-Bus*. Er erreicht die höchsten effektiven Durchsatzraten von bis zu 90 MByte pro Sekunde. Es gibt schon eine erweiterte Definition für einen 64 Bit breiten PCI-Bus, der die Durchsatzraten noch einmal verdoppeln wird. Der wichtigste Vorteil des PCI-Bus ist aber, daß er unabhängig vom Prozessortyp ist. PCI-Bussysteme sind außer mit Intel-Prozessoren auch mit dem DEC Alpha-RISC-Prozessor und mit dem Power PC von Motorola verfügbar.

Mit dem PCI-Bussystem ist für die Bildverarbeitung eine entscheidende Leistungssteigerung erreicht worden. Bildspeicher, die den PCI-Bus zum Bilddatentransfer benutzen, können die Bilddaten in Echtzeit in das PC-Memory transferieren. Da der PCI-Bus einen direkten Speicherzugriff von einer peripheren Einheit erlaubt (DMA-Zugriff), kann dies im Hintergrund geschehen. Es ist also z.B. möglich, ein Bild auf dem PC auszuwerten und dabei im Hintergrund schon wieder das nächste Bild aufzunehmen.

Schnelle Bus-Systeme wie der PCI-Bus werden auch einen nachhaltigen Einfluß auf die weitere Entwicklung von Bildaufnahmesystemen haben. Es ist jetzt nicht mehr erforderlich, daß ein Framegrabber einen eigenen Speicher besitzt, da die Daten unmittelbar in den PC-Speicher übertragen werden können. Dadurch reduzieren sich die Komponenten für einen Framegrabber auf wenige Elemente. Miminal muß ein Framegrabber jetzt nur noch einen Analog-Digital-Konverter und einen DMA-Controller enthalten. Ein Beispiel für einen solchen Framegrabber zeigt Abb. 2.5. Mit dieser Entwicklung wird die Bildaufnahme weiter ein integraler Bestandteil von allgemeinen Rechnersystem. Die zusätzlich benötigte Hardware zur Bildaufnahme schrumpft auf ein Minimum.

Eine ähnliche Entwicklung ist im Computer-Grafikbereich schon länger im Gange. Selbst Low-Level-Systeme lassen heute die Darstellung von 256 Farben zu. Damit sind Grauwertbilder problemlos darzustellen. Während früher für die Bilddarstellung von Videobildern sowohl ein eigener Bildspeicher auf dem Framegrabber als auch ein zusätzlicher Monitor notwendig waren, ist jetzt die Bilddarstelllung zwanglos in die graphische Benutzerschnittstelle integriert.

Fazit

Es ist offensichtlich, daß die oben geschilderten Hardwareentwicklungen signifikanten Einfluß auf den Einsatz von Bildverarbeitungssystemen haben.

1. Die Preise von leistungsfähigen Bildverarbeitungssystemen fallen von einigen 10 000 DM auf deutlich unter 10 000 DM.

2. Die Möglichkeit, Bildverarbeitung auf einem dem Anwender gewohnten Rechnersystem durchführen zu können, wird die Akzeptanz von Bildverarbeitungssystemen erheblich erhöhen.

3. Es ist damit zu erwarten, daß Bildverarbeitung ein allgemein eingesetztes und leicht bedienbares Hilfsmittel in Wissenschaft, Technik und Industrie werden wird, so wie dies heute schon mit der allgemeinen Meßdatenerfassung ist.

2.3.3   Entwicklungstendenzen

Der Abschnitt über Bildverarbeitungshardware soll nicht abgeschlossen werden, ohne einen Blick in die Zukunft zu werfen. Alle Prognosen sind natürlich mit Vorsicht zu betrachten, da überraschende Entwicklungen nie ausgeschlossen werden können. Deshalb sollen hier nur sich drei klar abzeichnende Entwicklungslinien diskutiert werden: intelligente Kameras, die Integration von Bildverarbeitungsoperationen in Standard-Hardware und parallele Verarbeitung.

Intelligente Kameras

Mit diesem Konzept wird angestrebt, ein komplettes Bildverarbeitungssystem in die Kamera zu integrieren. In letzter Konsequenz heißt dies, Bildaufnahme und -auswertung auf einem einzigen Chip zu integrieren. Ein Beispiel eines Systems in diese Richtung ist der sogenannte *Imputer* (Abb. 2.6). Auf einer Platine kleiner als eine Zigarettenschachtel sind beim Imputer ein CCD-Sensor mit 256×256 Pixeln, der Analog-Digital-Wandler

Abb. 2.6. Der Imputer als Beispiel für eine Kamera mit integrierter Bildverarbeitung. Das System besteht aus zigarettenschachtelgroßen Platinen. Die Grundplatine (links) enthält einen 256×256 CCD-Sensor, den Analog-Digital-Wandler, einen frei programmierbaren Mikroprozessor und Speicher. Das System kann durch Zusatzplatinen um Speicher, Schnittstellen und einen schnellen digitalen Signalprozessor erweitert werden

und ein frei programmierbarer Mikroprozessor mit zusätzlichem Bildspeicher untergebracht. Mit Hilfe eines PC-Entwicklungssystems lassen sich Applikationen für dieses Basissystem entwickeln und über eine serielle Schnittstelle auf den Imputer laden. Dann laufen dort die Bildverarbeitungsauswertungen selbständig ab. Ausgewertete Daten können wieder über die serielle Schnittstelle an den PC oder einen anderen Rechner geschickt werden. Über den Imputerbus (Abb. 2.7) läßt sich das System um Speicher, Schnittstellen und einen schnellen Signalprozessor für aufwendigere Applikationen erweitern.

Integration von Bildverarbeitungsoperationen in Standard-Hardware

Im Abschn. 2.3.2 haben wir schon festgestellt, daß sich auf modernen Prozessoren Gleitkommaoperationen genauso schnell wie Integeroperationen durchführen lassen. Ein wesentlicher Faktor für die schnelle Verarbeitung ist, neben einer schnellen Gleitkomma-Arithmetik, die Busbandbreite von 32 oder 64 Bit. Damit können einfach oder doppelt genaue Gleitkommazahlen mit einem Schreib/Lesezyklus über den Bus transportiert werden. Bei der Verarbeitung von Bilddaten mit 8- oder 16-Bit-Festkommazahlen wird daher nur ein Bruchteil des maximal mög-

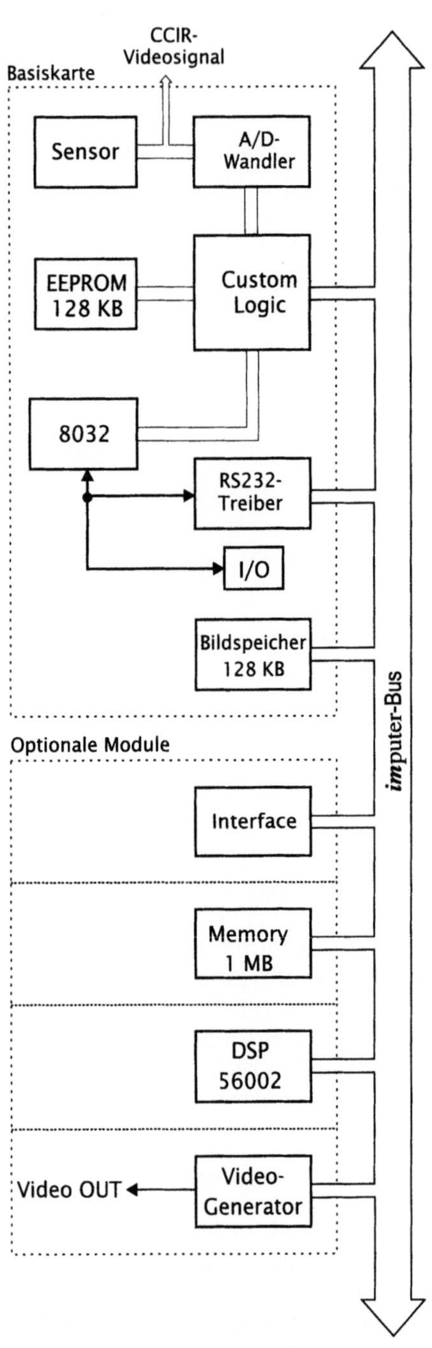

Abb. 2.7. Blockschaltbild des Imputer (vergleiche Abb. 2.6)

lichen Busdurchsatzes effektiv ausgenutzt, da nur 8- oder 16-Bit-Daten transportiert werden. Ebenso sind die Rechenwerke für Festkomma-Arithmetik bei diesen geringen Genauigkeiten nicht voll ausgenutzt.

Diese einfache Feststellung ist der Ausgangspunkt für eine neue Entwicklung. Bei einem Prozessor, der 32 oder 64 Bit breite Zahlen verarbeiten kann, sollte es durch geringfügige Änderungen problemlos möglich sein, parallel mit mehreren Bildpunkten geringerer Genauigkeit zu operieren. Einer der ersten Prozessoren, bei dem dieses Konzept — allerdings noch sehr unvollständig — eingesetzt war, ist der i860-RISC-Prozessor von Intel, der sich heute zum Beispiel in den Hochleistungs-Grafikworkstations von Silicon Graphics wiederfindet.

Erstmals konsequent eingesetzt wurde dieses Prinzip der parallelen Verarbeitung von Pixeldaten bei dem *Imagine Prozessor* der holländischen Firma Arcobel. Dieser Prozessor besitzt eine ganze Reihe von parallelen Verarbeitungseinheiten, durch welche die Bilddaten frei programmierbar geschleust werden können (Abb. 2.8). Der Prozessor besitzt einen 32-Bit-Multiplizierer, mit dem sich unter anderem eine 32-Bit-Multiplikation, zwei 16-Bit-Multiplikationen, vier 8-Bit-Multiplikationen oder eine komplexe 16-Bit-Multiplikation in einem Takt berechnen lassen (Abb. 2.9). Zusammen mit der weiteren parallelen Verarbeitung erreicht dieser Chip für typische Bildverarbeitungsoperationen Rechengeschwindigkeiten, die mindestens um den Faktor 10 über denen eines 100-MHz-Pentium-Prozessors liegen, und das, obwohl der Chip im Vergleich zum Pentium-Prozessor nur einen Bruchteil an Transistoren enthält.

Das Beispiel des Imagine zeigt deutlich, welche Reserven bei frei programmierbaren Prozessoren noch möglich sind, wenn nur geschickt die Parallelverarbeitung von Bilddaten auf Wortlängen von 32 oder 64 Bit ausgenutzt wird. Es ist offensichtlich, daß mit der zunehmenden Integration von Grafik- und damit auch Bildverarbeitungsfunktionen in allgemein verwendbare Prozessoren das Konzept des Imagine-Prozessors Schule machen wird. Von anderen Firmen ist bekannt, daß sie an ähnlichen Produkten arbeiten. Damit läßt sich die Leistungsfähigkeit von frei programmierbaren, allgemein verwendbaren Prozessoren für die Bildverarbeitung, d. h. 8- oder 16-Bit-Integerarithmetik, ohne wesentlich größeren Hardware- und damit Kostenaufwand um mindestens eine Grössenordnung steigern. Wesentlich an dieser Entwicklung ist, daß — im Gegensatz zu früherer Spezialhardware für Bildverarbeitung (Abschn. 2.3.1) — die Bildverarbeitungshardware frei programmierbar und hard- und softwaremäßig unmittelbar und zwanglos in Standardsysteme eingebunden ist. Mit dieser Entwicklungstendenz ist es wieder sinnvoll, Bildverarbeitung, insbesondere im Low-level-Bereich, von Gleitkomma-Arithmetik auf Integer-Arithmetik umzustellen.

Parallelverarbeitung

Parallele Rechnersysteme und damit auch parallele Bildverarbeitung stekken immer noch in den Kinderschuhen. Gerade im Bereich der Bildver-

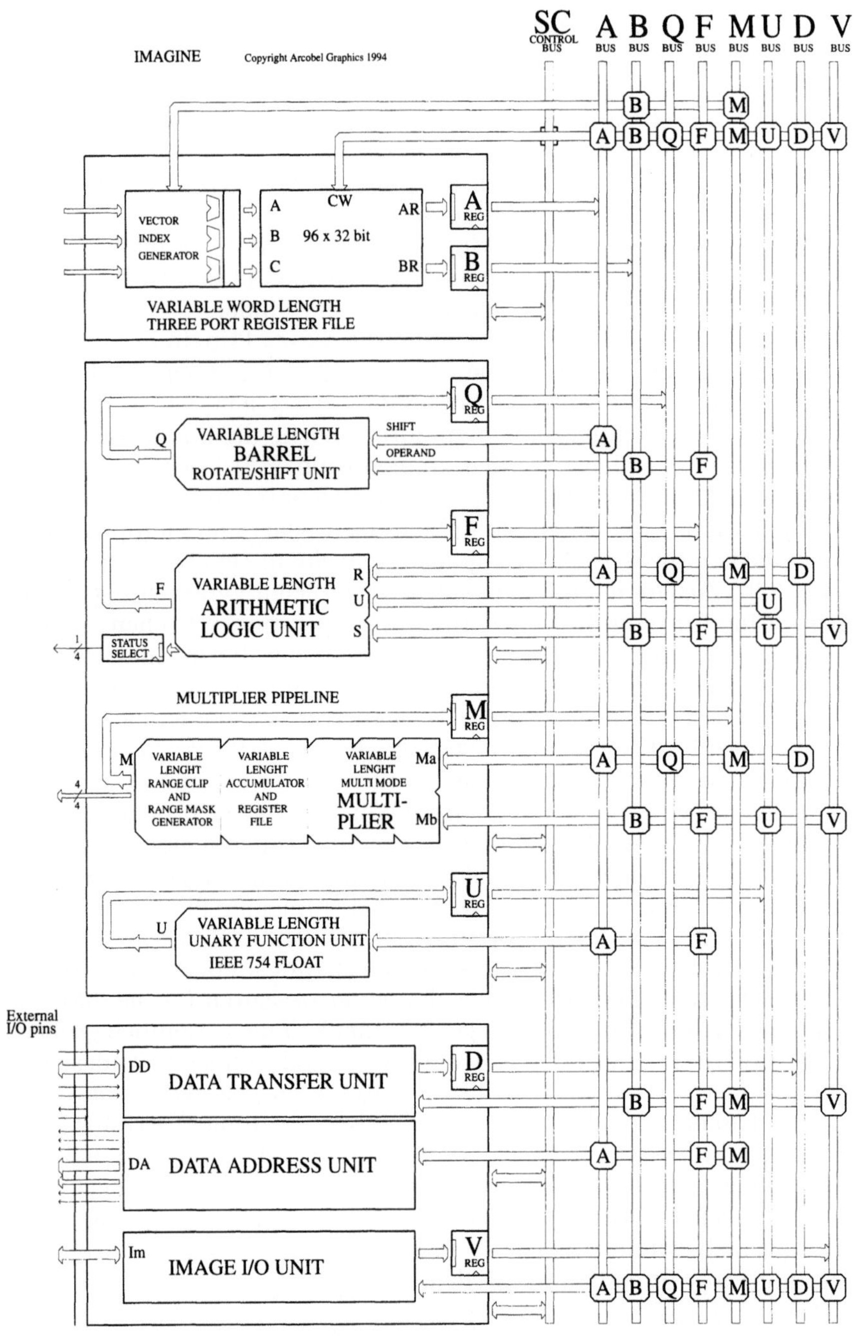

Abb. 2.8. Vereinfachtes Blockschaltbild des Imagine Prozessors (**Image Engine**) der holländischen Firma Arcobel

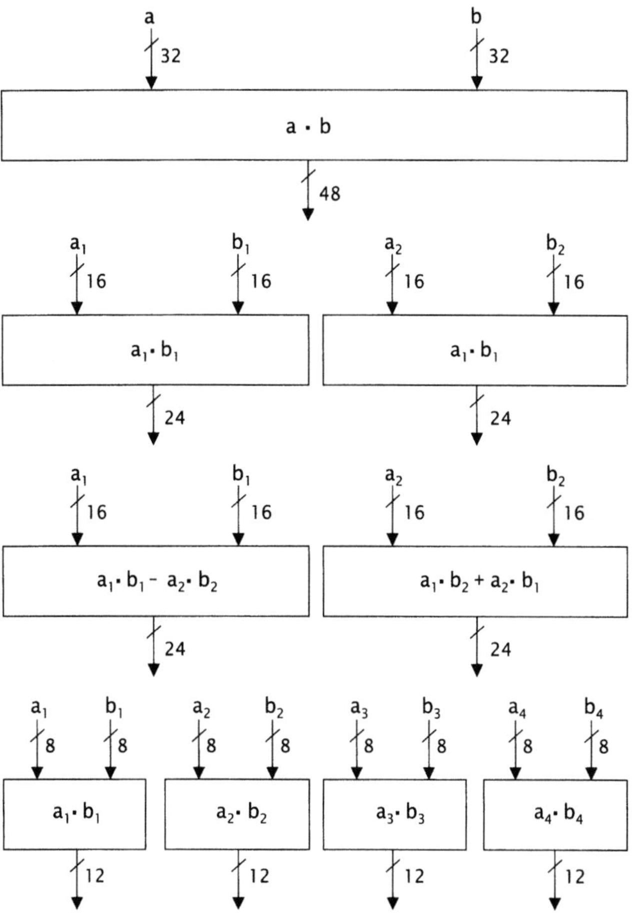

Abb. 2.9. Möglichkeiten der parallelen Multiplikation mit einem 32-Bit-Multiplizierer: eine 32-Bit-Multiplikation, zwei 16-Bit-Multiplikationen, eine komplexe 16-Bit-Multiplikation (bestehend aus 4 Multiplikationen und 2 Additionen) und vier 8-Bit-Multiplikationen. Alle diese Operationen werden in einem Takt abgearbeitet

arbeitung ist das jedoch eine massive Herausforderung, da vom biologischen Sehsystem (siehe Kapitel 1) bekannt ist, daß es massiv parallel arbeitet, und das sehr erfolgreich.

Es ist immer noch eine offene Frage, wie sich parallele Rechnerarchitekturen entwickeln werden. Tatsache ist allerdings, daß im Bereich der Supercomputer eine deutliche Trendwende zur Parallelverarbeitung zu beobachten ist. Auch im Bereich der Bildverarbeitung gibt es interessante Entwicklungen. Zwei sollen hier exemplarisch vorgestellt werden. Ein paralleler Signalprozessor, der vier schnelle Signalprozessoren enthält, die unabhängige Befehle auf unabhängigen Daten ausführen (*MIMD* — Multiple Instructions Multiple Data) und ein passiv paralleles

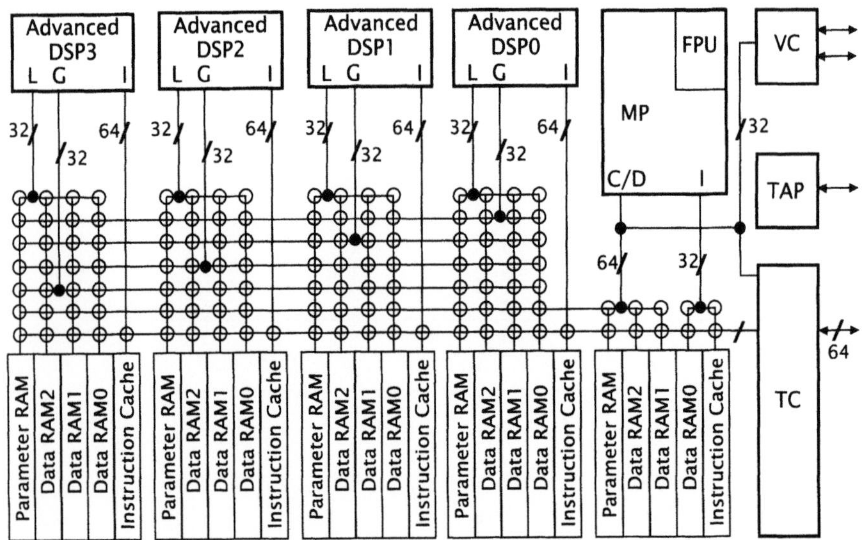

Abb. 2.10. Block-Diagramm des TMS320C80 mit den 4 Parallelprozessoren DSP0...DSP3, dem Masterprozessor MP und den zugehörigen lokalen Speicherbereichen zu je 10 kByte, die über die Crossbar-Logik und die lokalen (L) bzw. globalen (G) Ports und die Instruction-Ports (I) verbunden sind. Der Transfer Controller (TC) steuert den Datenfluß von und nach außen, während der Videocontroller die Bildausgabe überwacht. Mit Hilfe des auf dem Chip integrierten „Test access ports" TAP, einem JTAG Emulations Interface, sind On-Line-Tests möglich (Texas Instruments [8])

System von bis zu 256 Prozessoren, die mit unterschiedlichen Daten, aber synchronem Befehlssatz arbeiten (*SIMD* — Single Instruction Multiple Data).

Der Multimedia Video Prozessor. Basierend auf den Erfahrungen mit der TMS320-Serie von Signalprozessoren wurde von der Firma Texas Instruments der TMS320C80 DSP-Chip entwickelt, der ursprünglich als Multimedia Video Processor *MVP* bezeichnet wurde. Aus diesem Namen ist unschwer das Haupteinsatzgebiet abzulesen, für das dieser Prozessor gedacht war, nämlich die Übertragung und Komprimierung von Bilddaten für Videokonferenzen usw.

Die Struktur dieses Prozessors bietet eine Fülle interessanter Einzelheiten bezüglich der Parallelverarbeitung, die hier kurz beschrieben werden sollen (Abb. 2.10):

Auf dem Chip sind insgesamt 5 Prozessoren integriert, nämlich 4 schnelle Signalprozessoren, als Parallelprozessoren bezeichnet (PP), und ein sog. Masterprozessor (MP), der u. a. auch Steuerungs- und Koordinierungsaufgaben übernimmt. Die Parallelprozessoren besitzen eine Reihe von parallelen Verarbeitungseinheiten, so daß mehrere arithmetische

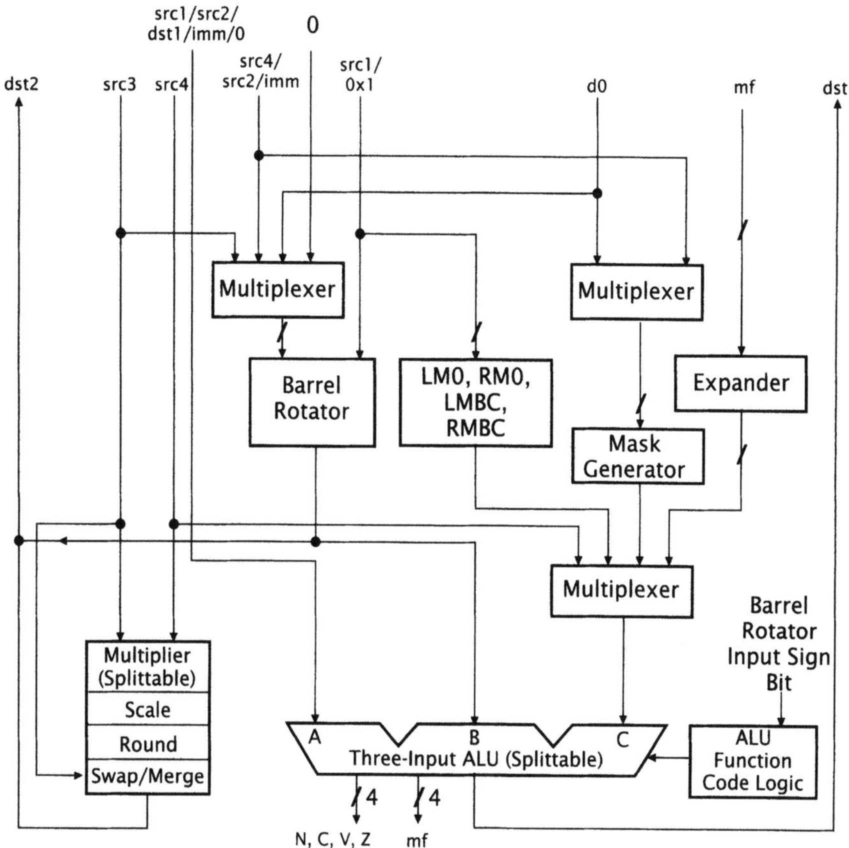

Abb. 2.11. Die Data Unit des TMS320C80 (Texas Instruments [8])

(Additionen und Multiplikationen) und boolsche Operationen (OR, AND usw., Bit-Shift, Bit-Maskierung) gleichzeitig in einem Verarbeitungstakt durchgeführt werden können (Abb. 2.11). Die Informationstiefe der Bilddaten ist variabel, d. h., es können 8-, 16- oder 32-Bit-Bilddaten verarbeitet werden, und durch eine programmierbare Aufteilung der Arithmetikeinheit (ALU) und des Multiplizierers lassen sich in einem Befehlszyklus statt einer 32-Bit-Addition vier 8-Bit- oder zwei 16-Bit-Additionen durchführen bzw. statt einer 16-Bit-Multiplikation zwei 8-Bit-Multiplikationen.

Durch eine ebenfalls recht umfangreiche Adressierungslogik (Address Unit) und eine eigene Recheneinheit zur Schleifenberechnung (Program Flow Control Unit) können die Bilddaten mit einer hohen Durchsatzrate durch jeden dieser Parallelprozessoren geschleust werden. Nach Angaben von Texas Instruments lassen sich damit bis zu 15 Operationen („RISC-like operations") in einem Befehlszyklus durchführen. Da die 4 Parallelprozessoren prinzipiell unabhängig voneinander arbeiten können, läßt sich so theoretisch eine Verarbeitungsleistung von bis zu 2 GOPS (= $2 \cdot 10^9$ Operationen pro Sekunde) erzielen [8].

Dieses Parallelverarbeitungskonzept wird durch eine intelligente Speicherlogik unterstützt, die sehr schnelle Zugriffe auf den auf dem Chip befindlichen Speicher erlaubt. Der Speicherbereich von insgesamt 50 kByte ist in 5 Blöcke zu je 10 kByte für die 5 Prozessoren aufgeteilt. Jeder Prozessor verfügt über einen lokalen Speicherbereich von 10 kByte, auf den er über einen sog. lokalen Port von 32 Bit Breite zugreifen kann. Separate Verbindungen (global ports) erlauben darüber hinaus den ebenso schnellen Zugriff auf den lokalen Speicher der übrigen Prozessoren. Eine eigene, in Art einer Kreuzschiene aufgebaute Steuermatrix (Crossbar) steuert den Zugriff der Prozessoren auf diese Speicherblöcke, so daß Kollisionen beim Zugriff verhindert werden.

Die Übertragung von Daten von externem Speicher auf das On-chip-RAM wird ebenfalls von einer eigenen Steuerlogik, dem sog. Transfer Controller (TC) überwacht. Unabhängig von den Prozessoren, parallel zur Verarbeitung der Daten auf dem Chip, können so Daten mit einer maximalen Datenrate von bis zu 400 MByte/s vom externen Speicher auf den Chip und umgekehrt übertragen werden (bei einer Taktrate von 50 MHz). Die umfangreiche Steuerlogik erlaubt eine effiziente Übertragung rechteckiger Bildausschnitte beliebiger Größe im sog. „Packet transfer". Auf dem 64 Bit breiten Bus können 8, 16 u. 32 Bit tiefe Bilddaten adressiert werden.

Der Masterprozessor (MP) ist ein leistungsfähiger 32-Bit-RISC-Prozessor mit einer eigenen Fließkomma-Recheneinheit (FPU) für rechenintensive Programmteile, die eine Floating Point-Arithmetik erfordern. Darüber hinaus übernimmt der Masterprozessor Systemaufgaben, z. B. die Koordinierung der Parallelprozessoren, die Kommunikation mit externen Prozessoren (Host Interface), das Interrupthandling u. ä. Dazu besitzt der Masterprozessor ausgefeilte Multi Tasking-Fähigkeiten, die auch vom zugehörigen C-Compiler unterstützt werden.

Wie für den Masterprozessor stehen auch für die Parallelprozessoren C-Compiler zur Verfügung, doch wird damit die Leistungsfähigkeit der Prozessoren i. a. nicht ausgeschöpft. Zur Ausnützung der maximalen Leistungsfähigkeit muß meist auf eine Assembler-Programmierung zurückgegriffen werden. Durch eine an Hochsprachen angelehnte Mnemonik, von Texas Instruments als „algebraischer Assembler" bezeichnet, wird jedoch die Programmierung erleichtert, so daß auch bei komplexeren Operationen eine gewisse Übersicht gewahrt bleibt (Abb. 2.12).

Die Formel in Abb. 2.12 beschreibt ein Beispiel für den algebraischen Assembler der Parallelprozessoren: Die Inhalte der beiden Datenregister d3 und d4 werden multipliziert, parallel dazu, d. h. im gleichen Taktzyklus, wird d1 zu d3 addiert, die Adresse in a2 um x2 erhöht und das Ergebnis in d4 abgespeichert.

Die flexible Struktur und die hohen Leistungsdaten machen diesen Prozessorchip zu einer interessanten Alternative für viele Bildverarbeitungsanwendungen, insbesondere deshalb, weil der angepeilte Einsatz im

```
   d2 = d3 * d4
|| d3 = d3 + d1
|| d4 = &*(a2 += x2)
```

Abb. 2.12. Beispiel für den algebraischen Assembler der Parallelprozessoren: Die Inhalte der beiden Datenregister d3 und d4 werden multipliziert, parallel dazu, d. h. im gleichen Taktzyklus, wird d1 zu d3 addiert, die Adresse in a2 um x2 erhöht und das Ergebnis in d4 abgespeichert

Multimedia-Bereich und die damit erwarteten größeren Stückzahlen auf eine günstige Preisentwicklung hoffen lassen. Voraussetzung dafür ist allerdings, daß die Anbieter zukünftiger Bildverarbeitungshardware mit dem TMS302C80 umfangreiche Softwarebibliotheken und leistungsfähige Entwicklungstools zur Verfügung stellen, die es dem Endanwender erlauben, die Möglichkeiten dieses Prozessors mit vertretbarem Aufwand auszunutzen [9].

Der CNAPS SIMD-Parellelrechner.   Die parallele CNAPS-Architektur geht einen etwas anderen Weg als der MVP-Prozessor von Texas Instruments. Auf einem Chip sind 64 einfache Prozessoren untergebracht. Jeder dieser Prozessoren stellt einen einfachen digitalen Signalprozessor dar mit einem Multiplizierer, der 8- und 16-Bit-Festkommamultiplikationen, auch gemischt, durchführen kann, einem Addierer für 32 Bit-Additionen und einer logischen Einheit, die boolesche und Shiftoperationen durchführen kann. Jeder Prozessor besitzt einen Registersatz von 32 16-Bit-Registern und 4 KByte lokalen (distributed) Speicher (Abb. 2.13).

Der CNAPS-Multiprozessor ist eine SIMD-Architektur. Auf allen Prozeßelementen wird die gleiche Instruktionssequenz abgearbeitet, aber mit unterschiedlichen Daten in den jeweils verteilten Speichern der einzelnen Prozessoren. Für den Datenaustausch gibt es zwei Möglichkeiten. Zum einen können Daten aus dem gemeinsam benutzten Speicher auf alle Prozessoren gleichzeitig verteilt werden. Dabei ist ein bedingtes Laden über den Eingabebus und Ausgabe über den Ausgabebus möglich, so daß nur bestimmte Prozessoren die Daten einlesen bzw. wieder an den gemeinsam benutzten Speicher abgeben. Zusätzlich gibt es einen weiteren bidirektionalen 2-Bit-Bus, über den benachbarte Prozessorelemente verbunden sind. Über diesen Bus lassen sich Daten zwischen den benachbarten Prozessoren austauschen.

Da jeder CNAPS-Prozessor eine Multiplikation und Addition in einem Takt ausführen kann, erreicht ein System mit 256 Prozessoren, d. h. bestehend aus 4 Chips, eine Spitzenrechenleistung von 10 GOPS.

Die CNAPS SIMD-Architektur eignet sich für alle Algorithmen, bei denen große Datenmengen mit den gleichen Operationen abgearbeitet werden müssen. Darunter fallen Faltungsoperationen, neuronale Netze und verschiedene Klassifizierungsalgorithmen. Nicht geeignet ist natürlich

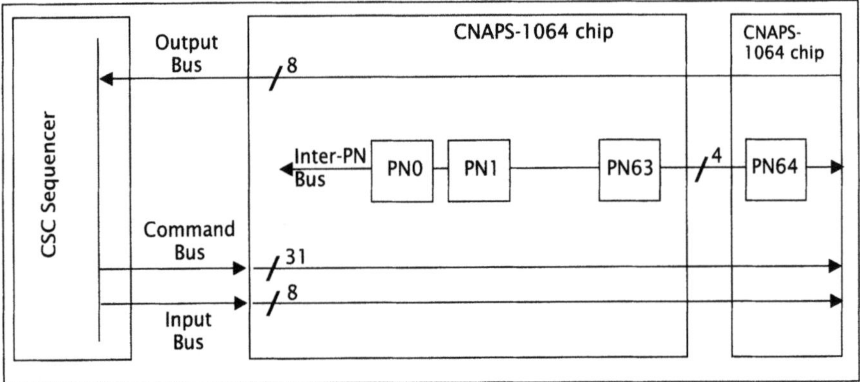

Abb. 2.13. Die CNAPS-Multiprozessorarchitektur kombiniert 64 einfache digitale Signalprozessoren auf einem Chip. Jeder einzelne Prozessor kann 16-Bit-Festkommaarithmetik mit einer Taktrate von 20 MHz durchführen. Die gleiche Instruktionssequenz wird an alle Prozessoren verteilt, die dann die Daten in ihrem verteilten Speicher abarbeiten (SIMD-Architektur). Bilddaten können auch von dem gemeinsam benutzten Speicher an alle Prozessoren verteilt werden. Über einen weiteren Bus lassen sich Daten zwischen benachbarten Prozessoren austauschen (Adaptive Solutions)

die Architektur für jede Art von sequenzieller Verarbeitung, z. B. Kantenverfolgung.

2.4 Software und Algorithmik

Zusammenfassung

Mit der wachsenden Komplexität von Bildverarbeitungsalgorithmen wird die Softwarekomponente gegenüber der Hardware zunehmend mehr Bedeutung gewinnen. Ein wesentlicher Aspekt liegt im Software-Engineeringbereich. Anspruchsvolle Bildverarbeitungssoftware muß portabel, modular und offen aufgebaut sein. Die mathematische Fundierung der Bildverarbeitung wird weitere entscheidende Vorteile bringen:

- voraussagbare, zuverlässige und optimale Ergebnisse

- schnelle und effiziente Algorithmen

- genauere Ergebnisse mit Fehlerabschätzung

- neue methodische Ansätze.

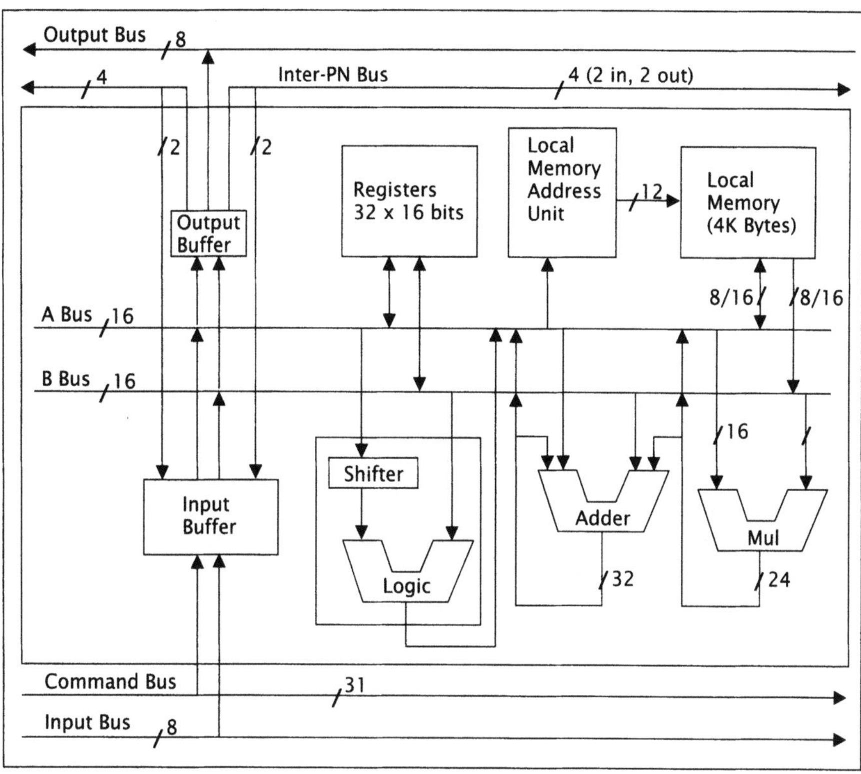

Abb. 2.14. Blockschaltbild eines Signalprozessors der CNAPS SIMD-Multipro zessorarchitektur (Adaptive Solutions)

Beim Blick in die Geschichte der Informatik fällt auf, daß die Entwicklung der *Software* der der *Hardware* oft weit hinterherhinkt. Das wohl bekannteste Beispiel sind die Betriebssysteme für die Intel-Mikroprozessoren. Es dauerte zwei bis drei Generationen von Prozessoren (vom 80386, i486 bis zum Pentium), bis schließlich 32-Bit-Betriebssyteme wie Windows NT bzw. Windows 95 oder OS/2 verfügbar waren. Zugegeben, verschiedene Unix-Versionen, Nextstep und OS/2 sind schon eine Weile verfügbar, aber bisher konnten diese Systeme nur einen kleinen Bruchteil des Marktes erobern, und der allgemeine Umschwung zu 32-Bit-Betriebssystemen beginnt nur allmählich.

Ein weiterer Aspekt ist die oft kritisierte mangelhafte Qualität der Software. Manche Informatiker gehen sogar so weit, von einer Krise der Software zu sprechen. Wie dem auch sei, weisen diese allgemeinen Überlegungen auf die vernachlässigte Bedeutung der Software hin und auf die Notwendigkeit, ihre Rolle für die Bildverarbeitung genauer zu beleuchten.

Es besteht jedenfalls kein Zweifel, daß *32-Bit-Betriebssysteme* für die Bildverarbeitung einen wesentlichen Schritt bedeuten. 16-Bit-Betriebssysteme sind wegen des beschränkten Adreßraums für Bildverarbeitung eine ungeeignete Plattform. 32-Bit-Betriebssysteme bieten dagegen eine neue Chance für die komfortable Entwicklung einer portablen Bildverarbeitungssoftware. Zeichnet sich damit eine Trendwende ab?

Da, wie in Abschn. 2.3.1 besprochen, die Bildverarbeitung mit spezieller Hardware begonnen wurde, hat sich in der Bildverarbeitung eine spezielle Softwarekultur entwickelt. Die Software mußte für ein bestimmtes System entwickelt werden. Die Hardware zu wechseln, bedeutete oft eine komplette Neuentwicklung der Software. Ein solches Vorgehen war so lange sinnvoll, wie die spezielle Hardware deutliche Leistungsvorteile bot und die Algorithmen nicht zu komplex waren. Es wurde schon festgestellt, daß die erste Vorbedingung langsam aber stetig erodiert. Die zunehmende mathematische Untermauerung der Bildverarbeitung, die aus einem recht unzuverlässigen heuristischen Hilfsmittel eine wohlfundierte Wissenschaft macht, führt zu einer steigenden Komplexität der Bildverarbeitungsalgorithmen, die sich nur unter hohem Aufwand optimal auf spezielle Hardware portieren lassen, so daß auch die zweite Vorbedingung für hardwarespezifische Programmierung nicht mehr erfüllt ist. Hinzu kommt, daß sich Algorithmen, für die eine spezielle Hardware gebaut wurde, bis zum Ende der Entwicklungszeit der Hardware oft signifikant veränderten und verbesserten.

In diesem Abschnitt sollen zwei Aspekte der Bildverarbeitung näher erläutert und mit Beispielen illustriert werden: die Möglichkeiten, Grenzen und Chancen portabler Softwareentwicklung (Abschn. 2.4.1) und die Rolle der mathematischen Fundierung und Algorithmik (Abschn. 2.4.3).

2.4.1   Portable, modulare Bildverarbeitungssoftware

Wenn die gesamte Bildverarbeitung auf einem frei programmierbaren Prozessor mit einem Standardentwicklungssystem mit einer der Programmiersprachen C, Fortran oder C++ und den dazugehörigen *Entwicklungswerkzeugen* wie Linker, Debugger und Profiler durchgeführt wird, steht einer weitgehend portablen Entwicklung von Bildverarbeitungsalgorithmen nichts mehr im Wege. Im vorangegangenen Abschnitt wurde schon diskutiert, daß dann nur noch die Kommunikation mit dem Bildspeicher und der Transfer von Bilddaten hardwareabhängig programmiert werden müssen. Das ist aber nur ein kleiner Teil der Bildverarbeitungssoftware. Noch geringfügiger wird die Hardwareanpassung, wenn die komplette Bilddarstellung nicht mehr auf einem speziellen Bildspeicher vorgenommen wird, sondern standardisierte graphische Benutzerschnittstellen benutzt werden. Dann muß als einziges die Bildeingabe hardwareabhängig programmiert werden. Dies benötigt lediglich einen Treiber und ist im Fall eines digitalen Kameraeingangs besonders einfach und flexibel.

Es ist offensichtlich, daß mit einem solchen Ansatz Bildverarbeitungssoftware schnell an eine neue Hardwareplattform angepaßt werden kann.

Deswegen ist es möglich, den Hauptteil der Entwicklungszeit in die Bildverarbeitungsalgorithmen selbst zu stecken und nicht in ihre ständige Anpassung an neue Hardware. Es ist zu erwarten, daß eine konsequente Ausnutzung dieses Paradigmas langfristig erhebliche Vorteile mit sich bringt. Diese sollen noch einmal mit Blick auf die typische Situation für Anwendungen in der Wissenschaft und Industrie beleuchtet werden.

Die typische Negativsituation in einer wissenschaftlichen Applikation an der Hochschule ist etwa so zu karikieren: Ein Diplomand entwickelt Algorithmen für die spezifische Aufgabe seiner Diplomarbeit und erreicht damit schöne Ergebnisse, die er mit Erfolg auf einer Tagung vorträgt und publiziert. Nachdem er das Institut verlassen hat, kann keiner mehr etwas mit seiner Software anfangen. Sie ist kaum dokumentiert, und sein Nachfolger scheitert daran, sie zu verstehen und in seine eigene Arbeit zu integrieren und fängt entnervt alles noch einmal von vorne an ...

Diese Situation wurde überspitzt geschildert, sie ist aber durchaus typisch, insbesondere dort, wo wenig Berührungspunkte zur Informatik bestehen. Es fehlt das Wissen über ein sinnvolles *Software Engineering* mit den entsprechenden negativen Konsequenzen. Man kann sich mit diesem Vorgehen zwar einige Zeit über Wasser halten, aber sobald die Anwendungen komplexer werden, kann man nur noch mit einem Konzept Erfolg haben, bei dem *portable Software* vorhanden ist mit wohldefinierten Schnittstellen und allen Hilfsmitteln zur einfachen Integration neuer Algorithmen und Softwaremodule. Nur auf diese Weise kann man langfristig die nicht unerheblichen Investitionen in die einzelnen wissenschaftlichen Arbeiten sichern und erreichen, daß die Ergebnisse von den Nachfolgern genutzt werden können.

In der Industrie mag die Situation nicht so kraß wie an der Hochschule sein, weil ein nicht so häufig wechselnder Mitarbeiterstamm vorhanden ist. Dennoch zeichnet sich auch hier ab, daß Bildverarbeitungsapplikationen immer schneller an sich ändernde Produktionsbedingungen angepaßt werden müssen. Zudem werden erhebliche Entwicklungskosten eingespart, wenn nicht mit jedem neuen System eine komplette Software-Neuentwicklung erfolgen muß.

Generell ist eine wichtige Tatsache zu beachten: Bei der Evaluierung eines Algorithmus ist nicht nur seine reine Laufzeit zu berechnen, sondern eigentlich die gesamte Entwicklungszeit mit zu berücksichtigen. Bei Algorithmen, die nur wenig oder gelegentlich eingesetzt werden, ist damit die Entwicklungszeit der dominante Faktor. Nur bei Algorithmen, von denen von vorne herein bekannt ist, daß sie jahrelang eingesetzt werden, lohnt sich ein entsprechender Entwicklungsaufwand für eine Optimierung evtl. einschließlich der Entwicklung einer spezifischen Hardware. Es ist jedoch zu bedenken, daß dieses Szenario immer seltener wird, und zwar gleichermaßen in der wissenschaftlichen wie in der industriellen Anwendung. In beiden Fällen müssen sich die Bildauswertesysteme immer schneller an veränderte Situationen anpassen. Mit einem starren, hardwarespezifischen System ist dies meistens nicht möglich.

2.4.2 Fallstudie: heurisko

Am Beispiel des Bildverarbeitungs-Entwicklungspakets *heurisko*[1] soll in dieser Fallstudie erläutert werden, welche enormen Vorteile mit einer portablen, modularen und offenen Softwareumgebung einhergehen.

Datenstrukturen

Ein konventionelles Bildverarbeitungspaket ist in der Regel nur für die Auswertung von 8 Bit tiefen Bilddaten ausgelegt. Moderne Sensoren liefern heute aber bis zu 16 Bit tiefe Bilddaten. Darüber hinaus verlangen viele moderne Algorithmen eine höhere Genauigkeit, so daß sie am besten mit *Gleitkommaarithmetik* durchgeführt werden. heurisko enthält eine Fülle von Datentypen für Bilddaten: Binärbilder, Festkommabilder mit 8, 16 und 32 Bit, Fließkommabilder mit einfacher und doppelter Genauigkeit und darüber hinaus auch komplexe Bilddatentypen. Die Bilddaten können in ihrer Größe völlig frei definiert werden. Unterstützt werden darüber hinaus *Mehrkanalbilder* (wobei die einzelnen Kanäle unterschiedliche Datentypen aufweisen können), Mehrgitterdatenstrukturen wie *Pyramiden, Bildsequenzen* und *volumetrische (3D-) Bilder.* Die Definition von Vektoren (z. B. für Histogramme oder Bildzeilen) und Skalaren ist ebenso möglich. Zur Beschreibung von Objektmerkmalen lassen sich zudem lineare Listen aufbauen.

Bildverarbeitungsfunktionen als Operatoren

Alle Bildverarbeitungsfunktionen werden als Operatoren für die oben beschriebenen Objekte betrachtet. Damit sind eine Reihe von nachhaltigen Vereinfachungen möglich. Derselbe Operator kann auf Bilder mit unterschiedlichsten Datentypen angewendet werden. Ebenso berücksichtigt er automatisch die Dimension des Objektes. Wird eine zweidimensionale Faltungsoperation z. B. auf eine Bildsequenz angewendet, werden alle Bilder der Sequenz gefaltet, ohne daß eine Schleife programmiert werden muß. Die in heurisko eingebauten Operatoren muß man sich wie einen Werkzeugkasten mit einfachen Operatoren vorstellen. Mit Hilfe einer mächtigen Skriptsprache können die eingebauten Operatoren zu neuen zusammengesetzt werden. Diese lassen sich genauso wie bereits implementierte Operatoren verwenden. Da solche neu definierten Operatoren in einen schnellen Binärcode übersetzt werden, sind mit ihnen im Vergleich zu den eingebauten Operatoren kaum Geschwindigkeitseinbußen verbunden. Die Skriptsprache enthält vielfältige Steuerkonstrukte zur Programmierung von bedingten Anweisungen und verschiedene Arten von Schleifen.

---

[1] Entwickelt von AEON Verlag & Studio, Postfach 1108, D-63401 Hanau, E-mail: Compuserve: 100326,3156

```
#
# Definition der Datenstrukturen
#
float x[512][512]; # Gleitkommabild
  # Struktur fuer Betragsquadrat des Gradien-
  #                      ten und Orientierungsvektor
struct ori {float grad[256][256], ox[256][256], oy[256][256]};
pysmooth := {0.0625,0.25,0.375}.{0.25,0.5}; # Glaettungsfilter
ori_mat := {{1.0, 1.0, 0.0},{1.0, -1.0, 0.0},{0.0, 0.0, 2.0}};


#
# Operator zur Berechnung der lokalen Orientierung
#
operator out=orient(in);
      # Definition einer lokalen Strukturvariablen
    struct t {float xx[512][512], yy[512][512], xy[512][512]};
    t.xx=ConvSep(in,2.0,"xdn"); # Horizontale Ableitung
    t.yy=ConvSep(in,2.0,"ydn"); # Vertikale Ableitung
    t.xy=Mul(t.xx,t.yy); # Multiplikation dere Ableitungen
    t.xx.yy=Sqr(t.xx.yy);
    out=PyReduce(t,pysmooth); # Glaetten mit gleichzeitiger Reduktion
    out=CLinTrans(out,ori_mat); # Berechnung des Orientierungsvektors
endoperator;


#
# Anwendung des Operators
#
x = Ring(); #Erzeugung des Ringtestmusters
ori=orient(x);
```

Abb. 2.15. Kommentierter heurisko-Workspace zur Berechnung der *lokalen Orientierung* als Beispiel, wie einfach sich komplexe Bildverarbeitungsoperatoren aus eingebauten Grundoperatoren zusammensetzen lassen

Bildqualität und Bildverarbeitungsoperationen können durch interaktive maus- und operatorgesteuerte Bildinspektoren wie Zeilen- und Spaltenprofile, Linienplots, einer Lupenfunktion oder Histogramme von beliebigen Bildausschnitten gezielt und interaktiv beurteilt werden. Ist ein solcher Inspektor für ein Bildfenster aktiv gesetzt, berücksichtigt er automatisch die Änderung des Bildinhaltes. So kann beim Ablauf einer Bildsequenz z. B. die Änderung des Histogramms oder eines Profils mitbeobachtet werden.

Neu definierte Operatoren und auch die definierten Bilddaten, die für eine bestimmte Bildverarbeitungsaufgabe benötigt werden, können in sogenannten Workspaces abgespeichert werden. Durch einfaches Laden eines solchen Workspaces ist die Software sofort an eine bestimmte Bildverarbeitungsaufgabe angepaßt. Neu definierte Operatoren werden automatisch in die dynamisch aufgebauten Menüs eingefügt. Das Beispiel in Abb. 2.15 zeigt einen solchen kleinen Workspace, der den in Abschn. 2.4.4

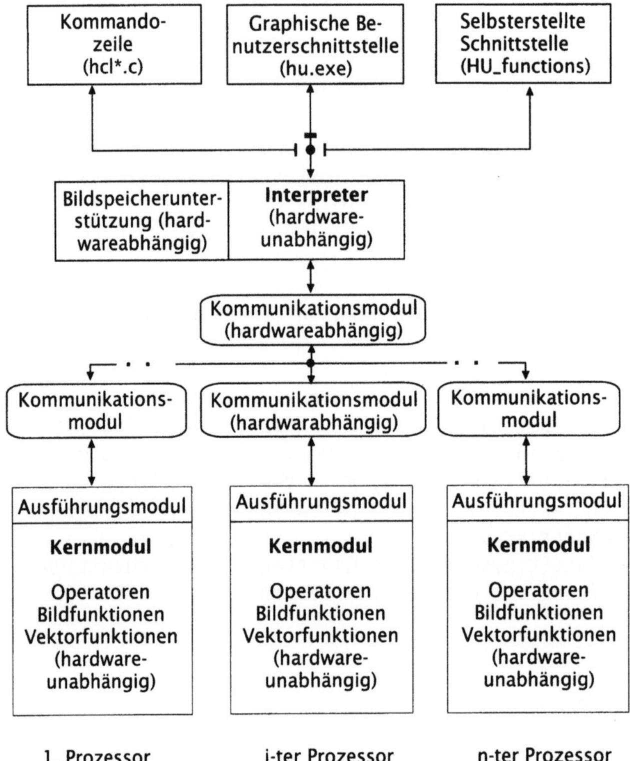

Abb. 2.16. Blockdiagramm des modularen und hierarchischen Aufbaus des Softwarepakets heurisko

beschriebenen effektiven Algorithmus zur Bestimmung der *lokalen Orientierung* in heurisko implementiert.

Offener und modularer Aufbau

heurisko ist modular aufgebaut und besteht aus drei Teilen, der Benutzerschnittstelle, einem Interpreter/Compiler und dem Programmkern, die über standardisierte und dokumentierte Schnittstellen miteinander kommunizieren (Abb. 2.16). Der Benutzer kann sowohl die vorhandene Benutzerschnittstelle ersetzen als auch den Programmkern um zusätzliche Funktionen erweitern. Der heurisko-Bildverarbeitungskern ist streng hierarchisch in drei Ebenen aufgebaut. Auf der äußeren Ebene befinden sich die sogenannten Operatoren, die auf die Objekte wirken. Diese Funktionen entsprechen direkt den im Befehlszeileninterpreter oder in der graphischen Benutzerschnittstelle verfügbaren Befehlen.

Ein spezieller, in der Benutzerschnittstelle nicht sichtbarer Typ von Operatoren sind die sogenannten *generischen Operatoren*. Diese nutzen konsequent die Tatsache, daß es nur eine kleine Anzahl verschiede-

Tabelle 2.5. Rechenzeiten für verschiedene Bildverarbeitungsoperationen. Wenn nicht anders angegeben, beziehen sich die Zeiten auf 512×512 Gleitkommabilder (float)

Rechenzeit in Sekunden	i486DX2 66 MHz	Pentium 90 MHz	i860XP 50 MHz	PowerMac 8100/100
Schnelle Fouriertransformation	4,0	1,1	0,47	1,5
Horiz. Ableitung (Kantendetektion)	0,28	0,09	0,10	0,08
dasselbe mit 16-Bit Integer	0,16	0,08	0,09	0,07
Laplaceoperator	0,75	0,25	0,23	0,19
dasselbe mit 16-Bit Integer	0,49	0,24	0,28	0,22
Allgemeine 3x3-Faltung	1,43	0,41	0,24	0,34
Allgemeine 5x5-Faltung	3,64	1,00	0,50	0,80
dasselbe mit 16-Bit-Integerzahlen	2,40	1,46	1,56	0,89
5x5 Binomialmaske	1,09	0,41	0,30	0,37
dasselbe mit 16-Bit Integerzahlen	0,57	0,24	0,35	0,36
3x3-Grauwert-Erosion	0,95	0,48	0,47	0,40
dasselbe mit 16-bit Integerzahlen	0,64	0,32	0,51	0,31
Binäre 3x3-Erosion	0,035	0,019	0,028	0,017
Gaußpyramide	0,82	0,3	0,35	0,22
Laplacepyramide	–	0,49	–	0,41
Histogramm	0,67	0,26	0,21	0,16
dasselbe mit 8-Bit-Zahlen	0,046	0,025	0,051	0,031

ner Klassen von Bildverarbeitungsalgorithmen gibt, wie z. B. Punktoperationen, Nachbarschaftsoperationen, Mehrgitteralgorithmen und globale Transformationen. Damit sind in den generischen Operatoren ein Großteil der Steuerstrukturen eines neuen Operators bereits vorhanden, und der Benutzer muß nur eine neue Bild- oder Vektorfunktion schreiben, die vom generischen Operator als Parameter aufgerufen wird. Auf diese Weise sind die meisten in heurisko eingebauten Operatoren implementiert.

Eine Ebene darunter befinden sich die Bildfunktionen, die auf 2D- bis 4D-Bilder angewandt werden. Auch auf dieser Ebene gibt es wiederum generische Funktionen, welche die Programmierung erheblich erleichtern.

Auf der untersten Ebene finden sich schließlich die Vektorfunktionen, die nur auf Vektoren wirken. Fast alle Bildfunktionen und Operatoren rufen schließlich diese Funktionen auf.

Um ein Gefühl für heute erreichbare Rechengeschwindigkeiten zu vermitteln, sind in Tabelle 2.5 Rechenzeiten für typische Bildverarbeitungsoperationen angegeben, wie sie mit heurisko auf verschiedenen Rechnersystemen erzielt worden sind. Das Softwarepaket heurisko ist zur Zeit verfügbar unter den Betriebssystemen Windows und OS9 sowie auf verschiedenen UNIX-Plattformen.

2.4.3 Mathematische Fundierung der Bildverarbeitung

Für eine lange Zeit konnte die Bildverarbeitung eher als eine „Kunst" als eine Wissenschaft betrachtet werden. Nach langem Probieren funktionierte ein bestimmter Algorithmus schließlich, ohne daß man wirklich verstand, warum. Deswegen war es auch typisch, daß der Algorithmus versagte, sobald man ihn auf nur leicht verändertes Bildmaterial anwendete.

Glücklicherweise beginnt sich diese unerfreuliche Situation langsam zu verändern. Allerdings erinnern sich viele an die unrealistische Euphorie in den Anfängen der Bildverarbeitung. Man glaubte, innerhalb kurzer Zeit Bildverarbeitungssysteme entwickeln zu können, die leistungsfähiger sind als das menschliche visuelle System. Diese Erwartungen konnten bei weitem nicht erfüllt werden und entsprechend bitter waren die ersten Fehlschläge insbesondere in industriellen Anwendungen.

Heute weiß man viel besser, wie wenig Sehen und Erkennen wirklich verstanden sind. Diese Feststellung mag negativ klingen, ist aber heilsam realistisch. Eine solche Sichtweise ist immer vorteilhaft. Man vermeidet kostspielige Fehlinvestitionen, und in Teilgebieten beginnt, manchmal unmerklich, aber stetig, eine solide mathematische Fundierung der Bildverarbeitung zu wachsen.

Viele dieser Fortschritte haben allerdings noch nicht ihren Weg in die Anwendungen gefunden. Der überwiegende Teil kommerzieller Bildverarbeitungspakete basiert immer noch auf heuristischen Ansätzen und enthält viele ineffektive Algorithmen. Deswegen erscheint es notwendig, hier die nicht unerheblichen Vorteile auszuleuchten, die ein fundiertes Verständnis der Bildverarbeitung mit sich bringt. Oft ist die Ansicht zu hören, daß eine mathematische Fundierung der Bildverarbeitung höchstens die Theoretiker interessiert und daß sie eher ein esoterischer Bereich ist ohne irgendwelche für die praktische Anwendung greifbaren und gewinnbringenden Ergebnisse. In diesem Abschnitt soll belegt werden, daß das Gegenteil der Fall ist. Zuerst sollen aber die vier wesentlichen Vorteile einer soliden mathematischen Fundierung der Bildverarbeitung benannt und erläutert werden:

Voraussagbare, zuverlässige und optimale Ergebnisse

Angesichts der eingangs geschilderten heuristischen Ursprünge der Bildverarbeitung braucht die Bedeutung dieser Aussage keine weitere Begründung oder Erläuterung.

Schnelle und effiziente Algorithmen

Schnellere Algorithmen für die gleiche Aufgabe sind ein unmittelbarer Gewinn für die Applikation, die sich in höherem Durchsatz oder geringeren Investitionskosten niederschlägt, weil dieselbe Aufgabe nun mit einer weniger leistungsfähigen Hardware durchgeführt werden kann.

Das klassisches Beispiel für das Potential effektiver Implementierung ist die *diskrete Fouriertransformation* (*DFT*). Ohne einen schnellen Algorithmus wäre es auch bei der heutigen Rechenleistung völlig undenkbar, die DFT in der Bildverarbeitung einzusetzen. Als Beispiel sei die Transformation eines 1024×1024-Bildes genommen. Ein sogenannter Radix-2-FFT-Algorithmus reduziert die Anzahl der Rechenoperationen auf etwa 10^8. Verglichen mit der direkten Berechnung nach der Definition, die etwa 10^{12} Rechenoperationen benötigt, ist das eine Steigerung der Rechengeschwindigkeit um den Faktor 10000. Es ist interessant, diese Steigerung der Rechengeschwindigkeit mit dem Fortschritt der Hardware in den letzten 10 Jahren zu vergleichen. Die Beschleunigung der Rechengeschwindigkeit der Fließkommaarithmetik vom numerischen Koprozessor 8087 zum Pentium beträgt etwa den Faktor 1000 und damit 10 mal weniger als durch den *FFT-Algorithmus* unseres Beispiels.

Es ist natürlich klar, daß sich nicht in allen Fällen solche spektakulären Steigerungen durch *schnelle Algorithmen* erreichen lassen. Mit portabler Bildverarbeitungssoftware kann aber der sorgfältigen Erstellung schneller Bildverarbeitungsalgorithmen mehr Beachtung gegeben werden. Schließlich erforderte die Entwicklung der Hardware enorme Investitionen und eine erhebliche Infrastruktur. Fortschritte in der Softwareentwicklung können von kleinen Arbeitsgruppen geleistet werden mit im Vergleich zur Hardwareentwicklung geringen Investitionskosten.

Genauere Ergebnisse mit Fehlerabschätzung

Untersuchungen zur *Genauigkeit* und zu Fehlern von Bildverarbeitungsalgorithmen wurden lange Zeit vernachlässigt. Die neuen Möglichkeiten zur genaueren Vermessung wegen der stabileren Sensorgeometrie stellen aber hohe Anforderungen an die Genauigkeit der Algorithmen. Deswegen werden sorgfältige Genauigkeitsanalysen zunehmend wichtiger werden. Sie sind ohne ein solides mathematisches Fundament nicht möglich.

Neue Ansätze

Das ist die interessanteste und zugleich am wenigsten vorhersagbare Perspektive. Die Anwendung oder Entwicklung neuer mathematischer Methoden hat oft zu neuen Ansätzen geführt, insbesondere in Bereichen, in denen man glaubte, keine Verbesserungen mehr erreichen zu können. Ein Beispiel dieser Art wird im folgenden Fallbeispiel zur Texturanalyse (Abschn. 2.4.4) diskutiert.

Es ist ein weitverbreitetes Mißverständnis, daß Algorithmen, die theoretisch fundiert sind, zu langsam und zu komplex sind, als daß sie irgendeine Bedeutung für die Praxis hätten. Oft wird diese Meinung sogar von gestandenen Spezialisten der Bildverarbeitung vertreten. Man solle besser auf empirische Ansätze zurückgreifen. Es ist natürlich keine Frage,

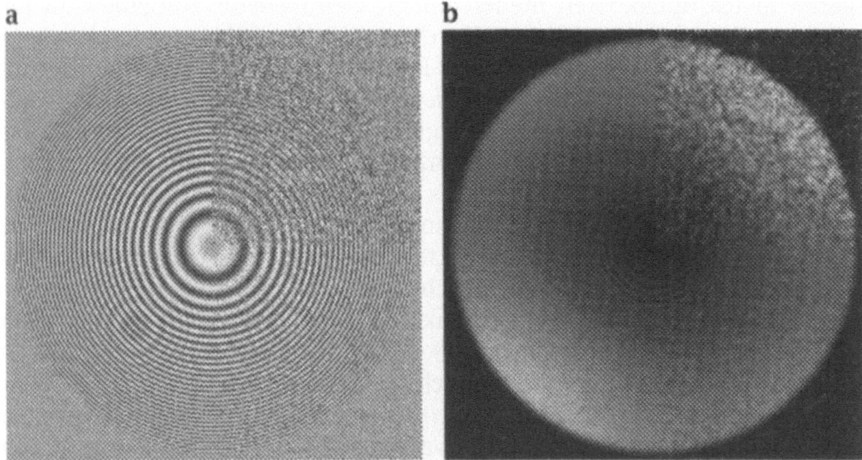

Abb. 2.17. a Illustration der *lokalen Orientierung* mit einem teilweise verrauschten Ringmuster. **b** Die mit dem in Abb. 2.15 dargestellten Workspace berechnete vektorielle Größe wird anschaulich in Farbe dargestellt. Der Farbton gibt die Richtung des Orientierungsvektors und damit der Grauwertstrukturen an, während die Helligkeit das Bestimmtheitsmaß, den Betrag des Orientierungsvektors, darstellt. Senkrecht aufeinander stehende Strukturen werden in Komplementärfarben dargestellt. In dunklen Bildbereichen konnte daher keine Orientierung bestimmt werden. Man erkennt deutlich, daß die lokale Orientierung ein robuster Parameter ist. Selbst in den stark verrauschten Bereichen des Ringmusters wird die Orientierung korrekt bestimmt, während in dem Rauschmuster außerhalb des Rings keine signifikante Orientierung gefunden wurde (siehe Farbtafel 2, S 248)

daß manche modernen Verfahren der Bildverarbeitung sehr rechenintensiv sind. Dabei sollte man aber nicht vergessen, daß es ein langer Weg ist von einem neuen Konzept bis zu dessen wirklich effektiver Implementierung, wie die folgende Fallstudie belegt.

2.4.4 Fallstudie: Texturanalyse durch lokale Orientierung

Das Problem

Dieses Beispiel soll benutzt werden, um die im vorherigen Kapitel aufgestellten Thesen anschaulich zu illustrieren. Eine der schwierigsten Aufgaben der Bildverarbeitung, die Analyse und Beschreibung von Mustern (Textur), wird herausgegriffen und verfolgt, auf welchen Wegen und Umwegen sich über 17 Jahre ein grundlegend neuer Ansatz entwickelte.

Die grundlegende Idee

Im Jahre 1978 veröffentlichte *Granlund* [4] einen Artikel mit dem Titel „In Search of a General Picture Processing Operator"[4]. Darin beschreibt er, daß eine lokale Umgebung in einem Grauwertbild sinnvoll durch einen Vektor beschrieben werden kann. Die Richtung des Vektors gibt an, in welche Richtung die Grauwerte orientiert sind, und die Länge, wie ausgeprägt diese sind. Damit war ein neues wegweisendes Konzept geboren worden, Bildinformation nicht durch Skalare, sondern vektoriell darzustellen (siehe Abb. 2.17). Die Bedeutung dieses Konzepts liegt in seiner Allgemeinheit, daß nicht nur eine Eigenschaft selbst beschrieben wird, sondern auch deren Fehler bzw. *Bestimmtheitsmaß*, so wie man in der Meßtechnik eben immer den Meßwert und dessen Fehler angibt. Mit der Methode läßt sich sowohl die Ausrichtung (*lokale Orientierung* als auch die typische Skala (*lokale Frequenz*) einer Textur berechnen. Die Berechnung der vektoriellen Bildeigenschaften war allerdings aufwendig. Deswegen schließt Granlund seinen Artikel — ganz im Trend der damaligen Zeit — mit dem Hinweis, daß ein spezieller Hardwareprozessor geplant sei, um die Berechnungen dramatisch zu beschleunigen. Daraus wurde später das innovative und leistungsfähige Bildverarbeitungssystem GOP der Firma ContextVision.

Das Quadraturfilterverfahren

Im Jahre 1982 legte ein Schüler von Granlund, *Knutsson*, in seiner Dissertation [7] eine Implementierung der Berechnung der lokalen Orientierung und Frequenz vor. Diese beruhte auf einem Satz von *Quadraturfiltern*, die entweder unterschiedliche Richtungen oder Skalen aus dem Bild herausfiltern. Knutsson konnte zeigen, daß sein Ansatz grundsätzlich *exakte* Ergebnisse liefert und Fehler nur aus der Begrenzung der Filtermasken resultieren. Allerdings ist die Berechnung aufwendig. Für die lokale Orientierung werden 8 nicht separable 15×15-Filter benutzt, die insgesamt pro Bildpunkt 1800 Multiplikationen und 1792 Additionen, also insgesamt knapp 4000 Rechenoperationen benötigten — nicht gerade eine effektive Implementierung, wenn man bedenkt, daß für ein 512×512-Bild insgesamt etwa eine Milliarde Rechenoperationen zusammenkommen.

Das Trägheitstensorverfahren

Im Jahre 1987, also erst fast 10 Jahre nach der ursprünglichen Idee, konnten *Bigün* und *Granlund* [2, 1] zeigen, daß lokale Orientierung auch mit dem sogenannten *Trägheitstensorverfahren* berechnet werden kann. Dieses Verfahren benötigt wesentlich weniger Rechenoperationen, ist aber in seinen Ergebnissen dem viel aufwendigeren Quadraturfilterverfahren prinzipiell äquivalent.

Das Genauigkeitsproblem

Dieses Trägheitstensorverfahren hat aber ein praktisches Genauigkeits-
problem. Es benötigt zur Berechnung der lokalen Orientierung Ablei-
tungsfilter 1. Ordnung und isotrope Glättungsfilter. Diskrete Differen-
zenfilter können nur Näherungen eines Ableitungsoperators sein. Bei Benutzung des einfachen symmetrischen *Ableitungsfilters* 1/2[1 0 1], kann
die berechnete Orientierung nun bis zu 17° falsch sein [5].

B-Spline-basierende Ableitungsfilter

Eine effektive Lösung des Genauigkeitsproblems resultiert aus einem
neuen mathematischen Ansatz aus der Computergraphik. Sie ist ein
schönes Beispiel dafür, wie ein neuer mathematischer Ansatz zu einer
nicht erwarteten einfachen Lösung führt. Die Grundidee ist folgende:
Die Grauwertfunktion wird in der Richtung, in die abgeleitet werden soll,
durch ein kubisches *B-Spline* dargestellt. Damit erhält man eine kon-
tinuierliche Beschreibung des Grauwertverlaufs durch Polynome dritten
Grades. Diese kann man direkt ableiten, um die Steigung zu berechnen. Problematisch an diesem Ansatz ist allerdings die recht aufwendige
Berechnung der interpolierenden kubischen B-Spline-Funktion, der sog.
B-Spline-Transformation.

Im Jahre 1990 entdeckten allerdings *Goshtasby et al.* [3], daß eine B-
Spline-Interpolation einer rekursiven Faltung äquivalent ist. *Unser* [10]
zeigte 1991, daß diese Faltung gerade mit 2 Multiplikationen und 4 Additionen pro Bildpunkt durchgeführt werden kann. Die anschließende
Berechnung der Ableitung benötigt nur eine Multiplikation und eine Addition [5].

Die Benutzung der B-spline-basierenden Ableitung bedarf daher nur
weniger Rechenoperationen mehr, drückt aber den maximalen Fehler in
der Orientierung von 17° auf 1,2° herunter.

Effektive Implementierung

Ein wesentlicher weiterer Faktor für eine effektive Implementierung ist
folgende einfache Überlegung. Lokale Orientierung ist, wie alle anderen Textureigenschaften, eine Größe, die zur Berechnung eine Nachbar-
schaftsregion um einen Bildpunkt benötigt. Daher kann sie nur mit einer
geringeren Auflösung vorliegen als das Bild selbst. Von daher ist es kein
Nachteil, die lokale Orientierung nur auf einer groberen Auflösung, z. B.
nur jeden zweiten Bildpunkt und jede zweite Zeile zu berechnen. Damit
ist eine erhebliche Einsparung an Speicherplatz und Rechenoperationen
gegeben: nur ein Viertel der Bildpunkte muß berechnet werden. Alle
nachfolgenden Operationen benötigen auch nur ein Viertel der Rechenzeit, da viermal weniger Bildpunkte involviert sind. Eine genaue Beschreibung effektiver Algorithmen zur lokalen Orientierung ist in [6] zu finden.
Es zeigt sich, daß am Ende ein genaues, aber effektives Verfahren zur

Berechnung der lokalen Orientierung weniger als 30 Rechenoperationen pro Bildpunkt braucht, was eine Steigerung der Rechengeschwindigkeit gegenüber den ersten Verfahren um mehr als einen Faktor 100 bedeutet!

2.5 Literaturverzeichnis

[1] Bigün J (1988) Local Symmetry Features in Image Processing. Dissertation, Linköping University, Linköping Studies in Science and Technology, No. 179

[2] Bigün J, Granlund GH (1987) Optimal orientation detection of linear symmetry. Proc 1st Int Conf Comp Vis, London 1987, p 433–438, IEEE Computer Society Press, Washington

[3] Goshtasby A, Cheng F, Barsky BA (1990) B-spline curves and surfaces viewed as digital filters. Computer Vision, Graphics, and Image Processing (CVGIP) 52:264–275

[4] Granlund GH (1987) In search of a general picture processing operator. Comp Graph Imag Process 8:155–173

[5] Jähne B (1993) Spatio-Temporal Image Processing, Theory and Scientific Applications. Lecture Notes in Computer Science, vol 751, Springer, Berlin

[6] Jähne B (1995) Practical Handbook on Digital Image Processing for Scientific and Technical Applications. CRC-Press, Boca Raton, FL, USA

[7] Knutsson H (1982) Filtering and reconstruction in image processing. Dissertation, Linköping University

[8] TMS320C80 Multimedia Video Processor (MVP), Technical Brief, Texas Instruments, 1994

[9] Tu D (1995) Parallel-DSPs für die Bildverarbeitung, elektronik industrie 3:60-63

[10] Unser M, Aldroubi A, Eden M (1991) Fast B-spline transforms for continuous image representation and interpolation. IEEE Trans PAMI 13:277–285

3 Bildverarbeitende Systeme in der Produktion

B. Nickolay und H. Scharfenberg

3.1 Motivation

Die Entwicklung der Produktionstechnik ist durch eine Steigerung des Automatisierungsumfanges bei zunehmender Flexibilität geprägt. In den letzten Jahren ist in vielen Industriebereichen festzustellen, daß nach einer weitgehenden Automatisierung der Fertigung nunmehr gleichartige Bestrebungen für die *Qualitätsprüfung* im Gange sind. Die Gründe hierfür sind ein stetig wachsendes Qualitätsbewußtsein und sich verschärfende Abnahmebedingungen aufgrund strengerer Produkthaftungsgesetze.

Während in der Vergangenheit in vielen Industriezweigen die Prüfung nach *Stichproben* genügte, wird jetzt mehr und mehr eine *Vollprüfung*[1] angestrebt, um eine gleichbleibend hohe Produktqualität sicherstellen zu können. Dabei kommt der *visuellen Kontrolle* eine besondere Bedeutung zu. Aufgrund der höheren Qualitätsansprüche müssen neben der Erkennung von *Oberflächenfehlern* zunehmend auch die sichtbaren Störstellen detektiert werden, die keine Funktionsbeeinträchtigung des Produktes zur Folge haben. Dies bedeutet für den Prüfvorgang eine Verlagerung von der reinen Fehlererkennung zu einer umfassenden Beurteilung der Qualität von Oberflächen.

Die meisten visuellen Prüfungen werden zur Zeit noch von Prüfpersonen durchgeführt; es wird sozusagen „manuell-visuell" geprüft. Das bringt eine Reihe von Nachteilen mit sich:

- Die visuelle Prüfung von Werkstückoberflächen ist für den Menschen eine monotone Arbeit und daher sehr anstrengend. Die Beurteilung texturierter Oberflächen stellt je nach Texturierungsgrad eine fast unlösbare Aufgabe dar.

- Die Beurteilung ist subjektiv und somit nicht standardisierbar. Dies bedeutet, daß Produzent und Abnehmer oft unterschiedliche Beurteilungsmaßstäbe verwenden. Die Folge sind unnötige Reklamationen.

- Die Prüfung ist in einigen Industriezweigen mit einem hohen Durchschlupf verbunden.

- Bei einer Vollprüfung ist der „manuell-visuelle" Prüfvorgang oft dem schnellen Produktionstakt nicht mehr gewachsen.

- Die Prüfung ist nur mit hohem Aufwand dokumentierbar, insbesondere wenn es um die Beurteilung unterschiedlicher *Qualitätsklassen* geht. In einigen Branchen werden zudem abnehmerspezifische Prüfmerkmale und Toleranzen zugrunde gelegt.

- Eine manuell-visuelle Prüfung läßt sich nicht in den *Informationsfluß* der *rechnerintegrierten Fabrik* einbeziehen. Dies erschwert die

---

[1] 100 %-Prüfung

Qualitätsdatenerfassung und -auswertung sowie die Rückkopplung
auf den *Fertigungsprozeß.*

Es ist nicht das Ziel, den Menschen im *Prüfprozeß* zu ersetzen. Vielmehr geht es darum, ihm ein *Prüfwerkzeug* zur Hand zu geben, das einer-
seits sein hervorragendes Wahrnehmungsvermögen und sein erfahrungs-
geleitetes Wissen nutzt und andererseits den Anforderungen an objek-
tiven, dokumentationsfähigen und reproduzierbaren Prüfergebnissen gerecht wird [34].
Bildverarbeitende Systeme werden aus heutiger Sicht hauptsächlich
zur *Prozeßbeherrschung* und *Qualitätskontrolle* eingesetzt.

Prozeßbeherrschung

Die Stabilität vieler Fertigungsprozesse wird durch die Regelung seiner
Parameter erreicht. Dazu ist die Kenntnis einer Reihe wichtiger Prozeß-
informationen erforderlich. Die Generierung der zugehörigen Istdaten
kann jedoch auf konventionelle Weise häufig nur mit unverhältnismäßig
hohem Aufwand erfolgen oder ist überhaupt nicht möglich.
Bildverarbeitungssysteme bieten sich hier als ein universales Prüfmittel an, da sie aus dem Informationsträger Bild verschiedene Informationen ableiten können. So kann die geometrische Vermessung eines Objektes aus demselben Bilddatensatz erfolgen wie die Beurteilung dessen
Oberflächenbeschaffenheit oder die Prüfung der Vollständigkeit sämtli-
cher zu montierender Bauteile. Diese Ergebnisse können dazu verwendet
werden, die Einstellung der *Prozeßparameter* zu optimieren. Beispielsweise wird bei der Prüfung von Gießereierzeugnissen eine statistische
Auswertung der Prüfdaten durchgeführt, die durch Einsatz eines bildverarbeitenden Systems gewonnen wurden. Die Entscheidung darüber,
inwieweit die Prozeßparameter des Produktions- oder Fertigungsprozes-
ses geändert werden müssen, wird durch einen Verfahrens-Spezialisten
getroffen. Angestrebt wird jedoch, die Entscheidungsfindung zu automatisieren und die Bildverarbeitung als intelligenten Sensor und Teil eines
Regelkreises einzusetzen.

Qualitätskontrolle

In den letzten Jahren sind die Ansprüche an die Qualität industriell gefer-
tigter Produkte sehr gewachsen. Als Grund hierfür ist vor allem der
gewaltige Verdrängungswettbewerb technisch hochwertiger Erzeugnisse
zu nennen. Dies wirkt sich besonders in der Zulieferindustrie aus, da
es einen Trend zu wenigen sogenannten A-Lieferanten gibt. Diese ausgewählten Lieferanten dürfen ihre Produktqualität nicht mehr nach AQL-
Standards[2] liefern, sondern bekommen Qualitätsziele für Fehler im ppm-

---

[2]AQL: acceptable quality level

Bereich[3] vorgegeben. Diese Forderungen nach quasi fehlerfreien Lieferlosen bedeutet natürlich in erster Linie, die Fertigungsprozesse zu strukturieren und damit beherrschbarer zu machen, so daß die geforderte Qualität sicher erzeugt werden kann (mach's gleich richtig). Da dies aber ein längerer Vorgang der technischen Verbesserung der Fertigungsanlagen [55] oder auch wegen des Investitionsaufwandes nicht wirtschaftlich ist, wird mehr und mehr, auch für Massenteile, die *Vollprüfung* der Erzeugnisse dem Fertigungsprozeß nachgeschaltet. Da dabei der Durchschlupf fehlerhafter Produkte unbedingt vermieden werden muß, kommt nur eine automatische Prüfung in Frage. Wenn diese visuell erfolgen muß, ist der Einsatz von Bildverarbeitungssystemen unabdingbar [5, 9, 35, 49].

3.2 Historische Entwicklung

Im Zuge der Automatisierung der Fertigung zu Beginn der 70er Jahre wurde angestrebt, die theoretischen Erkenntnisse zur Auswertung digitalisierter Bildszenen, die weltweit an Hochschulen zur Verfügung standen, zur Lösung industrieller Aufgabenstellungen zu nutzen. Dieses Wissen über die rechnergestützte Bildauswertung stammt insbesondere aus den Anwendungsgebieten Medizintechnik und Satellitenbildauswertung. Die initial treibende Kraft für die industrielle Bildverarbeitung war jedoch die Automobilindustrie. Die Ziele waren visionär gesteckt: von der geometrischen Vermessung von Karosserieteilen über die Oberflächenprüfung von Blechen bis hin zur Sichtführung von Handhabungsautomaten bei der Montage oder dem unscharf definierten Ziel des *Griffes in die Kiste.*

Diese Euphorie wurde Anfang der 80er Jahre von der Realität eingeholt. Die übertriebenen Erwartungen an die durch den Produktionstakt vorgegebene Verarbeitungsgeschwindigkeit konnten von der zu dieser Zeit verfügbaren Rechentechnik nicht erfüllt werden. In gleicher Weise waren die Schwächen der *Bildauswertungssysteme* bezüglich der Bedienbarkeit und der ungenügenden Adaptionsmöglichkeit an ähnliche Aufgabenstellungen Mitte der 80er Jahre der Hauptgrund für die zögernde oder ablehnende Haltung gegenüber dieser Technologie. Ein weiteres Negativum für die Einführung der automatischen Bildauswertung war der falsch eingeschätzte Markt durch ihre Hersteller. Zu Beginn der 80er Jahre nämlich wurden Bildverarbeitungssysteme für die Identifikation von Werkstücken und die Ermittlung ihrer Lage konzipiert, ohne das relativ geringe Marktpotential für dieses Anwendungsgebiet zu bedenken. Das wesentlich höhere Potential liegt jedoch bei der automatisierten visuellen Prüfung von Produkten der Massenfertigung hinsichtlich Vollständigkeit, Maßhaltigkeit und Oberflächenqualität. Besondere Anforderungen bestehen zum einen hinsichtlich der qualitativen Beurteilung von Materialoberflächen (funktionale und dekorative Eigenschaften) und zum

---

[3]ppm: parts per million

anderen die einer hochgenauen, möglichst dreidimensionalen Formvermessung.

Die ursprüngliche Aufgabe der *industriellen Bildverarbeitung* wurde
darin gesehen, den *Automatisierungsumfang* von Materialfluß, Fertigung
und Montage weiter voranzutreiben, in dem sie deren technische Möglichkeiten verbesserte. Mit der Entwicklung eines neuen Qualitätsverständnisses ab der zweiten Hälfte der 80er Jahre empfahl sich die Bildverarbeitung auch als intelligentes Instrument zur Sicherung der Produktqualität und wurde damit Bestandteil eines umfassenden Qualitätssicherungssystems. Dieses Einsatzfeld wurde im wesentlichen durch die höheren
Anforderungen der Abnehmer an die Qualität der Produkte initiiert. Die
objektive Beurteilung der Produktqualität und deren Dokumentation sind
zur Zeit die besonders aktuellen Aufgaben der industriellen Bildverarbeitung [2, 3, 14].

3.3 Aufgaben für bildverarbeitende Systeme in der Produktion

3.3.1 Strukturierung der Aufgabenfelder

Die konkrete Beschreibung der *Sichtprüfungsaufgaben* ist der erste und
entscheidende Schritt zur Definition der Funktionalitäten des einzusetzenden Bildauswertungssystems. Ausgehend von den im Rahmen der
Automatisierung von Produktionsprozessen zu lösenden Teilaufgaben
lassen sich die Aufgaben der *visuellen Prüfung* in die folgenden Hauptklassen einteilen [26, 34, 60]:

- *Objekterkennung,*

- *Lageerkennung,*

- *Vollständigkeitsprüfung,*

- *Form-* und *Maßprüfung* und

- *Oberflächeninspektion.*

Diese Aufgabenfelder werden in den folgenden Abschnitten noch in
Subklassen unterteilt und detailliert. Bei einer Reihe von industriellen
Prüfaufgaben sind stets mehrere unterschiedliche Prüfungen durchzuführen. So lassen sich viele Aufgaben durch das Erkennen der *räumlichen
Anordnung* lösen oder setzen Kenntnisse über die Positionierung und
Orientierung eines Prüfobjektes voraus. Deshalb muß als erstes unterschieden werden, ob es sich um eine zwei- oder dreidimensionale Anordnung handelt. So können die Prüfobjekte positioniert, vereinzelt, berührend, überlappend, gestapelt oder geschüttet auftreten. Auch ist
von Bedeutung, ob die zu prüfenden Teile bewegt oder ruhend der

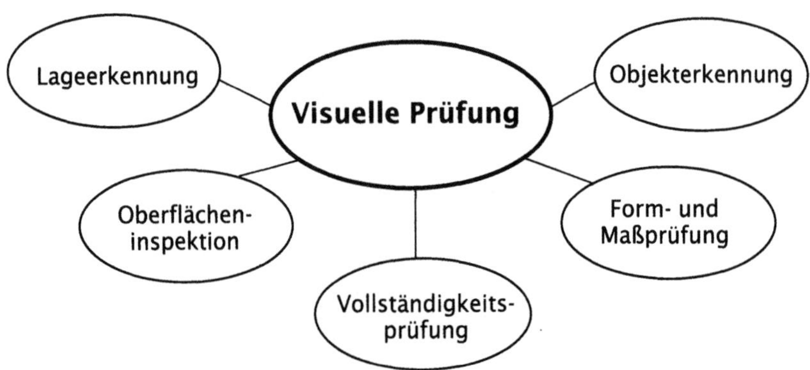

Abb. 3.1. Sichtprüfungsaufgaben für bildverarbeitende Systeme in der Produktion

Prüfszene zugeführt werden. Entsprechend den Gegebenheiten und den Randbedingungen der Prüfaufgabe kann es erforderlich sein, die Bildaufnahme in bestimmten Spektralbereichen, beispielsweise im Infrarotbereich durchzuführen.

Es können allerdings Überschneidungen der einzelnen Prüfaufgaben auftreten, so daß die in Abb. 3.1 vorgenommene klare Trennung der einzelnen Aufgaben sich in der Praxis nicht in jedem Fall aufrecht erhalten läßt. Im folgenden werden die einzelnen Aufgaben weiter beschrieben.

3.3.2 Objekterkennung

Definitionen

Objekterkennung ist die Aufgabe, ein Objekt (z.B. ein Werkstück) als Vertreter einer *Objektklasse* (Werkstück-Variante) zuzuordnen; sozusagen eine Objektklassifikation.

Für die Zuführung von Teilen im *Materialfluß* ist es erforderlich, einzelne Objekte (z.B. Werkstücke) zu identifizieren: ähnliche Teile können in verschiedenen Variationen auftreten, die unterschieden werden müssen. In modernen Fertigungskonzepten gewinnt die Objekterkennung eine besondere Bedeutung, da erst durch die Identifikation der einzelnen Teile eine flexible Fertigung möglich wird: im Extremfall kann jedes einzelne Teil einer spezifischen Verarbeitung unterzogen werden (z.B. Automobilindustrie).

Die schnelle und fehlerfreie Erfassung von Produkten während des Produktionsprozesses setzt den Einsatz entsprechender *Identifikationssysteme* voraus. Da die Identifikationsmerkmale in den meisten Fällen visueller Natur sind, liegt hier ein breites Anwendungsgebiet für Bildverarbeitungssysteme.

Die Zielsetzung einer Objekterkennung ist unterschiedlich (Abb. 3.2). In vielen Fällen ist eine reine Identifikation eines Objektes (Werkstück,

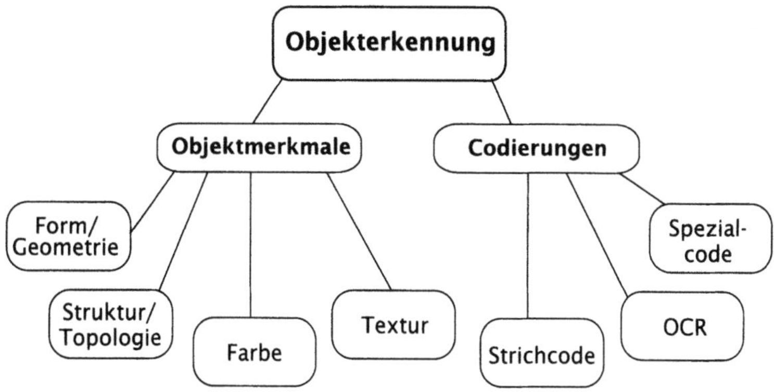

Abb. 3.2. Vorgehensweisen bei der Objekterkennung. Erkennung mittels vorhandener visueller Merkmale versus Erkennung mittels aufgebrachter Codierungen

Tablettenpackung u. v. a. m.) gefordert, so daß ggf. auf Grund dieser Information Eingriffe im Materialfluß erfolgen, oder aber die Objekterkennung ist eine notwendige Vorstufe für eine sich anschließende Bildauswertung im Sinne einer Oberflächeninspektion. Im ersten Fall dienen meist auf dem Objekt aufgebrachte *Codierungen* (Barcodes, Beschriftung) zur Identifikation, im zweiten sind es vor allem visuelle Unterscheidungsmerkmale (Abmaße, Form, Design, Farbe). In Abb. 3.2 sind die grundsätzlichen Vorgehensweisen zur Objekterkennung dargestellt.

Unter *OCR* (**O**ptical **C**haracter **R**ecognition) wird i. a. die berührungslose Erkennung von alphanumerischen Zeichen verstanden. Diese Codierungen in Klarschrift nehmen eine besondere Stellung ein, da sie den Vorteil bieten, daß die codierte Information direkt vom Bedienpersonal abgelesen werden kann. Ein Sonderfall der Objekterkennung ist die *Objektverifikation*. Dabei wird geprüft, ob ein vorgegebenes Objekt vorhanden ist oder nicht. Die Verifikation ist in der Regel anhand einfacher Form- und Geometriemerkmale möglich [32].

Erkennung mittels Objektmerkmalen

Die Aufgabe Objektklassifikation benutzt *Merkmale* wie Geometrie, Farbe oder Textur zur Klärung einer möglichen Zuordnung aus einer Reihe von bekannten Objekten oder zu einer Rückweisung. Bei der Prüfung der Geometrie geht es immer um Merkmale, für die Maß, Form, Lage und Toleranzbereich bekannt und festgelegt sind (z. B. Längen, Flächen, Rundheit) [60].

Als Unterscheidungsmerkmale können die *Form* und die *Maße* eines Objekts, aber auch *Oberflächeneigenschaften* dienen, u. a. die Farbe. In der Tat gibt es eine Vielzahl von Anwendungen, bei denen verschiedene Werkstücke von einem Bildverarbeitungssystem anhand solcher Kriterien unterschieden werden.

Form- und Geometriemerkmale werden außer zur Objekterkennung wesentlich häufiger in der Qualitätssicherung eingesetzt, wo Abweichungen der Form von einer Norm oder Überschreitungen von Maßtoleranzen geprüft werden. Die Unterschiede liegen nicht in der Bildverarbeitung, sondern in der Auswertung der durch Bildverarbeitung gewonnenen Objektmerkmale bzw. Maße.

Die Verarbeitung von *Farbinformationen* ist in der industriellen Bildverarbeitung noch eine relativ junge Disziplin. Die Anwendungen nehmen jedoch sehr rasch zu, und die meisten Systemanbieter haben farbtaugliche Systeme in ihrem Lieferprogramm. Der Grund ist im wesentlichen darin zu suchen, daß für die Farbverarbeitung ein höherer Geräteaufwand erforderlich ist (Kamera, Bildspeicher, A/D-Wandler), und daß gegenüber der Graubildverarbeitung die zu verarbeitende Datenmenge um den Faktor 3 vergrößert ist, was — bei gleicher Verarbeitungszeit — eine erhöhte Rechenleistung des Systems erfordert. Durch den Preisverfall der Hardwarekomponenten eröffnen sich jedoch jetzt weite Anwendungsmöglichkeiten für Farbbildverarbeitungssysteme in der industriellen Praxis.

Die Anwendung zur Objekterkennung steht bei der Farbverarbeitung momentan noch im Vordergrund, und das ist verständlich, wenn man bedenkt, was für eine wichtige Rolle das Merkmal Farbe im täglichen Leben zur Charakterisierung von Objekten spielt. Der Einsatz von Bildverarbeitung ist gegenüber herkömmlichen Farbsensoren, die im allgemeinen punktförmig die Farbe messen, dann angebracht, wenn die bildhafte Auswertung, d. h. die zweidimensionale Verteilung der Farbinformation im Bild, eine wichtige Rolle spielt.

In Abb. 3.3 ist das in einem Beispiel demonstriert: Pflanzen auf einem Fließband sollen an Hand ihrer Blütenfarbe unterschieden und sortiert werden. Ein einfacher Farbsensor versagt hier, da ja nicht vorher bekannt ist, an welcher Stelle ein farbiges Blütenblatt vorzufinden ist. Die zweidimensionale Ortsinformation des Farbbildes liefert dagegen die topologische Anordnung der verschiedenen Farbsegmente und damit die Position der einzelnen Pflanzen. Darüber hinaus können an Hand der Farbe auch einzelne Pflanzenteile (Blätter, Knospen) identifiziert werden, so daß zugleich die Qualität der Pflanze bewertet werden kann [23].

Auch bei der Erkennung von Farbringen auf Arzneimittelampullen werden häufig Farbbildverarbeitungssysteme statt herkömmlicher Sensoren eingesetzt — vor allem dann, wenn die Position der Farbmarkierungen sehr stark variieren kann, so daß die zweidimensionale Ortsinformation zur Auswertung benötigt wird.

Erkennung mittels Codierungen

Bei der *Codierung* von Objekten (Werkstücken usw.) sind im wesentlichen 2 Klassen zu unterscheiden: Codierungen mit *Balkencodes* (Barcodes) und solche mit *Klarschrift*. Eine Sonderstellung nehmen Markierungen

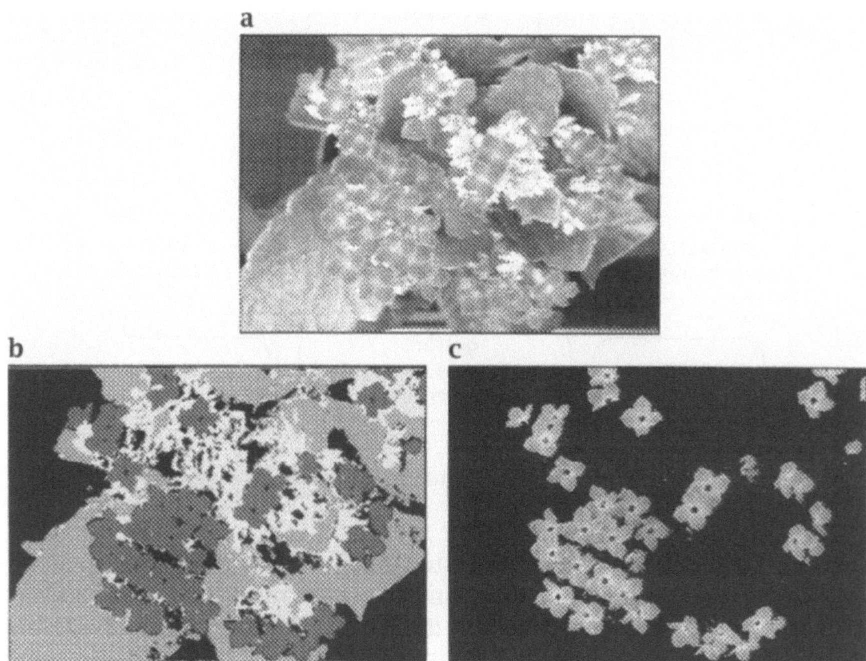

Abb. 3.3. Das Farbbild der Pflanzen (**a**) wird in mehrere Farbklassen segmentiert, die den unterschiedlichen Pflanzenteilen (Blättern, Knospen, Blüten) entsprechen (**b**). Durch weitere Analyse der einzelnen Pflanzenteile, z.B. der Blüten (**c**), kann die Qualität der Pflanze bewertet werden [25] (siehe Farbtafel 3, S 249)

durch spezielle Symbole (*Logos*) ein, die bezüglich der Erkennungsverfahren der Codierung mit Klarschrift zugeordnet werden können.

Für das Lesen von Barcodes sind zuverlässige Standardsysteme verfügbar, vor allem *Laser-Scanner*, aber auch andere *optische Sensoren*, die in einer Vielzahl von Anwendungen erprobt sind und zuverlässig arbeiten. Prinzipiell kann natürlich jeder Barcode, der von einem Scanner gelesen wird, auch mit einem Bildverarbeitungssystem identifiziert werden. Der Einsatz der Bildverarbeitung ist aber allein aus Kostengründen nur dann angezeigt, wenn auf Grund spezieller Indikationen eine Überlegenheit gegenüber einem herkömmlichen Laserscannersystem besteht. Zu den Anwendungsfällen, für die Bildverarbeitungssysteme besser geeignet sind als andere *optische Identifikationssysteme*, zählen vor allem die, bei denen der Code zum Teil erheblich gestört sein kann, und solche, bei denen auf Grund bestimmter optischer Randbedingungen (z.B. Reflexionsverhalten der zu lesenden Oberfläche, Verschmutzung durch Ölfilm) Laserscanner zum Teil gänzlich versagen. Auch spezielle, nicht standardisierte Barcodes, bei denen beispielsweise die einzelnen Striche durch Ausstanzungen in Blechen realisiert werden, sowie verwandte Codierun-

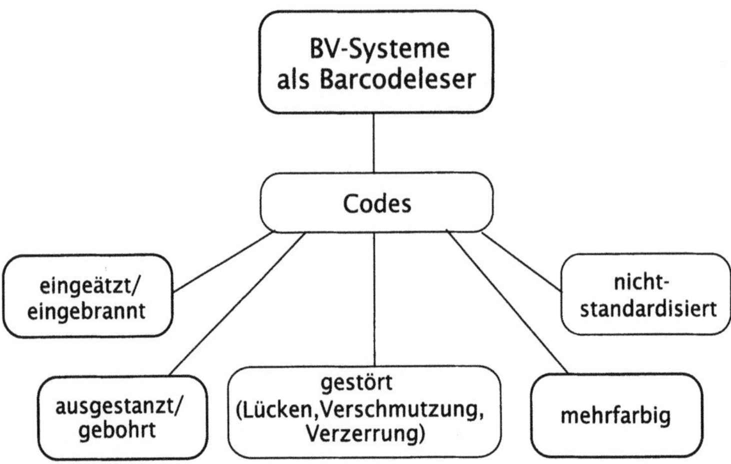

Abb. 3.4. Einsatzkriterien für Bildverarbeitungssysteme als Barcodeleser

gen wie Lochcodes, bei denen Ausstanzungen in einem zweidimensionalen Raster angeordnet sind, sind ein typisches Einsatzgebiet für Bildverarbeitungssysteme. Abb. 3.4 stellt die Einsatzkriterien von Bildverarbeitungssystemen zur Barcodeerkennung dar.

Unter dem Stichwort *industrielle Zeichenerkennung* sind all die Anwendungen zusammengefaßt, bei denen Bildverarbeitungssysteme zur Erkennung beliebiger optischer Codierungen auf Werkstücken usw. eingesetzt werden. Neben den bereits erwähnten Barcodes sind das in erster Linie *alphanumerische Zeichen*, z. B. längere Zahlenfolgen, aber auch spezifische Symbole (Logos), die zur Identifizierung von Objekten dienen. Diese Aufgabe wird dadurch erschwert, daß die verwendeten Zeichen in der Regel keinem standardisierten Zeichenvorrat entsprechen. Die Art und Weise, wie diese Zeichen aufgebracht werden, ist applikationsspezifisch und variiert sehr stark. Die Spannweite reicht vom Aufdrucken auf Etiketten, die auf einer Oberfläche aufgeklebt sind, bis hin zu Zeichen, die direkt im Material des Werkstücks während oder nach dem Herstellungsprozeß eingeprägt wurden, etwa in Form von Reliefzeichen bei Spritzgußteilen, als Schlagzahlen in Walzteilen oder als aufgesprühte Zeichen (Abb. 3.5).

Gegenüber der *Texterkennung* in der Bürokommunikation, bei der maschinengeschriebene Zeichen von eingescannten Dokumenten automatisch gelesen und umgewandelt werden, wird die Aufgabenstellung der industriellen Bildverarbeitung in vielerlei Punkten erschwert, da das Erscheinungsbild der einzelnen Zeichen herstellungsbedingt erheblich variieren (typisches Beispiel: Schlagzahlen) oder starke Verschmutzungen und sonstige Störungen aufweisen kann, d. h., die Kontrastverhältnisse sind im allgemeinen deutlich schlechter als bei Druckvorlagen.

Die Randbedingungen sind applikationsspezifisch sehr unterschiedlich, so daß die Erkennungssysteme stets mit nicht unerheblichem Auf-

Abb. 3.5. Dot-codierte Beschriftung auf Stahlbrammen, die im Sprühverfahren aufgebracht wurde. Im oberen Teil ist die gerade gelesene Ziffernfolge markiert und das Leseergebnis eingeblendet (Vitronic)

wand an die Anforderungen des jeweiligen Projektes angepaßt werden müssen.

Zur Verbesserung der Erkennbarkeit der Zeichen ist in vielen Fällen eine Unterstützung durch optische Methoden und Beleuchtungstechniken erforderlich: Durch gezielte *Beleuchtung* aus mehreren Richtungen kann ein gezielter Schattenwurf von Reliefzeichen erzeugt werden, der zur besseren Erkennung der Zeichen dient. Ebenso können durch eine optimierte Beleuchtung (z.B. durch eine Ulbrichtkugel) [31] oder durch Einsatz optischer Filter Störungen durch Reflexionen vermieden werden.

Zur Erkennung der Zeichen können unterschiedliche Strategien eingesetzt werden:
In manchen Anwendungen ist es sinnvoll, die zu lesenden Zeichen durch einige charakteristische Merkmale zu beschreiben, z.B. durch die Anzahl von Geradenstücken und Bogensegmenten, Krümmungsradien usw. In einem solchen konventionellen Ansatz müssen die einzelnen Zeichen, die zunächst als flächenhafte Bildsegmente vorliegen, auf linienhafte Objekte reduziert werden. Diese Transformation, die Reduzierung eines Zeichens auf ein linienhaftes Elementargerüst (Skelett), liefert nur dann brauchbare Ergebnisse, wenn die Bildqualität hinreichend gut ist. Im allgemeinen ist auch dann noch eine Nachbearbeitung notwendig, um standardisierte Merkmale zu erhalten (Abb. 3.6a).

Wenn die Zeichen nicht zu stark gestört sind, kann man sie auch mit Referenzmustern vergleichen, die in Form von Schablonen über das Bild geschoben werden. Das Leseergebnis wird durch das Referenzmuster bestimmt, zu dem die geringste Abweichung besteht (*Template Matching*). Oft ist es sinnvoll, beide Verfahren miteinander zu verknüpfen: in Fällen, in denen die Güte des Leseergebnisses *eines* Verfahrens zu unsicher erscheint, kann durch das *andere* Verfahren das Leseergebnis bestätigt oder verworfen werden. Auf diese Weise lassen sich recht geringe Fehlerquoten erzielen.

In einem alternativen Ansatz werden die Bildpunkte des Zeichens selbst als Merkmale benutzt. Dabei wird ein standardisiertes zweidimensionales Raster über das Zeichen gelegt, und die Grauwerte der einzelnen Bildpunkte in diesem Raster werden in linearer Folge als höherdimensionaler Merkmalsvektor abgelegt (Abb. 3.6b). Je nach Anwendung können die tatsächlichen Grauwerte der Bildpunkte verwendet werden. Oft ist es bei gutem Kontrast jedoch ausreichend, nur die Werte „0" für schwarz und „1" für weiß zu benutzen. Der *Merkmalsvektor* reduziert sich dann zu einem binären Merkmalsvektor, der nur Nullen und Einsen enthält. Voraussetzung dafür ist aber, daß die Bildpunkte des Zeichens deutlich von denen des Untergrundes unterschieden werden können.

Gegenüber einem Verfahren, bei dem ein Zeichen durch verschiedene geometrische Strukturelemente beschrieben wird, bietet dieser Ansatz den erheblichen Vorteil der wesentlich größeren Flexibilität, denn nicht nur Ziffern und Buchstaben, sondern beliebige Markierungssymbole (z. B. Logos) können auf diese Art und Weise identifiziert werden, ohne daß erst geeignete Strukturelemente zur Charakterisierung der Zeichen definiert werden müssen.

Die hohe Dimensionalität der Merkmalsvektoren (z. B. 256 bei einer 16×16-Zeichenmatrix) bereitet allerdings möglicherweise Probleme bei der Weiterverarbeitung, d. h. der Klassifikation, da eine größere Anzahl der Merkmale i. a. stark korreliert ist und außerdem numerische Probleme auftreten können. Abhilfe schafft hier eine (lineare) *Transformation* der Merkmale, beispielsweise auf der Basis der sog. *Karhunen-Loeve-Transformation* [15], durch die der Informationsgehalt der ursprünglichen Merkmale auf eine geringe Zahl der neuen transformierten Merkmale konzentriert wird, die zudem nicht mehr korreliert sind.

Zur Klassifikation der Merkmale können die klassischen Verfahren der Mustererkennung eingesetzt werden (*Bayes-Klassifikator*, *Nearest-Neighbour-Regel*, *Polynomklassifikator* [15, 20, 22]), wobei gewisse Annahmen über die statistische Verteilung der Merkmale getroffen werden müssen. Seit einigen Jahren werden in zunehmendem Maße auch *neuronale Netzwerke* [45, 30] für die *Zeichenklassifikation* eingesetzt, vor allem Netzwerke vom Typ des *Multilayer Perceptrons*. Diese Technik bietet den Vorteil, daß sich der *Einlernvorgang* (*Teach-in*) des Systems relativ einfach gestaltet, denn es müssen keine umfangreichen Vorgaben über die Struktur oder die statistischen Eigenschaften der Merkmale gemacht werden: Es genügt, dem System einen ausreichend großen Satz repräsentativer Zeichen als *Lerndatensatz* vorzulegen. Aus den zu diesen Zeichen ermittelten Merkmalsparametern konfiguriert sich dann das neuronale Netz seine Systemparameter selbst.

Diese prinzipielle Vereinfachung des Einlernvorgangs neuronaler Netze wird allerdings durch die erheblichen Rechenzeiten erkauft, die für den Einlernvorgang auf herkömmlichen Rechnersystemen benötigt wer-

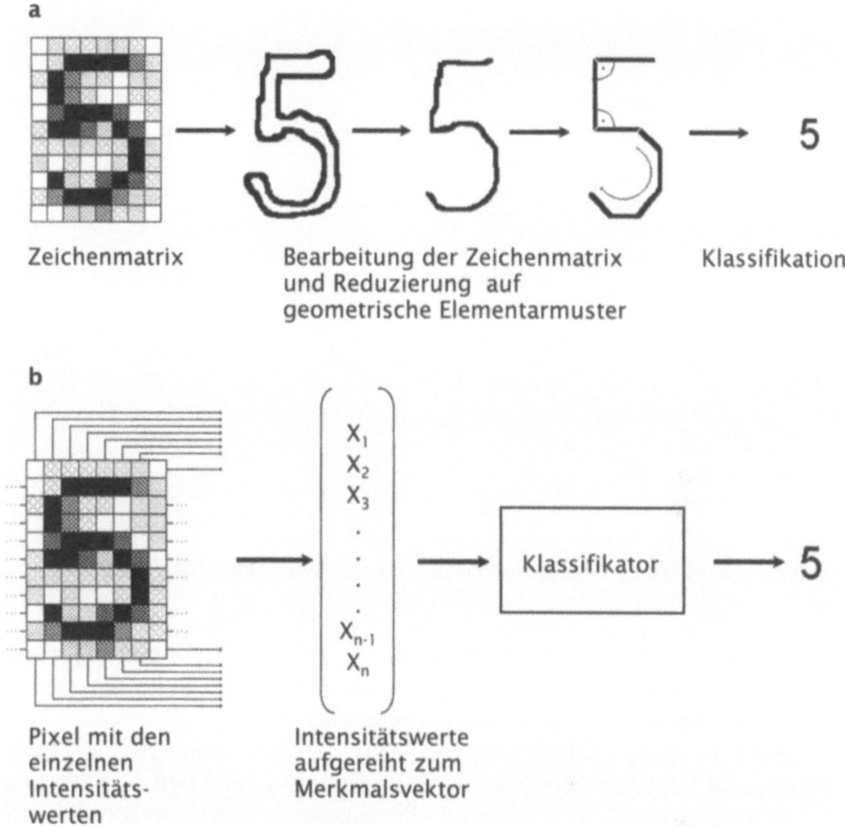

Abb. 3.6. a Reduzierung der Zeichenmatrix auf einfache geometrische Merkmale.
b Umwandlung der Pixel eines Zeichens in einen Merkmalsvektor: die Grauwerte der
13×13-Zeichenmatrix werden zu einem linearen „Merkmalsvektor" aus 169 Zahlen-
werten angeordnet

den (i. a. im Bereich mehrerer Stunden). Es darf auch nicht verschwiegen
werden, daß ohne weitere Vorgaben die Konfiguration und das Trainieren
eines neuronalen Netzwerkes erhebliche Erfahrung und Geduld erfordert.
   Die Ergebnisse, die mit einem gut konfigurierten Netz erzielt werden können, sind in vielen Fällen durchaus erstaunlich, und die rege
aktuelle Forschung auf diesem Gebiet läßt noch viele Verbesserungen erwarten. Andererseits besteht zur Zeit kein Grund, die o. g. klassischen
Verfahren als obsolet oder „antiquiert" zu betrachten: In einem Vergleich
verschiedener klassischer Verfahren zur *Musterklassifikation* mit der von
neuronalen Netzen [20, 21] wird deutlich, daß unter bestimmten Voraussetzungen keine signifikanten Unterschiede im Klassifikationsergebnis
zu erwarten sind (Abb. 3.7).

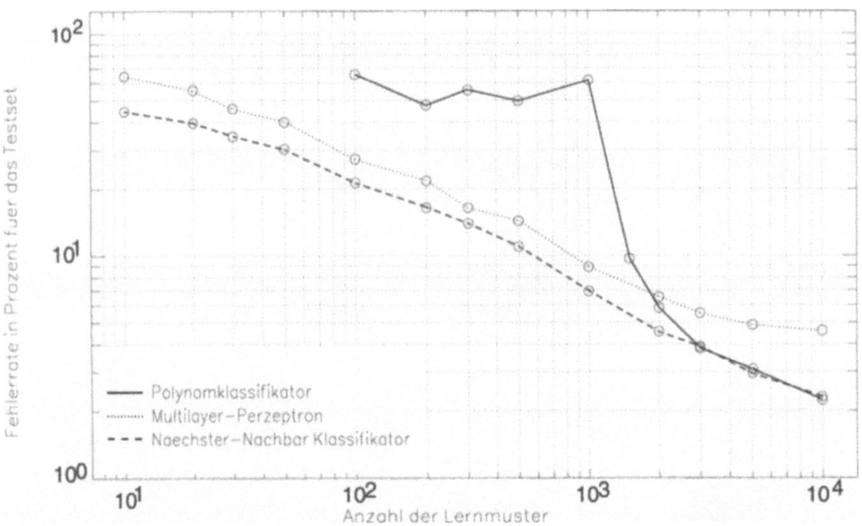

Abb. 3.7. Vergleich verschiedener Verfahren für die Ziffernklassifikation; nach [21]

Das in Abschn. 3.4.2 beschriebene Applikationsbeispiel zeigt ebenfalls deutlich die Leistungsfähigkeit eines Zeichenerkennungssystems, das ohne den Einsatz neuronaler Netze auskommt.

Die erzielbare Fehlerquote von Systemen zur industriellen Zeichenerkennung ist sehr stark applikationsabhängig. Für den Einsatz in der Materialflußsteuerung werden im allgemeinen Fehlerquoten von weniger als 1:100.000 gefordert, was in vielen Fällen durchaus realisiert werden kann, bei manchen Anwendungen (z.B. bei Schlagzahlen) jedoch nur mit einem sehr hohen Aufwand an Hard- und Software mit entprechend hohen Kosten.

Zur Beurteilung der Leistungsfähigkeit ein Vergleich mit kommerziellen *Texterkennungssystemen*: erzielbar sind unter optimalen Bedingungen Fehlerraten von 0,0001, garantiert werden aber im allgemeinen höchstens 0,001, d.h. ca. 2 falsch gelesene Zeichen pro DIN A4-Seite, wobei die Randbedingungen deutlich besser sind als bei der *industriellen Zeichenerkennung*: genaue Positionierung des Dokuments, hoher Kontrast, standardisierter Zeichensatz, geringe Störungen.

3.3.3 Lageerkennung

Der Begriff der *Lage* eines Objektes umfaßt die Kenntnis über die *Position* und die *Orientierung* eines körpereigenen Punktes in bezug auf ein Koordinatensystem. Bei Verwendung eines kartesischen Koordinatensystems werden die *translatorischen Freiheitsgrade* der Position in Weglängen und die *rotatorischen Freiheitsgrade* der Orientierung in Winkelgeraden angegeben [61]. Die Position wird auf den Schwerpunkt des abgebilde-

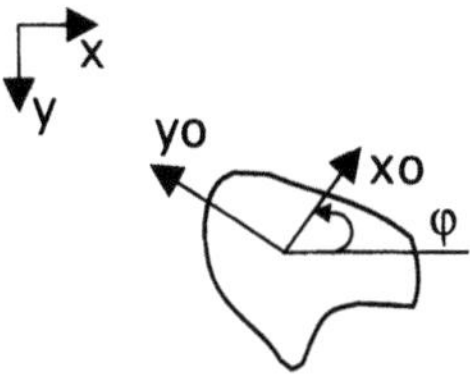

Abb. 3.8. Position und Orientierung eines Objektes. X_0, Y_0 Schwerpunktkoordinaten, φ Winkel bezüglich Referenzposition

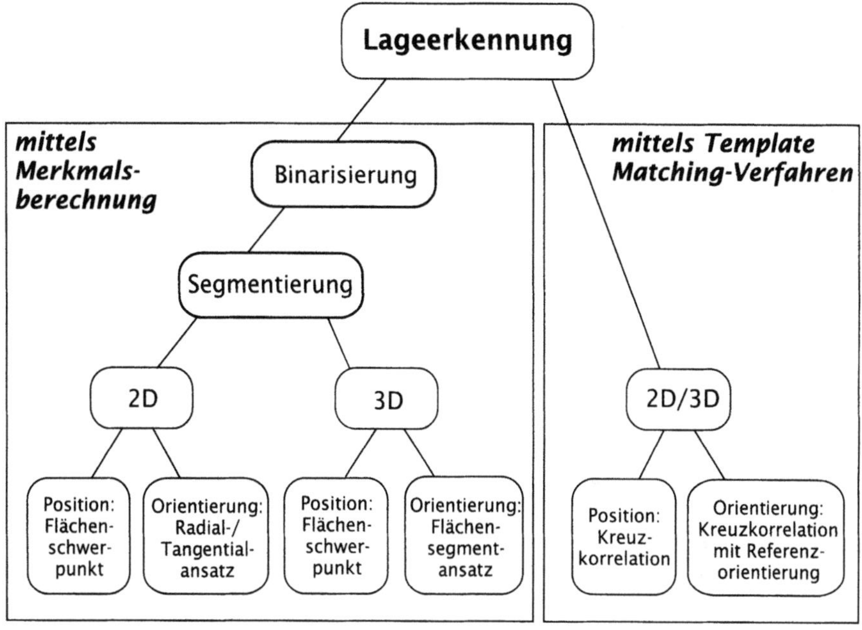

Abb. 3.9. Prinzipielle Vorgehensweisen bei der Erkennung der Lage eines Objektes

ten Objektes und die Orientierung auf einer beliebig zu definierenden Objektlinie in einer Referenzposition bezogen (Abb. 3.8).

Die prinzipiellen Vorgehensweisen bei der Erkennung der Lage von Objekten sind in Abb. 3.9 aufgezeigt. Grundsätzlich ist zu entscheiden, ob die Aufgabenstellung der Lageerkennung sich im zweidimensionalen (2D) oder dreidimensionalen (3D) Raum stellt. Prinzipiell lassen sich zwei Vorgehensweisen unterscheiden: Die Lageerkennung mittels Merkmalsberechnung und mittels Template Matching-Verfahren.

Lageerkennung mittels Merkmalsberechnung

Aufgabenstellungen, die mit einem zweidimensionalen Ansatz zu lösen sind, treten zum Beispiel beim Sortieren von Bauteilen auf oder stellen

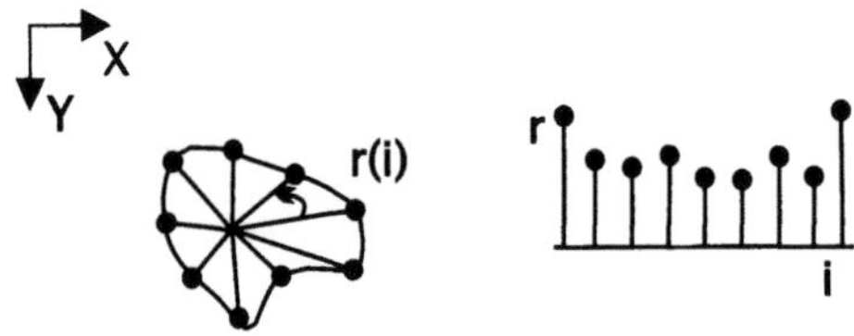

Abb. 3.10. Beim Radialansatz werden ausgehend vom Flächenschwerpunkt des Objektes Linien zum Objektrand gezogen. Die Längen der Linien werden dem Umlaufsinn entsprechend in eine Tabelle eingetragen. Durch Verschieben und Vergleichen der Tabellenwerte mit denen aus einer Referenzorientierung wird der Rotationswinkel des Objektes bestimmt

sich immer dann ein, wenn ein nachfolgender Algorithmus oder eine Aktion eine Präferenzlage voraussetzen.

Die Lösung von Aufgaben aus dem Bereich der *Sichtführung* von Handhabungsautomaten erfordert meistens die Verwendung eines dreidimensionalen Ansatzes. Dabei wird die Lageerkennung eines Objektes beispielsweise dazu verwendet, dieses mit einem Handhabungsautomaten zu greifen, um es einem weiteren Bearbeitungsvorgang zu übergeben.

Der Bestimmung der Lage im zweidimensionalen Fall gehen die *Segmentierung* und *Kantenfindung* voraus, so daß sich die Positionsbestimmung auf die Berechnung des *Flächenschwerpunktes* des segmentierten Objektes beschränkt. Die Bestimmung der Orientierung ist aufwendiger. Es wird häufig zuerst folgender Ansatz versucht: Ausgehend vom Mittelpunkt des Objektes wird eine Anzahl radialer Linien bis zum Objektende gezogen. Der Abstand vom Mittelpunkt bis zum Schnittpunkt mit dem Objektrand wird im $r(i)$-Koordinatensystem eingetragen (Abb. 3.10).

Durch Korrelation dieser $r(i)$-Funktion mit einer in der Referenzposition abgespeicherten ist die Orientierung zu bestimmen. Die Problematiken der Hinterschneidungen und der Größenvarianz sind mit diesem einfachen Ansatz nicht zu lösen. Durch die Verwendung der jeweiligen *Tangentialwinkel* zur Objektlinie läßt sich dieses Problem lösen. Dabei wird die Objektlinie in eine konstante Anzahl von Segmenten gleicher Länge unterteilt. Bei jedem Schnittpunkt wird der Tangentialwinkel zur Horizontalen bestimmt und in ein $\varphi(i)$-Koordinatensystem eingetragen (Abb. 3.11) [12].

Wiederum kann durch Korrelation der $\varphi(i)$-Funktion mit einer in der Referenzposition abgespeicherten die Orientierung bestimmt werden. Weitere Vorteile dieses Verfahrens sind die Unabhängigkeit vom Schwerpunkt und die Robustheit in bezug auf fehlende Liniensegmente.

Im dreimensionalen Fall wird ausgehend von einer Punktwolke der 3D-Daten ein *Gittermodell* berechnet. Die Gewinnung der 3D-Daten kann mit unterschiedlichen Verfahren durchgeführt werden. Beispielhaft seien hier die *Stereotriangulation* und der *codierte Lichtumsatz* genannt.

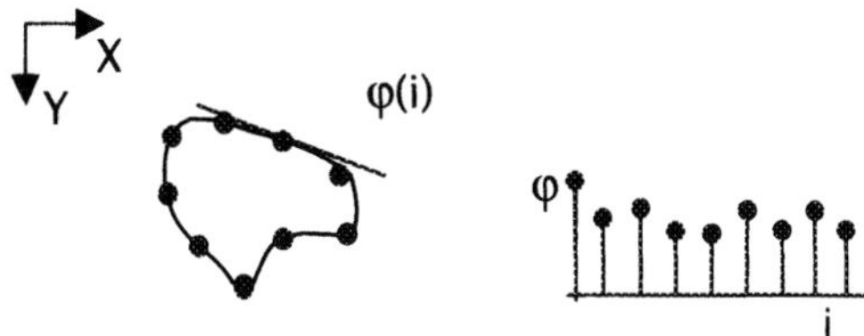

Abb. 3.11. Beim Tangentialansatz wird die Kontur des Objektes in gleich lange Strecken unterteilt. Die Punkte der Strecken werden durch Linien verbunden. Der Winkel zwischen der jeweiligen Linie und der Tangente des Punktes werden in eine Tabelle eingetragen. Durch Verschieben und Vergleichen der Tabellenwerte mit denen aus einer Referenzorientierung wird der Rotationswinkel bestimmt

Das als Gittermodell dargestellte Objekt besitzt mit großer Sicherheit folgende Eigenschaften: Größenvarianz, Hinterschneidungen innerhalb des Objektes und Fehlstellen, da das Objekt nicht aus jeder Ansicht vollständig erfaßt werden kann.

Aus diesen Gründen wird häufig eine 3D-Variante des *Tangentialansatzes* verwendet. Die Objektoberfläche wird in eine konstante Anzahl von Flächensegmenten unterteilt [12]. Die zwei Neigungswinkel eines Flächensegmentes zu einer Kugeloberfläche werden jeweils in ein zweidimensionales $i(\varphi,\theta)$-Koordinatensystem eingetragen. Die Orientierung wird durch zweidimensionale Korrelation mit einer $i(\varphi,\theta)$-Funktion in der Referenzposition ermittelt. Diese Vorgehensweise ist sehr robust gegenüber Störungen der Objektoberfläche.

Lageerkennung mittels Template Matching-Verfahren[4]

Eine häufig im Bereich der Handhabung und Montage auftretende Aufgabe besteht darin, von einem Förderband oder aus einem Transportbehälter Werkstücke zu entnehmen. Der Komplexitätsgrad der Bildszenen reicht dabei vom vereinzelten, orientierten Werkstück bis zu sich mehrfach überlappenden Teilen, dem sogenannten „Griff in die Kiste". Die Anforderungen an die Leistungsfähigkeit des Erkennungssystems steigen proportional mit der Komplexität der Bildszenen.

Die Erkennungsaufgabe in der Handhabungstechnik erfordert als Ergebnis Angaben über

- Anzahl und Art von Objekten in der Szene und

- Position und Orientierung der Objekte.

Das Verfahren zur Objekterkennung und zur Erkennung der Lage und Orientierung basiert auf dem direkten Vergleich eines *Musterteils*, das

---

[4]Beim Template Matching-Verfahren gehen Objekterkennung und Lageerkennung ineinander über; s. Abschn. 3.3.1

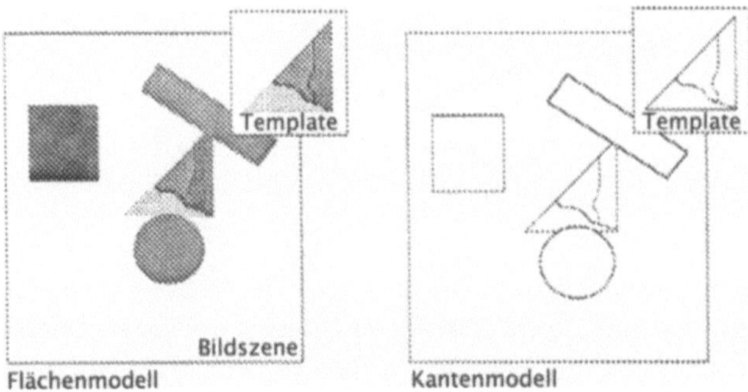

Abb. 3.12. Vereinfachtes Beispiel von Bildszene und Musterteil als Flächenmodell und Kantenmodell

auch als *Template* bezeichnet wird. Dabei wird das Musterteil mit der zu analysierenden Bildszene verglichen. Das Ziel des Verfahrens ist es, mit einer gewissen Wahrscheinlichkeit angeben zu können, ob sich in der Bildszene ein dem Musterteil entsprechendes Objekt befindet, und gegebenenfalls seine Lage und Orientierung zu bestimmen. Wird das Template über die Bildszene geschoben, so erhält man in Abhängigkeit von den Koordinaten der Verschiebung *Korrelationskoeffizienten*, die eine Aussage bezüglich der Übereinstimmung zwischen dem Template und dem jeweiligen Bildausschnitt unter dem Template ermöglichen.

Vielfach setzen Erkennungsverfahren nach der *Template Matching*-Methode ein flächenhaftes Template voraus. Ein Objekt wird dabei anhand seiner Oberflächenstruktur oder allgemein an seiner Flächenverteilung erkannt. Teile eines Objekts mit kleiner Fläche tragen deshalb nur wenig zur Berechnung des Korrelationskoeffizienten bei. Bei Objekten, die sich aus vielen Einzelregionen zusammensetzen, ist es erforderlich, ein Konturmodell zu verwenden. Die Vorverarbeitung der flächenhaften Bilder erfolgt durch konturbildende *Filteroperationen* (Abb. 3.12).

Im folgenden wird der Ablauf der Teileerkennung nach dem *Template Matching*-Verfahren beschrieben (vgl. Abb. 3.13). Es werden zwei Phasen unterschieden: Die interaktive Lernphase (Teach-In) und die Suchphase, das eigentliche Matching. Zuerst wird das zu erkennende Objekt aufgenommen. Ein Filteroperator erzeugt dann das konturhafte Template, das mit interaktiv eingegebenen *Drehpunktkoordinaten* und *Greifpunktkoordinaten* abgespeichert wird. Die Objekterkennung beginnt mit der Aufnahme der Bildszene, die gegebenenfalls mit einem Sobel-Filter vorverarbeitet werden kann. Es folgt eine translatorische und rotatorische Verschiebung des Templates und die Berechnung des Korrelationskoeffizienten zwischen Template und Bildszene. Durch translatorisches und rotatorisches Verschieben des Templates gewinnt man eine Folge von Korrelationskoeffizienten. Durch die anschließende Auswer-

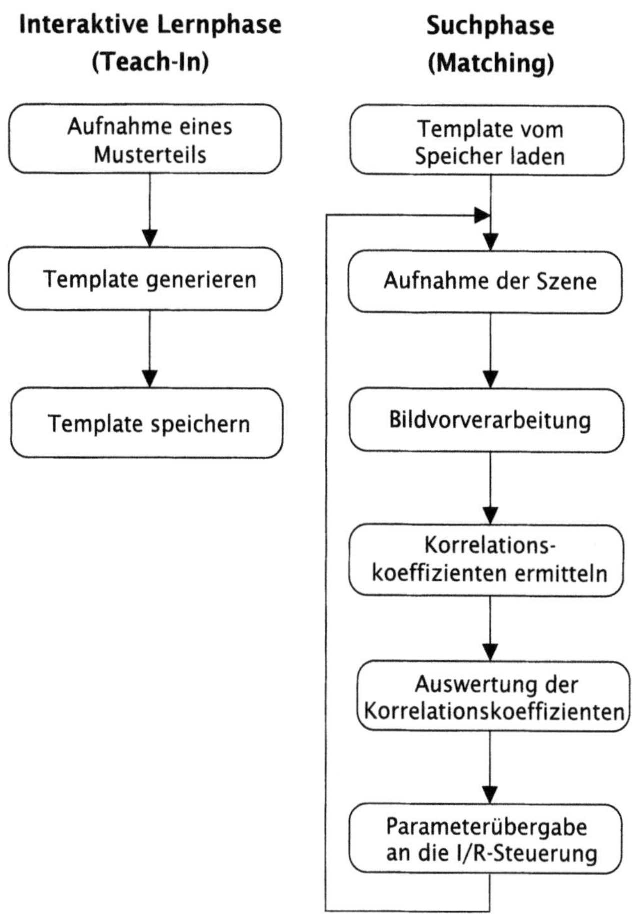

Abb. 3.13. Verfahrensablauf Template Matching-Verfahren

tung der Koeffizienten wird das gesuchte Objekt erkannt und seine Position und Orientierung bestimmt.

Beim Einsatz für einen dreidimensionalen Raum (zwei translatorische und eine rotatorische Komponente) ermittelt, sind folgende Randbedingungen zu beachten sind [48]:

- Der Einfluß perspektivischer Verzerrungen bei den unterschiedlichen möglichen Aufnahmepositionen darf nicht zu Fehlinterpretationen führen.

- Die Anzahl der zu erkennenden Objekte sollte klein sein, da die Erkennungszeit proportional mit der Anzahl der vorgegebenen Templates wächst.

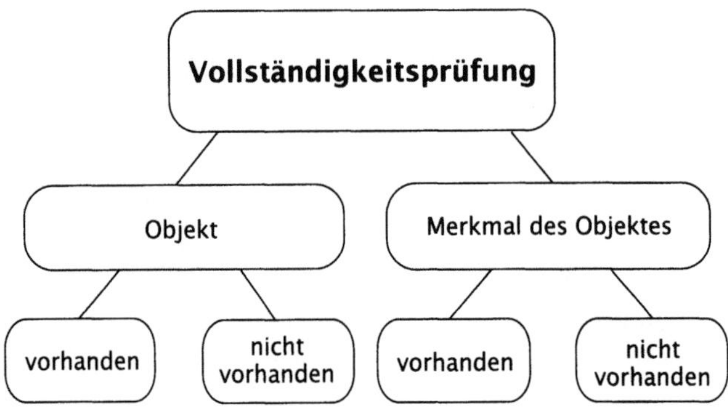

Abb. 3.14. Vorgehensweise bei der Vollständigkeitsprüfung

- Die Strukturen der zu erkennenden Teile sollten sich deutlich von den Hintergrundstrukturen abheben.

3.3.4   Vollständigkeitsprüfung

Die Vollständigkeitsprüfung ist ein Sonderfall der Objekterkennung. Sie ist z. B. wichtig zur Kontrolle vor einer automatischen *Montage* eines Teils, um zu prüfen, ob die erforderlichen Einzelteile vorhanden sind und an vorgegebenen Stellen liegen. Auch nach einem Fertigungsschritt kann mit Hilfe der Vollständigkeitsprüfung der vorhergehende Schritt kontrolliert werden. So können Teile rechtzeitig aus dem Fertigungsprozeß heraussortiert werden, deren Merkmale nicht dem Sollzustand entsprechen, z. B. das Vorhandensein von Bohrungen und Gewinden.

Im Gegensatz zur Objekterkennung wird hier aber nur eine Ja/Nein-Aussage — vollständig oder nicht — gefordert. Die Vollständigkeitsaussage bezieht sich nicht nur auf den Prüfling an sich, sondern kann sich auch auf einzelne Merkmale des Prüflings beziehen. Dann spricht man von einer Zustandserfassung. Im Unterschied zur Objekterkennung wird aber auch hier nur das Vorhandensein oder Nichtvorhandensein eines Merkmals geprüft, und es findet keine Klassifizierung statt (Abb. 3.14).

3.3.5   Form- und Maßprüfung

Die Form- und Maßprüfung beinhaltet die Erfassung geometrischer Größen [52] (s. Tabelle 3.1). Zur *Geometrieprüfung* gehört die Erfassung und Beurteilung von Geometriemerkmalen wie Längen, Flächen, Winkel und Radien.

Die *Form-* und *Maßprüfung* wird eingesetzt, um zu vermeiden, daß fehlerhafte Teile bis zur Montage gelangen und dort festgestellt wird,

Tabelle 3.1. Aufgaben der Form- und Maßprüfung

Formprüfung	Maßprüfung
Geradheit	Länge
Ebenheit	Abstand
Rundheit	Durchmesser
Zylinderform	Radius
Linienform	Winkel
Flächenform	
Kontur	

daß deren Form und Abmaße nicht den vorgegebenen Toleranzen entsprechen und sie somit nicht montierbar sind.

Gute Voraussetzungen für den Einsatz von bildverarbeitenden Verfahren zur Geometrieprüfung liegen dann vor, wenn die zu vermessenden Flächen oder Konturlinien im Bild deutlich zu erkennen sind und die Meßaufgabe z. B. durch eine Zeichnung klar zu definieren ist [60].

Bei der Aufgabenstellung Form- und Maßprüfung müssen sich die auf Bildverarbeitung basierenden Lösungsansätze mit einer Reihe alternativer Verfahren, insbesondere optischer Methoden, messen lassen. Eine nähere Erörterung dieser Möglichkeiten würde den Rahmen dieses Buches sprengen; es sei auf die umfangreiche Fachliteratur zu diesem speziellen Thema verwiesen [1, 10, 27, 40].

3.3.6 Oberflächeninspektion

Definitionen

Um eine feinere Einteilung der Aufgaben der *Oberflächenprüfung* vornehmen zu können, muß als erstes der Begriff Oberfläche definiert werden. Nach DIN 4760 wird der Begriff *Oberfläche* unterteilt in *wirkliche Oberfläche, Istoberfläche* und *geometrische Oberfläche.* Unter der wirklichen Oberfläche versteht man die Oberfläche, die den Gegenstand von dem ihn umgebenden Medium trennt. Die Istoberfläche ist das meßtechnisch erfaßte, angenäherte Abbild der wirklichen Oberfläche eines Formelementes. Eine ideale Oberfläche, deren Nennform durch eine Zeichnung oder durch andere technische Unterlagen definiert wird, nennt man die geometrische Oberfläche.

Ein weiterer wichtiger Begriff ist die *Gestaltabweichung.* Die Gesamtheit aller Abweichungen der Istoberfläche von der geometrischen Oberfläche nennt man Gestaltabweichung. Es ist zu unterscheiden zwischen Gestaltabweichungen, die nur beim Betrachten der gesamten Oberfläche erkannt werden können, und solchen, die schon an einem Flächenausschnitt erkennbar sind. Die Gestaltabweichungen werden in sechs Ordnungen unterteilt. Gestaltabweichungen 1. Ordnung sind solche Ge-

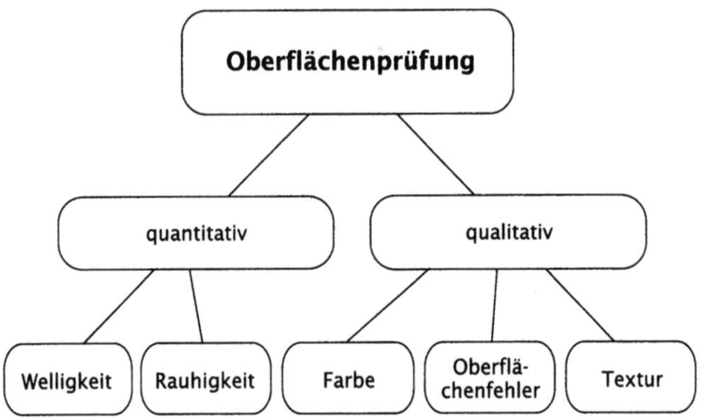

Abb. 3.15. Aufgaben der Oberflächenprüfung

staltabweichungen, die bei der Betrachtung der gesamten Istoberfläche feststellbar sind. Gestaltabweichungen 2. bis 5. Ordnung sind solche Gestaltabweichungen der Istoberfläche, die an einem Flächenausschnitt der Istoberfläche erkennbar sind.

Für die quantitative Oberflächenprüfung sind die Begriffe *Welligkeit* und *Rauhigkeit* von Bedeutung. Welligkeit ist eine Gestaltabweichung 2. Ordnung, die eine periodisch auftretende Abweichung der Istoberfläche eines Formelementes darstellt, bei der das Verhältnis der Wellenabstände zur Wellentiefe im allgemeinen zwischen 1000:1 und 100:1 liegt. Rauhigkeit stellt eine Gestaltabweichung 3. bis 5. Ordnung dar. Sie umfaßt Oberflächenunregelmäßigkeiten mit relativ kleinen Abständen, bei denen das Verhältnis der Abstände zur Tiefe im allgemeinen zwischen 100:1 und 5:1 liegt. Dabei werden üblicherweise auch solche Unregelmäßigkeiten eingeschlossen, die durch das angewendete Fertigungsverfahren und/oder andere Einflüsse verursacht werden [52, 54].

Allgemein kann man zwischen einer *quantitativen* und einer *qualitativen Oberflächenprüfung* unterscheiden. Bei der quantitativen Oberflächenprüfung werden i. a. Veränderungen der Oberfläche in der z-Achse in Form von Kenngrößen der Rauhigkeit erfaßt und bewertet. Dafür werden meist optische Meßverfahren, z. B. auf Basis des *Streulichtverfahrens*, eingesetzt. Diese Techniken haben als Gerätrealisierung bereits einen hohen Standard erreicht.

Daher ist die Aufgabe der quantitativen Oberflächenprüfung kein primäres Einsatzfeld der Bildverarbeitung. Durch zunehmenden Einsatz von *interferometrischen* und *holographischen Meßverfahren* zur Erfassung der Gestaltabweichungen von Oberflächen bekommt die Bildverarbeitung allerdings auch für das Gebiet der quantitativen Oberflächenprüfung eine bestimmte Bedeutung.

Bei der Interferometrie ist die Information über die Verformung in sogenannten *Streifenmustern* enthalten. Diese Streifenmuster lassen sich mittels Techniken der digitalen Bildverarbeitung automatisch und objektiv auswerten.

In den letzten Jahren sind aus der Forschung Ansätze bekannt geworden, mittels Methoden der *morphologischen Bildverarbeitung* [28], der sogenannten 3D-Graubild-Morphologie, Rauhigkeitskenngrößen bildverarbeitungstechnisch zu ermitteln [11].

Demgegenüber steht die sogenannte qualitative Oberflächenprüfung, für die sich im allgemeinen Sprachgebrauch der Ausdruck Oberflächeninspektion durchgesetzt hat. Sie zielt primär auf die Erkennung von Oberflächenfehlern, die in DIN4761 [53] vorgegeben sind.

Die qualitative Oberflächenprüfung läßt sich grob in die Bereiche *Prüfung auf Oberflächenfehler*, *Prüfung auf Farbfehler* und *Beurteilung der Texturierung* unterteilen. Diese Unterteilung soll der Verdeutlichung der Thematik dienen. Eine Reihe von Inspektionsaufgaben wird oft zwei oder gar alle drei Unterteilungen tangieren (Abb. 3.15).

Des weiteren soll der Ausdruck *qualitative Oberflächenprüfung* nicht darüber hinwegtäuschen, daß i.d.R. die detektierten Oberflächenfehler auch quantifiziert werden müssen, um beispielsweise sinnvoll zwischen *Gutteil* und *Ausschuß* sowie zwischen Produktion 1. und 2. Wahl zu unterscheiden. Die Quantifizierung der Fehlerausprägungen erfolgt durch deren geometrische und *morphometrische Merkmale*, wie z.B. Fläche, Umfang und Form [29].

Prüfung auf Oberflächenfehler

Als Oberflächenfehler bezeichnet man die nicht beabsichtigten oder eine vorgegebene Toleranz überschreitenden örtlichen *Verformungen*, Auftragungen oder Trennungen vom Werkstoff, die vor, während oder nach der Bearbeitung entstanden sind [53]. Es gibt eine Reihe unterschiedlicher Ausprägungen von Oberflächenfehlern (s. Abb. 3.16).

Des weiteren können Oberflächenfehler anhand ihrer räumlichen [39] und texturellen Ausprägung eingeteilt werden (Abb. 3.17).

Beurteilung der Oberflächenbeschaffenheit

Textur. Der Begriff *Textur* beschreibt den visuellen Eindruck, der von der Beschaffenheit, insbesondere von der Musterung einer Oberfläche herrührt. Das Aufgabengebiet *Texturen und deren Wahrnehmung* ist seit einigen Jahren Forschungsgegenstand von Psychologen, Psychophysikern und auch zunehmend von Informatikern, ohne daß bisher eine einheitliche Definition zustande gekommen ist. So wird in Normen, die den *Oberflächencharakter* von Werkstücken beschreiben, die Textur als die vom bloßen Auge erfaßbare Anordnung der Oberflächen-Merkmale definiert. Im Arbeitsgebiet *Computer Vision* wurde der Ansatz gemacht, eine Textur und deren Eigenschaften, wie zum Beispiel glatt, faserig

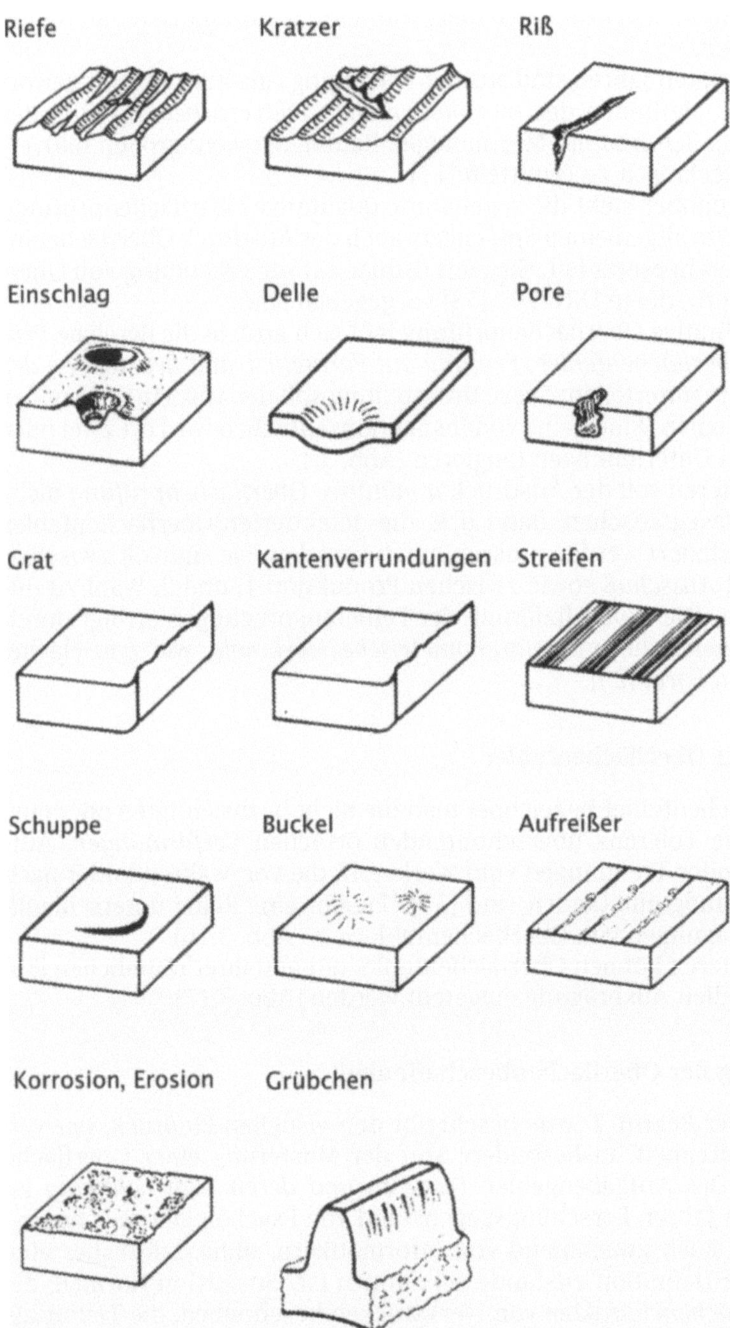

Abb. 3.16. Ausprägungen von Oberflächenfehlern nach DIN 4761 [53]

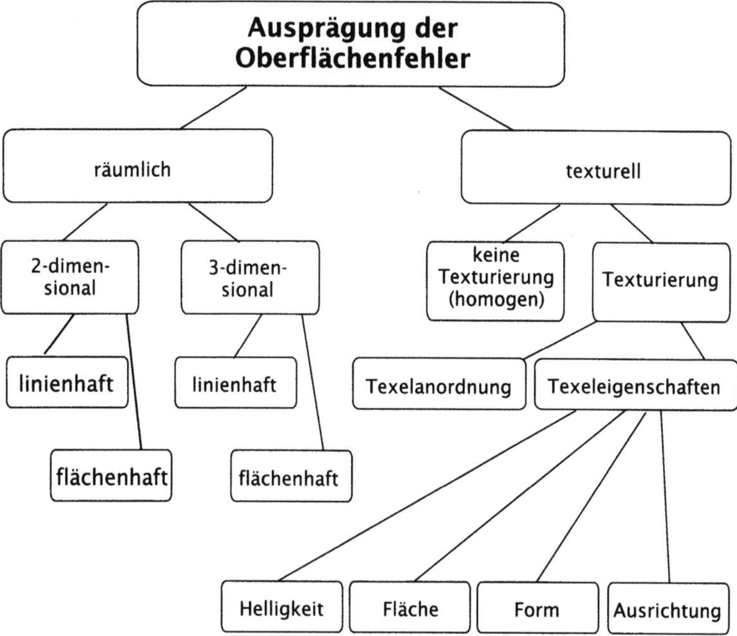

Abb. 3.17. Einteilung der Oberflächenfehler anhand ihrer Ausprägung [34]. Zur genauen Definition eines Oberflächenfehlers muß seine räumliche Ausprägung (2D oder 3D, linien- oder flächenhaft) und texturelle Ausprägung (Art und Grad der Texturierung) angegeben werden

und gerastert, durch *statistische Modelle* zu beschreiben. Zusammenfassend läßt sich eine Textur durch folgende Eigenschaften beschreiben (Abb. 3.18):

- Eine lokale Anordnung, das heißt ein Untermuster, im folgenden *Texel* (**tex**ture **el**ement) genannt, tritt wiederholt in einer im Vergleich zu dieser Anordnung großen Region auf.

- Ein Texel ist im wesentlichen charakterisiert durch seine Form, seine Fläche, seine Helligkeit (Grauwert, Farbe) und seine Ausrichtung.

- Die Anordnung der Texel unterliegt *deterministischen* und *stochastischen* Gesetzmäßigkeiten. Daraus läßt sich die Lagebeziehung zwischen den Texeln als wichtiges Beschreibungsmittel ableiten.

- Die Textur kann sich dabei aus Texeln gleicher oder variierender Eigenschaften zusammensetzen.

- Texel können wiederum in sich texturiert sein, d. h. einen hierarchischen Aufbau haben.

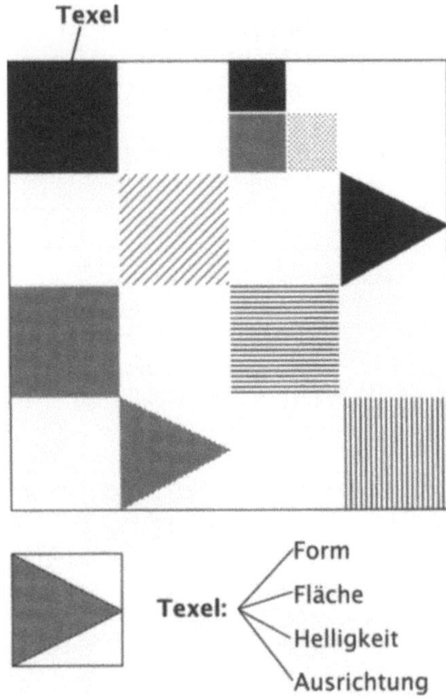

Abb. 3.18. Aufbau einer Textur aus Texturelementen, sogenannten Texeln. Ein Texel läßt sich durch Angabe von Form, Fläche, Helligkeit und Ausrichtung beschreiben [34]

Bei der qualitativen Oberflächenprüfung spielt neben den Oberflächenfehlern und der Textur auch zunehmend die *Oberflächengüte* eine Rolle. Dabei geht es nicht um einzelne Merkmale der Oberfläche, sondern um den Gesamteindruck der zu prüfenden Fäche. Die dabei auftretenden Fehler führen nicht zu funktionalen Beeinträchtigungen, sondern werden unter rein ästhetischen Gesichtspunkten betrachtet und beurteilt [4, 6, 33].

Farbprüfung.   Die Erkennung von *Farbe* ist sicher einer der wichtigsten Faktoren des menschlichen Wahrnehmungsvermögens; in Abschn. 1.4.4, Abb. 1.17, ist dies an einem Beispiel erläutert worden. Dennoch ist die Verarbeitung von Farbinformationen bisher nur in wenigen Bildverarbeitungsanwendungen enthalten, wobei jedoch die Applikationen, in denen die Farberkennung ein wichtiger Bestandteil ist, stark zunehmen. Diese Diskrepanz ist im wesentlichen auf den erhöhten Aufwand zurückzuführen, den die Farbbildverarbeitung mit sich bringt, und nicht auf prinzipielle Schwierigkeiten, die einem Einsatz von Bildverarbeitungssystemen für die Verarbeitung von Farbinformationen im Wege stünden: Kamera und Bildverarbeitungssystem sind teurer und die zu verarbeitende Datenmenge ist zunächst dreimal so groß wie bei einem Grauwertbild, so daß die reinen Hardwarekosten gegenüber einem Grauwertsystem erheblich höher liegen können. Jedoch ermöglicht die Preisentwicklung für die Hardwarekomponenten, insbesondere auch für gute Farbvideokameras, in Zukunft wesentlich breitere Einsatzmöglichkeiten für die Farbbildverarbeitung.

Farbe kann — wie in dem oben erwähnten Beispiel — zur Unterscheidung von Objekten dienen, d. h., die Farbinformation wird dann zur Objekterkennung herangezogen: die Objekte werden durch Flächen unterschiedlicher Farbe beschrieben. Das System muß also in der Lage sein, Farben hinreichend sicher unterscheiden zu können. Die Farbunterschiede sind bei solchen Anwendungen meist ausreichend groß (z. B. rot ↔ grün oder rot ↔ gelb), so daß keine prinzipiellen Hindernisse entstehen.

Schwieriger ist jedoch die Situation, wenn im Bereich der Oberflächenprüfung die Gleichmäßigkeit eines Farbauftrages oder die Abweichung der Farbe gegenüber einer Referenzfarbe überprüft werden muß. Das Bildverarbeitungssystem muß dann *Farbton*, *Sättigung* und *Helligkeit* des Farbauftrages mit hoher Genauigkeit bestimmen (*Colorimetrie*). Die derzeitig üblichen Farbsensoren für colorimetrische Messungen können diese Farbkomponenten mit teilweise wesentlich höherer Genauigkeit gemäß der internationalen *CIE-Norm* bestimmen, als dies mit einer Farbvideokamera und einem Bildverarbeitungssystem möglich ist, doch sind diese Messungen nur punktförmig.

Die Darstellung der Farbe eines Bildpunktes nach den drei Komponenten Farbton oder Farbwert (engl. **H**ue), Farbsättigung (engl. **S**aturation) und Helligkeit (engl. **I**ntensity) entspricht dem physiologischen Farbempfinden des Menschen. In einem solchen HSI-Modell wird jeder Bildpunkt durch einen Farbvektor aus den drei Farbkomponenten beschrieben. *Farbvideokameras* liefern im allgemeinen jedoch die Farbinformation in Form eines *RGB-Signals*, d. h. in Gestalt der drei Grundfarben **R**ot, **G**rün und **B**lau der additiven Farbmischung von Emissionsfarben — ähnlich dem Farbensehen des menschlichen Auges. Für eine Weiterverarbeitung nach dem HSI-Modell müssen diese drei RGB-Komponenten mit Hilfe geeigneter Transformationsgleichungen umgeformt werden [41, 13].

Farbtextur. Der Vorteil des Bildverarbeitungssystems dagegen ist auch hier die Möglichkeit, die Farbkomponenten benachbarter Bildpunkte miteinander vergleichen und in Relation setzen zu können. Auf diese Weise ist es dann auch möglich, kompliziertere lokale Farbverteilungen zu messen, so daß etwa die Textur einer Oberfläche nicht nur durch die lokale Verteilung der Helligkeit, sondern auch durch die des Farbtones oder der Farbsättigung beschrieben werden kann.

Eine derartige Farbtexturanalyse wird in den nächsten Jahren stark an Bedeutung gewinnen, da komplexe Muster auf synthetischen Materialien (bedruckte Textilien, Bodenbeläge, etc.) automatisch beurteilt werden müssen [35].

3.4 Beispielhafte Lösungen

3.4.1 Allgemeines

Eine klar definierte und strukturierte Aufgabenstellung ist unerläßlich, um ein aufgabenspezifisches Bildauswertungssystem einsetzen bzw. entwickeln zu können. So ist zunächst der Einsatzort und der Prüfumfang zu klären. Mögliche Einsatzorte sind das Labor oder die Fertigung, wobei bei der Fertigung zwischen Massen-, Serien- und Sortenfertigung unterschieden werden muß. Die *Eingangs-*, *Zwischen-* und *Endprüfung* kann als Stichproben- oder *Vollprüfung* erfolgen.

Grundlage der Aufgabenbeschreibung ist die in den vorigen Abschnitten gegebene Einteilung in Aufgabentypen. Die Klassifizierung gestattet bereits eine überschlägige Beurteilung des zu erwartenden Schwierigkeitsgrades. Wegen der Komplexität einer Oberflächenprüfung ist für Aufgaben dieses Typs eine Detaillierung unumgänglich.

Von wesentlicher Bedeutung ist es zu erfassen, wie die Aufgabe bisher gelöst wurde. Es gilt, die bestehenden Probleme zu erkennen und bei der *Systemgestaltung* zu berücksichtigen.

Die Erfassung der *Prüfkriterien* in Form von Musterteilen, Fotos und Zeichnungen gibt einen Anhaltspunkt über den Schwierigkeitsgrad. Ein automatisches System benötigt programmierbare Kriterien. Die meist nur mündlich weitergegebenen qualitativen Prüfanweisungen sind in quantitative und vollständig formulierte Anweisungen zu überführen. Ein vorhandener Fehlerkatalog bildet daher eine gute Gesprächsgrundlage und gestattet eine Abschätzung des Schwierigkeitsgrades und des Lösungsaufwandes.

Aufbauend auf der hier dargestellten Detaillierung der Aufgabenstellung wurde der im Anhang befindliche Anwender-Fragebogen zur Einsatzplanung von Bildauswertungssystemen erstellt [8, 9, 19].

Im nachfolgenden werden zu jeder Aufgabenstellung Beispiele aufgeführt, an denen man erkennt, wie vielfältig die Einsatzgebiete der Bildauswertung sind.

3.4.2 Objekterkennung

Kontur- und Formmerkmale: Erkennung von Kfz-Felgen

Aufgabenstellung und Beschreibung der Prüfaufgabe. Die Automatisierung von *Handhabungsprozessen* macht es oft erforderlich, damit einhergehende Erkennungsaufgaben zu lösen. Das Ziel besteht darin, ein Werkstück als speziellen Repräsentanten einer *Werkstückklasse* zu identifizieren. Komplex strukturierte Werkstücke, die zudem in vielen Varianten vorkommen und deren Oberflächen ein variierendes Reflexionsverhalten bei Auflichtmessungen aufweisen, können nicht durch einfache Identitätsvergleiche einer bestimmten Werkstückklasse zugewiesen werden. Vielmehr sind solche Klassen durch die Ähnlichkeit ihrer Vielzahl

Abb. 3.19. Varianten einer Werkstückfamilie. Vier ausgewählte Varianten, die sich durch das Design sehr unterscheiden [26]

von Repräsentanten bestimmt, und die Klassifikation muß daher auf der Basis mathematisch quantifizierbarer Ähnlichkeiten erfolgen [34]. Bei dem hier beschriebenen Beispiel sollten Radfelgen in beliebiger Orientierung erkannt werden, und zusätzlich dazu sollte eine Zuordnung zu einer Variante aus einer Werkstückfamilie von 40 Varianten erfolgen (Abb. 3.19).

Prinzipielle Lösung. Eine rotationsvariante Werkstückerkennung kann durchgeführt werden, wenn entweder die ausgewählten Merkmale von der Drehlage unabhängig sind (z. B. Durchmesser eines Kreises) oder das mustererkennende Verfahren rotationsinvariante Ergebnisse liefern kann (z. B. durch die Auswertung periodischer Funktionen). Die im folgenden beschriebenen Verfahren zur Erkennung von Werkstücken setzen voraus, daß das Werkstück der aufnehmenden Kamera separiert präsentiert wird.

Kreisschnittmerkmale. Das Verfahren geht von einem *Binärbild* aus, bei dem das Werkstück (weiße Pixel) von dem Hintergrund (schwarze Pixel) getrennt vorliegt. Ein *Merkmalsvektor* wird anhand der Übergänge zwischen Objekt und Hintergrund entlang eines Kreises generiert. Der

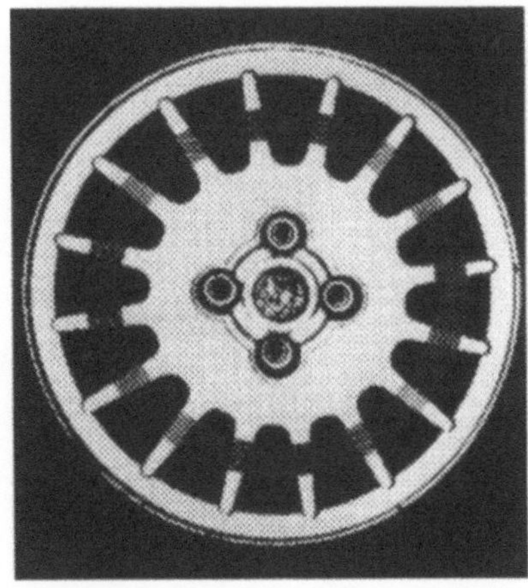

Abb. 3.20. Graubild eines Werkstückes mit markierten Kreisschnittflächen [26]

Flächenschwerpunkt der Abbildung des Werkstückes bildet dabei den Mittelpunkt des Kreises. Abbildung 3.20 zeigt das Graubild einer Felge mit Kreismarkierung. Ein mit dem Verfahren generierter Merkmalsvektor setzt sich aus den folgenden Elementen zusammen:

- Anzahl der Werkstück-Kreis-Schnittlinien, das heißt die Anzahl der Öffnungen,

- mittlere Länge der Werkstück-Kreis-Schnittlinien sowie

- zugehörige Standardabweichung.

Geht man davon aus, daß ein Merkmalsvektor eine Werkstückklasse beschreibt, so liefert die Auswertung der Merkmalsvektoren eine sichere Aussage über die Klassenzugehörigkeit eines Werkstückes.

Kreisringmerkmale.   Dieses Verfahren geht ebenfalls von einem zuvor erzeugten Binärbild aus. Der Schwerpunkt des Werkstückes bildet dabei den Mittelpunkt eines Kreisringes. Das Verfahren extrahiert mittels des dem Werkstück überlagerten Kreisringes Werkstückteilflächen und deren Schwerpunkte. Ein mit dem Verfahren generierter Merkmalsvektor setzt sich aus den folgenden Elementen zusammen:

- Anzahl der Werkstück-Kreisring-Schnittflächen,

- Winkel zwischen den Werkstück-Kreisring-Schnittflächen,

- Anteil der Summe der Werkstück-Kreisring-Schnittflächen an der Gesamtfläche des Kreisringes.

Bei der Festlegung der Merkmale muß darauf geachtet werden, daß durch sie die Werkstücke auch unter Berücksichtigung auftretender Abweichungen hinreichend beschrieben werden.

Die Merkmalsvektoren werden mittels des Werkstück-Kreis-Schnittverfahrens gebildet und setzen sich aus den folgenden Elementen zusammen:

- Anzahl der Werkstück-Kreis-Schnittlinien, d. h. die Anzahl der Öffnungen,

- mittlere Länge der Werkstück-Kreis-Schnittlinien,

- zugehörige Standardabweichung,

- Umfang und

- Fläche.

Um ein bekanntes Werkstück einer bestimmten Klasse zuordnen zu können, benötigt der Klassifikator eine Datenbasis, welche die charakteristische Beschreibung der einzelnen Klassen enthält. Die Datenbasis wird in der Lernphase erstellt. Hierbei muß der Anwender möglichst viele Varianten der zu klassifizierenden Werkstücke in ihre Merkmalsvektoren abbilden und diesen jeweils ihren richtigen Klassennamen zuordnen. Dies stellt eine klassifizierte Stichprobe, eine sogenannte *Lernstichprobe*, dar.

Der Verfahrensablauf der Werkstück–Klassifizierung ist in Abb. 3.21 dargestellt.

Bewertung. Das Verfahren wurde anhand unterschiedlicher Werkstückfamilien erprobt. Die wichtigste Voraussetzung für den Einsatz des Verfahrens ist eine gute Segmentierung, da bei schlecht segmentierten Werkstücken der Schwerpunkt nur ungenau ermittelt werden kann. Dies führt zu extrahierten Werkstück-Kreis-Schnittmerkmalen, die fehlerbehaftet sind. Bei der Erprobung dieses Verfahrens zur Felgenerkennung bereiten die unterschiedlichen Werkstückoberflächen Schwierigkeiten. Metallisch glänzende Werkstücke lassen sich bei einem dunklen Hintergrund sehr gut *segmentieren*. Stark erodierte Felgen hingegen lassen sich bei gleicher Wahl des Hintergrundes nur schwer segmentieren. Für den Einsatz des Verfahrens ist somit eine gute diffuse Ausleuchtung des Bildfeldes erforderlich. Die erreichbaren *Erkennungszeiten* lagen im Zehntelsekunden-Bereich [38, 47].

Farbmerkmale: Sortierung von Plastikmüll

Aufgabenstellung und Beschreibung der Prüfaufgabe. Die wachsende Bedeutung des Recycling in der Umwelttechnik erfordert auch hier rationelle und kostensparende Verfahren, um den zukünftigen Anforderungen gerecht zu werden. Die steigende Menge an Kunststoffabfällen, die

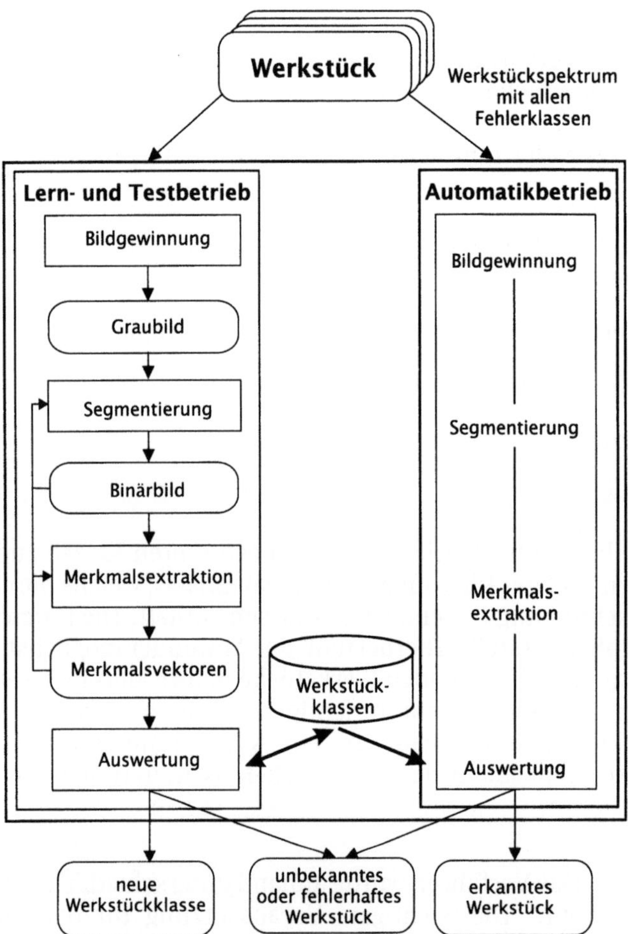

Abb. 3.21. Verfahrenskonzept, Ablauf der Werkstück-Klassifizierung [38]

einer Wiederverwertung zugeführt werden sollen, verlangt nach einem zuverlässigen und kostengünstigen Verfahren zur Sortierung der Abfälle. Die Kunststoffe müssen nach den verschiedenen Materialien und ihrer Farbe sortiert werden. Eine sinnvolle Wiederverwertung erfordert eine möglichst sortenreine Trennung der Abfälle, und nur bei gleichzeitiger Sortierung nach Farben können daraus hochwertige neue Plastikartikel hergestellt werden.

Die bisher meist noch praktizierte manuelle Trennung ist unter arbeitshygienischen Gesichtspunkten nicht unbedenklich und mit relativ hohen Personalkosten verbunden: Von einer Person können in der Stunde im Mittel etwa 100 kg Abfälle sortiert werden, so daß für das Sortieren einer Tonne Plastikmüll etwa Kosten von 600-1 000 DM anfallen. Die dabei erzielbare ungenügende Sortiergenauigkeit und die relativ hohe verbleibende Restmüllmenge verlangen daher nach automatischen Verfahren.

Die Sortierung der verschiedenen Plastiksorten kann mit Hilfe von *Infrarot-Sensoren* erfolgen, während die Klassifizierung nach Farbe von einem *Farbbildverarbeitungssystem* übernommen werden kann. Voraussetzung für einen hohen Durchsatz und Wirkungsgrad einer solchen Anlage ist eine vorhergehende Aussortierung metallischer Reststoffe und sonstiger Abfälle durch konventionelle mechanische Abscheider, Magnete usw.

Gegenüber einfachen punktförmigen Farbsensoren bieten farbtaugliche Bildverarbeitungssysteme den Vorteil, daß komplexere Entscheidungskriterien bei der Objektklassifikation zugrunde gelegt werden können, d.h. außer der Farbe beispielsweise noch Formkriterien.

Die hier vorgestellte Anlage wurde von einem Maschinen- und Anlagenbauer in enger Zusammenarbeit mit einem Anbieter von Bildverarbeitungssystemen konzipiert und realisiert. Die fertige Anlage dient zur Sortierung von Plastikhohlkörpern wie Flaschen und ähnlichem [24].

Prinzipielle Lösung.   Der zu sortierende Kunststoffmüll muß zunächst in einer Vorsortiereinrichtung von Verunreinigungen wie Folienresten, Kleinteilen, Aluminiumdosen und sonstigen Fremdmaterialien befreit werden. Dazu werden konventionelle mechanische Einrichtungen (Siebe) sowie Magnete und NE-Abscheider eingesetzt. Der verbleibende Restmüll, der nun nur noch aus Plastikhohlkörpern besteht, gelangt nach der Vereinzelung auf einen sich drehenden Sortierteller zur *Material-* und *Farberkennung* (Abb. 3.22).

Zur Materialerkennung werden sog. NIR-Detektoren eingesetzt, deren Meßsignale mit Methoden der Spektroskopie im nahen Infrarotbereich (*NIR*) ausgewertet werden. Damit können alle in der Verpackungsindustrie üblichen Kunststoffe wie PET, PVC, PP, PE, PS, PA und ABS mit hoher Zuverlässigkeit identifiziert werden.

Für die Farberkennung werden zwei *Farbzeilenkameras* verwendet, wobei die Drehbewegung des Drehtellers dazu dient, ein zweidimensionales Bild aufzubauen. Eine Kamera arbeitet im *Durchlichtverfahren* zur Analyse transparenter Materialien; die nichttransparenten Objekte werden von der zweiten Kamera im Auflicht untersucht. Jede der beiden Farbzeilenkameras weist 2 048 Pixel auf und wird mit einer Taktrate von ca. 1 MHz betrieben. Das RGB-Signal der Kameras wird im Bildverarbeitungsrechner nach dem HSI-Farbmodell in die drei Komponenten Farbton, Sättigung und Intensität umgerechnet, die dann zur Klassifikation der Objekte in die verschiedenen Farbfraktionen verwendet werden.

Dabei wird zunächst jedes Pixel im Bild einzeln klassifiziert, wobei dann jedoch weitere Bildinformationen zur endgültigen Auswertung herangezogen werden. So können in einer komplexen Analyse Fläche und Form zusammenhängender Bildbereiche gleicher oder ähnlicher Farbe bestimmt werden, so daß auch bei wechselnden Aufnahmebedingungen

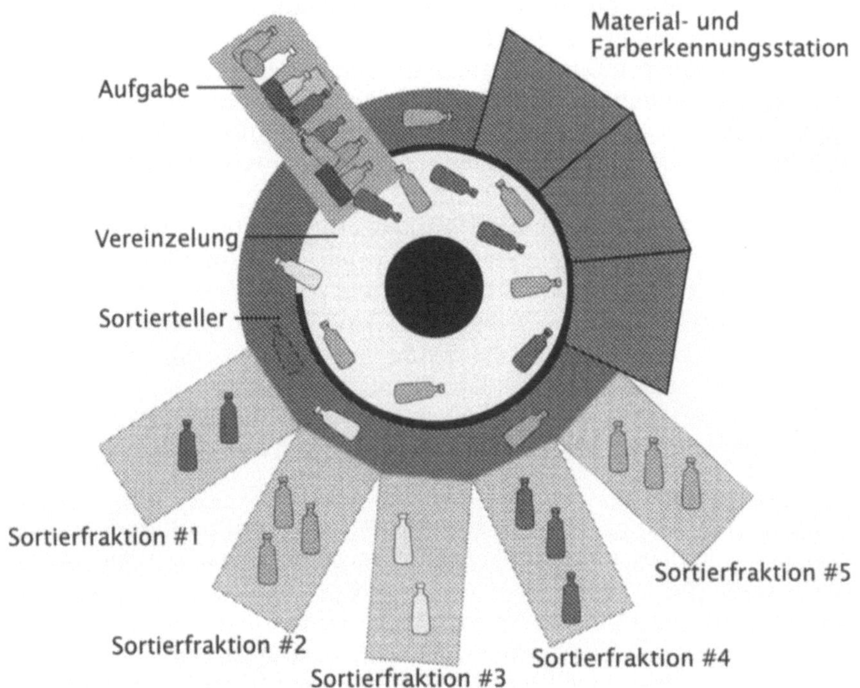

Abb. 3.22. Mit einem Drehteller werden die Plastikflaschen vereinzelt und dem Erkennungssystem zugeführt. Das Bildverarbeitungssystem prüft, ob ein Objekt im Meßfeld der IR-Detektoren erscheint, so daß die Materialerkennung und die Farbmessung gestartet werden kann (Binder + Co. AG) (siehe Farbtafel 4, S 250)

— unabhängig von Schatten und Reflexionen sowie von Verformungen und Überlagerungen der Objekte — eine zuverlässige Farbbestimmung möglich ist (Abb. 3.23). Darüber hinaus werden auf Grund der genannten Formanalyse Etiketten, Schraubverschlüsse u. ä. aufgespürt, deren Vorhandensein ebenfalls als Sortierkriterium dienen kann.

Erkannt werden zunächst bis zu 256 Farbschattierungen. Der Betreiber der Anlage kann in einem *interaktiven Einlernvorgang* anhand konkreter Plastikobjekte den zulässigen Toleranzbereich der Schattierungen für eine Farbfraktion festlegen. Dazu müssen nur ausgewählte Objekte, die einen repräsentativen Querschnitt der gewählten Farbfraktion darstellen, unter die Kameras gelegt werden. In einem vom Bediener einzustellenden Bildfenster ermittelt das Bildverarbeitungssystem die zugehörigen Farbparameter und stellt die *Entscheidungsgrenzen* entsprechend ein.

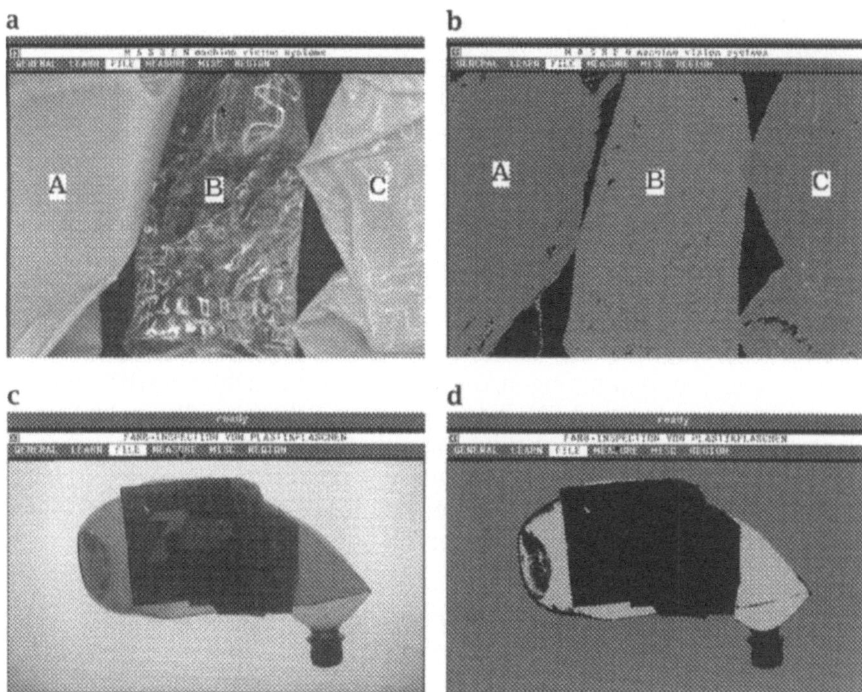

Abb. 3.23. Durch Kombination der IR-Messung mit der Farberkennung kann der Plastikmüll nach Materialart und Farbe sortiert werden (**a** und **b**). Die zusätzliche Bildanalyse erlaubt auch dann eine eindeutige Zuordnung, wenn Teile des Objektes durch Überlagerungen verdeckt sind (**c** und **d**) [25] (siehe Farbtafel 5, S 251)

Eine erhöhte Effizienz der Messungen wird dadurch erreicht, daß die NIR-Sensoren zur Materialbestimmung vom Bildverarbeitungssystem gesteuert werden: Nur wenn ein zulässiges Objekt im Meßfeld der Sensoren von den Kameras erkannt wird, wird die spektroskopische Messung durchgeführt.

Bewertung. Durch die Kombination der spektroskopischen Messungen mit der Farbbildauswertung können pro Stunde ca. 1 200 kg Plastikmüll in bis zu 10 Fraktionen sortiert werden, wobei eine Sortenreinheit der Fraktionen von über 99 % erzielt wird.

Wie auch bereits in vielen anderen Anwendungen wird hier eine optimale Lösung durch die Kombination eines Bildverarbeitungssystems mit anderen Sensoren erzielt. Dieser *multisensorielle Ansatz* ist charakteristisch für viele komplexe Prüfaufgaben in der Qualitätssicherung [24].

Barcode-Erkennung: Lesen von Inkjet-Codes auf Karosserieteilen

Die in Abschn. 3.3.2 beschriebenen Möglichkeiten der Bildverarbeitung zur Objekterkennung mittels Codierungen sollen in diesem und im nächsten Abschnitt exemplarisch anhand von 2 Beispielen zur Barcode-Erkennung und einem zur Klarschriftlesung demonstriert werden.

Bei der Barcode-Erkennung sollen die erweiterten Möglichkeiten von Bildverarbeitungssystemen gegenüber herkömmlichen Laser-Scanner-Systemen herausgestellt werden: Neben der eigentlichen Codeerkennung kann das Bildverarbeitungssystem zusätzliche Aufgaben übernehmen, z. B. die Lagebestimmung des Codes im Bild oder eine Gütebewertung des Auswerteergebnisses. Beide Beispiele sind typisch für die oft sehr schwierigen Randbedingungen, die beim Einsatz von Bildverarbeitungssystemen zu beachten sind. Die hier genannten Taktzeiten liegen im Sekundenbereich, doch lassen sich auch Barcode-Lesesysteme auf der Basis von Bildverarbeitung realisieren, die mehrere Codelesungen pro Sekunde erlauben. Ähnliches gilt auch für die Klarschriftlesung, bei der z. B. 14 400 Lesevorgänge pro Stunde erzielt werden können.

Aufgabenstellung und Beschreibung der Prüfaufgabe. Bei der Automobilfertigung eines großen Herstellers müssen die Rohkarosserieteile anhand eines Barcodes einzeln identifiziert werden. Der Barcode wird mit Hilfe eines Tintenspritzers (Inkjet) auf die zum Teil verölten Bleche aufgebracht, so daß die resultierenden Kontraste zum metallisch glänzenden Untergrund recht gering sind. Insbesondere darf der Code nach der Fertigstellung unter der aufgebrachten Lackschicht nicht mehr zu sehen sein, muß also mit der Ölschicht vollständig abgewaschen werden können, so daß die verwendete Tinte den Ölfilm nicht zerstören darf. Aus demselben Grund scheidet die Verwendung *eingebrannter* oder *gestanzter Codes* aus, mit denen sich wesentlich bessere Kontraste erzielen ließen.

Erschwerend kommt hinzu, daß der Code infolge der vorausgegangenen Verarbeitungsprozesse der Karosserieteile Störungen aufweist, z. B. durch Stanzlöcher oder Tiefziehspuren, die zum Teil in Coderichtung verlaufen (s. Abb. 3.24).

An den verschiedenen *Ident-Stationen* des Verarbeitungsprozesses müssen jeweils bis zu 3 verschiedene Bleche identifiziert werden. Der ca. 55 × 7 mm große Barcode ist bei jedem der drei Bleche an unterschiedlichen, aber fixen Positionen aufgebracht und enthält 10 Zeichen, die im 2 aus 5 interleaved Code verschlüsselt sind.

Prinzipielle Lösung. Als günstigste Position für die Codelesung erwies sich die Stelle, an der die Karosserieteile in eine neue Transportebene eingeschleust werden. An einem Hängeförderer hängen bis zu drei Karosserieteile, die einzeln identifiziert werden müssen. Dazu wurden drei Kameras mitsamt einer Beleuchtungseinheit am Aufzugsschacht des *Hän-*

Abb. 3.24. Barcode auf dem Seitenblech des Vorderbaus einer Pkw-Karosserie: Schmutz, Öl und Tiefziehspuren erschweren die Erkennung (Vitronic)

geförderers installiert, so daß der Barcode eines Bleches im Bildfeld der zugehörigen Kamera liegt. Die drei Kameras sind an eine zentrale Verarbeitungseinheit angeschlossen, in der die Code-Erkennung durchgeführt wird. Dazu werden die drei Codebilder zunächst hintereinander abgespeichert und dann sequentiell abgearbeitet. Die Gesamtdauer der Codelesung für alle drei Codes liegt unter einer Sekunde.

Zur Auswertung im Bildverarbeitungssystem kann die gesamte zweidimensionale Bildinformation der Kameras benutzt werden, so daß die Position des Barcodes innerhalb des Bildfensters variieren kann. Außerdem können durch die zweidimensionale Auswertung auch gestörte Barcodes innerhalb einer großen Toleranzbreite noch fehlerfrei erkannt werden, da zur Bestimmung des Codes alle Bildzeilen herangezogen werden, die über den Barcode verlaufen. Das ist besonders für die Eliminierung der bereits oben erwähnten Störungen durch *Tiefziehspuren* in Coderichtung wichtig, die schlimmstenfalls einen nicht vorhandenen Balken vortäuschen können. Durch zusätzliche Plausibilitätstests werden diese Fehlstrukturen sicher erkannt und eliminiert.

Die gelesenen Codes werden zusammen mit einer Gütebewertung der Leseergebnisse über eine SPS[5]-Kopplung an den Leitrechner weitergegeben.

Bewertung. Beim Einsatz vor Ort wurde schnell ein fehlerfreier Dauerbetrieb erzielt. Die Verarbeitungszeit für die komplette Erkennung von drei Codes liegt unterhalb einer Sekunde. Auf Grund dieser schnellen Verarbeitungszeit können von der Bildverarbeitungseinheit weitere Parameter ermittelt und an den übergeordneten Leitrechner übertragen werden. So wird bei der Auswertung die Druckqualität des Barcodes bewertet, so daß tendenzielle Verschlechterungen der Spritzqualität des Inkjets (zu geringer Kontrast, Verschmierungen) frühzeitig festgestellt

---

[5] SPS: Speicherprogrammierbare Steuerung

werden können. Auch Störungen der Beleuchtung werden automatisch erkannt und dem Leitrechner mitgeteilt.

Bedingt durch die besonderen Aufnahmeverhältnisse, insbesondere durch das Reflexionsverhalten der mit einem Ölfilm überzogenen Metalloberfläche, scheitert der Einsatz konventioneller Barcodescanner. Die Auswertung ist sehr robust, da das Auswerteergebnis nicht von einzelnen linienhaften Abtastvorgängen abhängt, sondern alle Bildzeilen, von denen der Barcode überdeckt wird, zur Auswertung herangezogen werden.

Die *Leserate* ist besser als 99,9 %, d. h. weniger als ein Promille der verarbeiteten Codes werden auf Grund der o. g. Gütebewertung zurückgewiesen. Die Fehlerquote der gelesenen Codes ist extrem gering.

Die durch den Fertigungsprozeß vorgegebene Taktzeit im Bereich von 10 bis 20 Sekunden erlaubte eine kostengünstige Realisierung der Codelesestationen, da für je drei Kameras nur ein Standard-Bildverarbeitungsrechner benötigt wird (CPU 68020). Der applikationsspezifische Entwicklungsaufwand wurde mit 2,5 bis 3 Mannmonaten für Sonderentwicklung, Konstruktion und Aufbau beziffert [50].

Automatische Produkterkennung beim Wareneingang

Aufgabenstellung und Beschreibung der Prüfaufgabe. In einem chemischen Großbetrieb mußte die Produkterfassung von Fertigprodukten, die in unterschiedlichen Gebinden angeliefert werden, automatisiert werden. Am sog. Identpunkt sollte eine automatische Erkennungsstation installiert werden, die die angelieferten Produkte anhand eines Barcodes auf einem Etikett identifiziert.

Zur Realisierung mußte eine Vielzahl von Randbedingungen beachtet werden:

Die Formenvielfalt der Gebinde erstreckt sich über 3 unterschiedliche Containertypen, Fässer und sog. Bigbags (Abb. 3.25). Das Etikett mit dem Barcode kann sich an einer beliebigen Stelle des Gebindes innerhalb eines zulässigen Suchbereiches von 1 250 × 750 mm befinden, wobei nicht gewährleistet ist, daß das Etikett auf die Kamera des Erkennungssystems ausgerichtet ist. Der Abstand zur Kamera beträgt 2 500 mm im Mittel und kann um bis zu 750 mm variieren.

Die Variationsbreite der Etiketten umfaßt 5 Typklassen, die vom System erkannt werden müssen (Größe: DIN A6, Abb. 3.26). Die unterschiedlichen Etiketttypen müssen in einem Einlernvorgang erfaßt werden können. Zusätzlich müssen Packmaterialstapel ohne Etikett auf Grund charakteristischer Merkmale identifiziert und voneinander unterschieden werden.

Prinzipielle Lösung. Der mittlere Abstand der Gebinde von der Erkennungsstation beträgt ca. 2 500 mm, kann aber erheblich variieren, so daß

Abb. 3.25. Identifizierung am Ident-Punkt in der Wareneingangshalle: Neben mehreren Containern und Fässern ist in der Bildmitte ein Packmaterialstapel zu erkennen. Im Vordergrund steht ein Container vor der Erkennungsstation (Vitronic)

Abb. 3.26. Etikett mit dem Barcode auf einem sog. Bigbag (Vitronic)

die Aufnahmekamera einen *Schärfentiefebereich* von ca. 750 mm abdekken muß. Aus diesem Grund wurden in einer Sensoreinheit mehrere hochauflösende Videokameras (> 2) zusammengefaßt, die mit unterschiedlichen Teleobjektiven für die verschiedenen Schärfentiefebereiche ausgestattet sind. Eine der Kameras ist für die Ermittlung der Lage des Etiketts auf dem Gebinde vorgesehen, die restlichen Kameras dienen zur eigentlichen Codeerkennung bei unterschiedlichen Abständen. Eine dieser Kameras deckt einen Standardschärfentiefebereich ab, der für die meisten der vorkommenden Fälle angemessen ist. In einer der Verarbeitungsstufen werden in der Bildverarbeitungseinheit die Bilddaten der Kameras analysiert und daraus Kenngrößen berechnet, mit deren Hilfe ggf. eine andere Kamera mit dem geeignetsten Schärfentiefebereich selektiert wird.

Die Sensoreinheit ist seitlich hängend an einem Portal montiert, räumlich getrennt von der Verarbeitungseinheit. Um den Verfahrbereich der Gebinde nicht zu behindern, müssen die Kameras unter einem relativ flachen Aufnahmewinkel auf die Gebinde ausgerichtet sein. Auf Grund der hohen Formvielfalt der Gebinde und zur Unterdrückung von Reflexionen erwies sich ein Beobachtungswinkel von ca. 15 – 30 °, unter dem die Sensoreinheit auf die Gebinde schaut, als optimal. Bei der Auswertung des Barcodes muß ggf. die durch diesen flachen Winkel resultierende geometrische Verzerrung berücksichtigt werden.

Das Bild der Suchkamera für die Etikettenposition deckt ein Bildfeld von 1 250 × 750 mm ab, das nach den Etiketten abgesucht wird. Auf Grund der so ermittelten Position des Barcode-Etiketts kann die eigentliche Lesekamera gezielt die Auswertung des Barcodes beginnen, wobei 20 Zeichen eines *2 aus 5 interleaved-Codes* gelesen werden müssen. Falls kein Etikett gefunden wurde, wird geprüft, ob es sich um Kartonagen handelt, wobei verschiedene Kartonage-Typen unterschieden werden können. Das Auswertungsergebnis wird zu einem Lagerverwaltungsrechner übertragen.

Durch eine *Gütebewertung* des gelesenen Codes werden Fälle erkannt, in denen eine Auswertung nicht oder nur unzuverlässig möglich ist, — hervorgerufen z. B. durch fehlende Etiketten oder falsch gestapelte bzw. während des Transports beschädigte Gebinde — und dem Bedienpersonal gemeldet, so daß auf Handbetrieb umgeschaltet werden kann. In diesem Fall werden dem Bedienpersonal auf einem Kontrollmonitor ein Bild des Barcodes und — falls möglich — die vom Bildverarbeitungssystem gelesenen Ziffern des Barcodes eingeblendet. Der Bediener kann nun den Code überprüfen und mit dem Leseergebnis (*Codehypothese*) vergleichen, das bei Übereinstimmung nur bestätigt werden muß. Zusätzlich kann in solchen Fällen die Sensoreinheit vom Bediener mit einer Handsteuerung auf das Etikett ausgerichtet werden.

Bewertung. Charakteristisch für dieses Barcode-Lesesystem ist die Kombination der eigentlichen Barcodelesung mit zusätzlichen Bildverarbeitungsverfahren: Erst die vorgeschaltete Bildauswertung zur Berechnung des Schärfentiefebereichs und die Objekterkennung zur Bestimmung der Etikettposition machen eine zuverlässige Auswertung und eine Erfüllung der vielfältigen Anforderungen möglich.

Durch Kombination aus automatischer Erkennung und interaktiver Bedienung wird die Lesesicherheit des Systems bei einer Erkennungsrate von über 99,8 % sehr hoch. Außerdem konnte die Taktzeit gegenüber der rein manuellen Bedienung von ca. 20 Sekunden auf nur noch etwa drei Sekunden reduziert werden.

Auch in diesem Applikationsbeispiel wird die komplette Auswertung — Etikettsuche, Auswahl der Kamera mit passendem Abstand und die Barcodelesung — von einem einzigen Bildverarbeitungsrechner übernommen. Die eigentliche Barcodeerkennung beruht im wesentlichen auf denselben Verfahren wie im ersten Beispiel, d. h., für diese Aufgabe konnte auf vorhandene Standardsysteme zurückgegriffen werden, während die oben beschriebenen Randbedingungen einen zusätzlichen Entwicklungsaufwand erforderten. Dieser applikationsspezifische Entwicklungsaufwand hielt sich aber trotz der vielfältigen Anforderungen mit etwa 4 Mannmonaten in einem vertretbaren Rahmen [50].

Alphanumerische Zeichen (OCR): Identifikation von Motorblöcken

Aufgabenstellung und Beschreibung der Prüfaufgabe. Zur Qualitätssicherung im Montagebereich der Motorenfertigung eines Automobilherstellers muß eine zweistellige Ziffernfolge gelesen werden, die auf dem Motorblock neben der Zylinderbohrung eingeprägt ist. In diesen Ziffern ist die Abweichung des Zylinderdurchmessers vom Sollmaß codiert, so daß mit entsprechend ausgewählten Zylindern eine optimale Passung zwischen Zylinderbohrung und Zylinder erzielt werden kann.

Aus fertigungstechnischen Gründen können keine farbauftragenden Beschriftungen verwendet werden, so daß eine *Nadelprägebeschriftung* gewählt wurde. Bei dieser Art des Schriftauftrags ist bei normaler Beleuchtung kein nennenswerter Grauwertkontrast festzustellen (Abb. 3.27). Erschwert wird die Erkennung durch die unterschiedliche Qualität des Nadelprägers sowie durch *Korrosionsspuren* und Strukturen auf der Oberfläche, die von den vorhergegangenen Bearbeitungsvorgängen herrühren.

Prinzipielle Lösung. Für jeden Ifferncode, der bis zu 6 Zylinderbohrungen aufweisen kann, ist eine eigene Videokamera vorgesehen, die alle an eine gemeinsame Steuer- und Auswerteeinheit gekoppelt sind, in der die eigentliche Bildauswertung erfolgt. Die sechs Kameras sind zusammen mit einer passenden Beleuchtungseinrichtung zu einem *Lesekopf* zusammengefaßt, der mit Hilfe einer *Linearverfahreinheit* über einer von drei alternativen Produktionslinien positioniert werden kann (Abb. 3.28).

Der Beleuchtung kommt bei dieser Anwendung besondere Bedeutung zu, da bei normaler *Auflichtbeleuchtung* nur geringe Grauwertkontraste

Abb. 3.27. Teil des Kurbelgehäuses mit der eingeprägten Bohrungstoleranz eines Zylinders (Vitronic)

Abb. 3.28. Verfahrbarer Lesekopf (Pfeil) mit 6 Videokameras und Beleuchtungseinheit (Vitronic)

Abb. 3.29. Durch gezielte Beleuchtung kann der Kontrast der Zeichen verbessert werden (Vitronic)

zu erzielen sind, die für eine sichere Auswertung nicht ausreichen. Daher werden die Ziffern mit Hilfe einer geschalteten Beleuchtung nacheinander aus unterschiedlichen Richtungen unter einem Winkel von ca. 60° beleuchtet, so daß jeweils einzelne Bereiche der Ziffern kontrastreicher abgebildet werden (Abb. 3.29). Diese Bilder aus unterschiedlichen Richtungen werden abgespeichert und anschließend zu einem Gesamtbild der Ziffern überlagert, das dann einen wesentlich verbesserten Kontrast aufweist, der eine sichere Auswertung zuläßt.

Trotz dieser Optimierung der Aufnahmebedingungen variiert die Bildqualität der so aufgenommenen Ziffern noch erheblich, so daß vor den eigentlichen Erkennungsvorgang mehrere Stufen der Bildvorverarbeitung (Filter) geschaltet sind, in denen u. a. die störenden Strukturen (Korrosionsstrukturen, Bearbeitungsspuren) weitgehend unterdrückt werden.

Zur Erhöhung der Auswertesicherheit verläuft die Ziffernerkennung ebenfalls mehrstufig. In der ersten Stufe werden die Ziffern in einem *Korrelationsverfahren* mit einer Maske von Referenzziffern verglichen, die zuvor vom System eingelernt wurden. In der nächsten Stufe wird die Struktur der Ziffern analysiert, um z. B. aus der Zahl der Bogensegmente und Geradenstücke die Ziffern bestimmen zu können.

Dazu wird die flächige Bildstruktur der Zeichen in einem sog. *Skelettierungsverfahren* [51] auf linienhafte Strukturen reduziert. Die beiden Auswerteergebnisse werden dann verglichen, und nur wenn die beiden Ergebnisse übereinstimmen, können die Ziffern weitergegeben werden. Zur weiteren Erhöhung der Auswertesicherheit wird neben der eigentlichen Ziffernerkennung noch ein *Gütemaß* berechnet, das Aufschluß über die Sicherheit des Leseergebnisses gibt. Nur wenn dieses Gütemaß oberhalb einer vom Benutzer vordefinierten *Akzeptanzschwelle* liegt, werden die gelesenen Ziffern an den Leitrechner übertragen.

Abb. 3.30. Kameraanordnung über der Gitterbox

Bewertung. Dieses Beispiel zeigt deutlich die Bedeutung, die der *Optimierung der Aufnahmequalität* zukommt. Nur durch gezielte Beleuchtungsmaßnahmen ist eine Bildqualität zu erreichen, die eine sichere Auswertung zuläßt. Dennoch muß zur Weiterverarbeitung ein nicht unerheblicher Aufwand getrieben werden, um das Auswertungsergebnis sicher zu machen. Hervorzuheben ist hier auch die Einführung einer Akzeptanzschwelle für die Bewertung des Erkennungsergebnisses. Durch die Zurückweisung unsicherer Leseergebnisse zur interaktiven Beurteilung durch das Bedienpersonal können Fehllesungen praktisch ausgeschlossen werden.

Auch in diesem Applikationsbeispiel erlaubt eine relativ hohe Taktzeit von ca. 20 s die Abarbeitung der sechs Kameras durch einen einzigen Bildverarbeitungsrechner. Der applikationsspezifische Entwicklungsaufwand war mit ca. 1,5 Mannmonaten erstaunlich gering [50].

3.4.3 Lageerkennung

Lagefindung mittels Template Matching-Verfahren

Aufgabenstellung und Beschreibung der Prüfaufgabe. Bei der vorgegebenen Aufgabenstellung müssen gestapelte Preßteile aus dem Karosserierohbau, die in Gitterboxen angeliefert werden, von einem Industrieroboter entnommen und in eine getaktete Zuführeinrichtung einer Transferstraße eingelegt werden. In den Gitterboxen befinden sich üblicherweise mehrere Stapel. Die Position und Orientierung dieser Stapel ist beliebig (Abb. 3.30). Die Orientierungen der Werkstücke innerhalb eines Stapels weichen um einige Winkelgrade voneinander ab, und die horizontale Zuordnung der Werkstücke innerhalb eines Stapels ist in einem engen Toleranzbereich von wenigen Millimetern als regelmäßig anzusehen.

Zur Lösung dieser Aufgabe müssen die folgenden industriellen Umgebungsbedingungen einbezogen werden:

- sich aus der Kameraperspektive berührende und teilweise verdeckende Teile,

- unregelmäßige Struktur des Teilehintergrunds,

- veränderbarer Abstand zwischen Kamera und Werkstück,

- nicht optimale *Beleuchtungsbedingungen* in der Werkhalle (Schatten, Reflexionen),

- dem Produktionstakt angepaßte Verarbeitungszeit und

- einfache *Bedienerführung*.

Prinzipielle Lösung. Die in der Bildvorverarbeitung verwendeten Verfahren und die zur *Teileerkennung* herangezogenen Merkmale müssen der Aufgabenstellung und den Randbedingungen angepaßt sein. Sich berührende Teile können durch *Grauwertdifferenzoperationen* bei der Bildvorverarbeitung separiert werden. Die weitere Auswertung kann durch bildanalysierende Verfahren erfolgen. Zur Erkennung sich überlappender Teile werden auf dem *Schablonenvergleich* basierende Verfahren (*Template Matching*) eingesetzt, bei denen das Abbild eines Musterteils (Template) mit der zu analysierenden Bildszene verglichen wird (Abschnitt 3.3.3). Dazu wird das Template über die Bildszene rotatorisch und translatorisch verschoben und in jeder Lage ein Korrelationskoeffizient R_{FT} berechnet, der den Grad der Übereinstimmung von Musterteil und Bildszene beschreibt. Der Vergleich erfolgt im Grauwertbild.

Der Korrelationskoeffizient ergibt sich aus der *Kreuzkorrelation* zwischen dem Template und dem jeweiligen Bildausschnitt unter dem Template, normiert durch die Autokorrelationen der Bildausschnitte und die Autokorrelation der Templates [48].

Bei völliger Übereinstimmung von Template und Bildausschnitt ergibt sich der maximale Korrelationskoeffizient R_{FT} zu 1. Durch die Normierung erzielt man eine weitgehende Unabhängigkeit von Beleuchungsstärkeschwankungen.

Das Template kann aus einer flächenhaften Grauwertverteilung oder einer Angabe des *Kantenverlaufes* bestehen (Abb. 3.12). Bei einer flächenhaften Grauwertverteilung tragen Merkmale mit kleiner Fläche nur wenig zur Berechnung des Korrelationskoeffizienten bei. Sind diese Merkmale jedoch relevant zur Bestimmung der Lage eines Teiles, so ist es günstiger, ein *Kantenmodell* zu verwenden. Außerdem ergeben sich bei Störungen durch Reflexionen scheinbar zusätzliche Kanten in der Bildszene, die sich aber bei der Korrelationswertberechnung nicht wesentlich bemerkbar machen.

Der Verfahrensablauf gliedert sich in zwei Phasen (Abb. 3.13). In der interaktiven Lernphase wird zuerst von einem Musterteil ein Template im Bildverarbeitungssystem generiert. Dazu werden aus der Aufnahme eines Musterteils die zu suchenden Grauwertmuster extrahiert und in einem Massenspeicher abgelegt.

In der *Suchphase* erfolgt analog zur *Lernphase* zuerst eine Bildaufnahme mit einem kantenbildenden Filteroperator für den Übergang von Flächen- zu Kantenmodellen. Die anschließende rechenintensive Korrelationswertberechnung wird durch einen speziell entwickelten *Hardware-Korrelator* ausgeführt. Aus der Ortsfunktion des Korrelationskoeffizienten und empirisch festgelegten *Rückweisschwellen* wird die Anzahl der Werkstückstapel sowie ihre Position und Orientierung ermittelt. Diese Daten werden anschließend in das Roboterkoordinatensystem transformiert und an die Robotersteuerung übertragen, die damit den Greifvorgang steuern kann.

Die unterschiedlichen Abbildungsgrößen der Werkstücke infolge des variablen Abstands von Kamera und Werkstück werden durch einen auf das Template angewendeten *Zoom-Operator* ausgeglichen. Zur Bestimmung der Abbildungsgrößen werden die Höhen der Werkstückstapel nach dem Wechseln der Gitterboxen durch eine *stereometrische Höhenvermessung* mit zwei Kameras ermittelt (Abb. 3.30 und 3.31). Während des Stapelabbaus werden die aktuellen Stapelhöhen von der Robotersteuerung an das Bildverarbeitungssystem übertragen, so daß zu jedem Zeitpunkt eine optimale Anpassung des Templates an die aktuelle Abbildungsgröße der zu suchenden Werkstücke erfolgt.

Verkippungen der Werkstücke aus der Horizontalen werden vom Verfahren bis zu ca. 10° toleriert und beim Greifvorgang durch die Flexibilität des Greifers ausgeglichen.

Bewertung. Das Bildverarbeitungssystem TEMAP ist mit dem entwickelten Hardware-Korrelator besonders geeignet für den direkten Vergleich von Grauwertmustern. Dieser wird zur Lagebestimmung von sich berührenden oder teilweise verdeckten Werkstücken unter industriellen Randbedingungen verwendet. Der *VME-Bus* ermöglicht eine einfache Erweiterung des Systems mit zusätzlichen Hardware-Moduln für andere Aufgabengebiete der Bildverarbeitung. Im Gegensatz zu vielen Systemen ist im Bildverarbeitungssystem TEMAP bereits eine Schnittstelle (Hard- und Software) für die Kopplung an eine Robotersteuerung vorhanden [48].

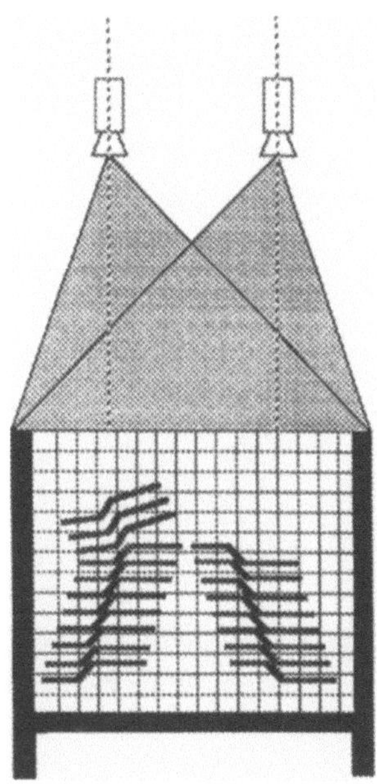

Abb. 3.31. Anordnung der Kameras über dem Transportbehälter

3.4.4 Vollständigkeitsprüfung

**Gezielte Beleuchtung und Prüffenstertechniken:
Prüfung von Druckgußteilen**

Aufgabenstellung und Beschreibung der Prüfaufgabe. Für Gießereibe-
triebe ist eine *zerstörungsfreie Prüfung* von Gußteilen von besonderem
Interesse. Diesen Prüfmethoden kommt deshalb ein hoher Stellenwert
zu, weil sie zum einen eine schnelle Prüfdatenaufnahme gewährleisten
und zum anderen für die Prüfung in jeder Fertigungsstufe angewandt
werden können.

Im vorliegenden Beispiel soll ein Druckgußteil auf Vollständigkeit
bezüglich Merkmalen geprüft werden. Folgende Merkmale wurden untersucht:

- Erkennung von Ausbrüchen an den drei Außenseiten,

- Erkennung von Ausbrüchen an der Oberseite des Turms,

- Erkennung der Unversehrtheit der beiden Gewinde (vgl. Abb. 3.32).

An dem in Abb. 3.32 gezeigten Druckgußteil sind die markierten 6
Prüfaufgaben zu lösen. Im einzelnen handelt es sich um die Erkennung
von Ausbrüchen an den drei Seitenwänden (1, 2 und 3) sowie an der Oberseite des Turmes (4) und um die Erkennung der Unversehrtheit der beiden

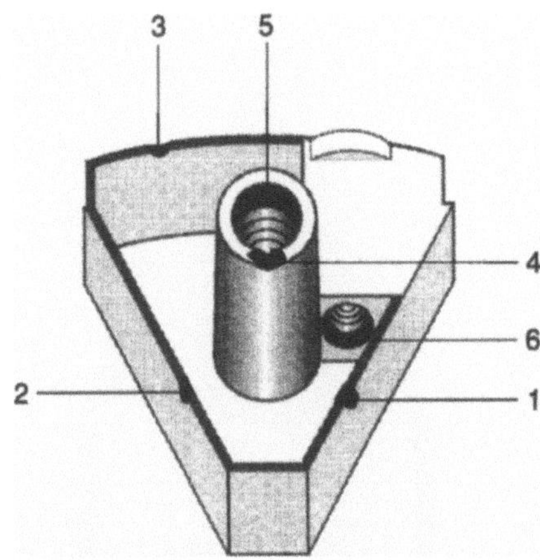

Abb. 3.32. Druckgußteil. Markiert sind 6 Prüfaufgaben. 1–3: Ausbrüche an der Seitenwand; 4: Ausbruch am Turm; 5–6: Überprüfung der Gewindeunversehrtheit [37]

Gewinde (5 und 6). Das Erkennungssystem ist mit einer SPS gekoppelt, um den Transport sowie das Aussortieren der Schlechtteile steuern zu können.

Prinzipielle Lösung. Das Prüfprinzip besteht darin, die Anzahl der Weiß- bzw. Schwarz-Bildpunkte innerhalb vorgegebener Meßfenster zu zählen. Die Klassifikation erfolgt durch einen *Schwellwertvergleich*. Ausgegeben werden anschließend die Art und die Ausprägung eines Fehlers. Außerdem wird fortlaufend die Anzahl von Gut- und Schlechtteilen gezählt.

Bewertung. Das Erkennungssystem ist mit einer *SPS* gekoppelt, um den Transport sowie das Aussortieren der Schlechtteile steuern zu können. Zuerst erhält das Bildauswertungssystem von der SPS das Signal „Teil in Meßposition". Dieses Signal startet den Prüfvorgang. Nach Beendigung des Prüfvorganges schickt das Bildverarbeitungssystem an die SPS das Signal *Gutteil* bzw. *Schlechtteil*. Damit werden der Weitertransport sowie die Sortiermechanik ausgelöst.

Die reine Auswertezeit durch den Positionssensor beträgt 400 ms/Teil. Die gesamte Zeit zwischen zwei „Teil in Meßposition"-Signalen beträgt aufgrund der Transport- und Sortiermechnik 1,5 s/Teil.

Das komplette System ist in einem Gießereibetrieb realisiert worden. Seit Anfang 1993 läuft das System im Dauerbetrieb, und pro Schicht werden etwa 10 000 Teile geprüft.

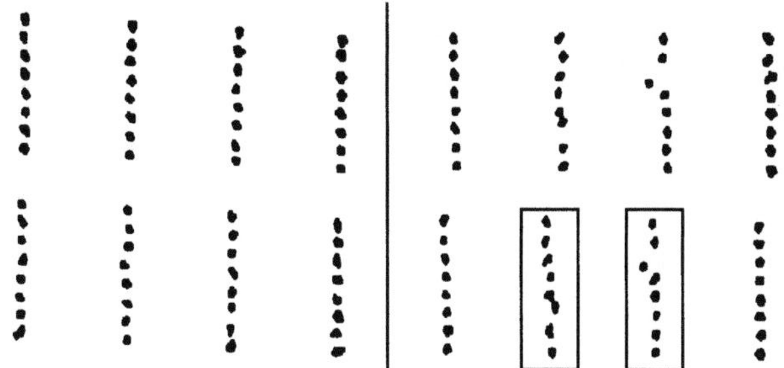

Abb. 3.33. Testausdruck eines Tintenstrahldruckers mit unterschiedlichen Fehlerarten [26]

Blob-Labeling: Überprüfung von Tintenstrahl-Druckbildern

Aufgabenstellung und Beschreibung der Prüfaufgabe. Die vorgegebene Aufgabe beinhaltete, Testausdrucke eines Tintenstrahldruckers daraufhin zu prüfen, ob die durch die einzelnen Spritzdüsen erzeugten Druckpunkte (Spots) vollständig und richtig positioniert sind. Außerdem sollten auftretende Abweichungen erkannt werden.

Prinzipielle Lösung. Ein Testausdruck besteht aus einer Matrix von 32 Punkten. Die Spritzdüsen des Druckers sind in vier Spalten und acht Zeilen angeordnet. Unterschiedliche Druckfehler müssen erkannt werden (Abb. 3.33):

- Fehlstellen,

- Überlappung von Druckpunkten und

- Lageabweichung einzelner Druckpunkte.

Die genannten Aufgaben stellen sich im Sinne der Bildverarbeitung als Aufgaben zur Vollständigkeitsprüfung und der Bestimmung von Objektpositionen dar.

Bewertung. Das aufgenommene Bild wird nach einer *Histogrammanalyse* (*Schwellwertbestimmung*) binarisiert. Über einen *Blob-Labeling-Algorithmus* werden die einzelnen Druckerspots identifiziert. Folgende Merkmalswerte werden bestimmt:

- Anzahl der Druckpunkte,

- Schwerpunktkoordinaten,

- Flächeninhalt und

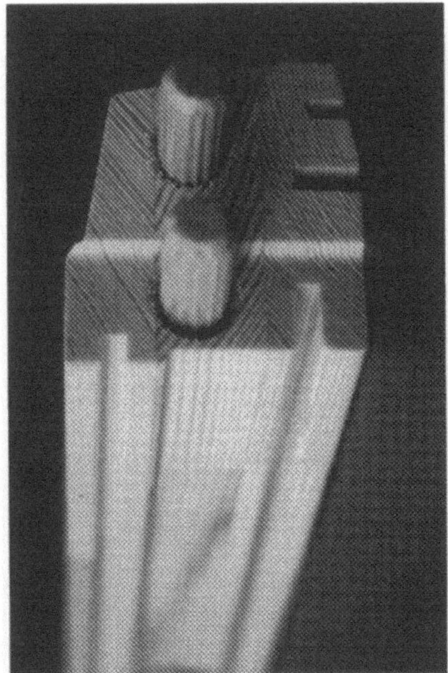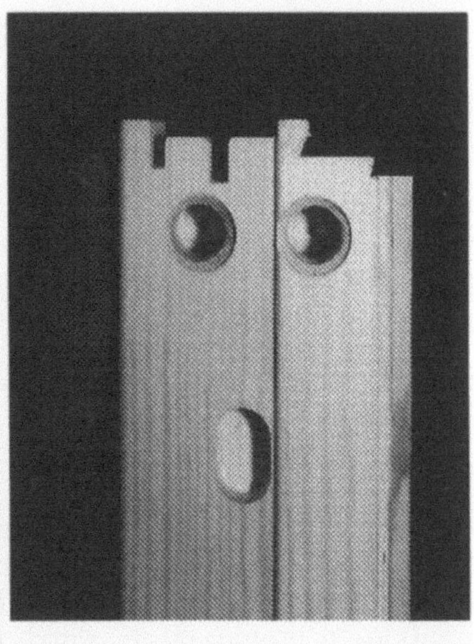

Abb. 3.34. Dübel, Dübelbohrungen und Zapfen müssen auf Maßhaltigkeit geprüft werden (RMV)

- Form der einzelnen Druckpunkte.

Durch die Verknüpfung der einzelnen Merkmalswerte können die o. g. Fehlerfälle erkannt werden. Im idealen, fehlerfreien Fall hätten alle Druckpunkte die gleiche Größe, so daß nur ein Flächenwert mit der Häufigkeit 32 auftreten würde. Im realen, fehlerfreien Fall ergibt sich eine leichte Streuung.

3.4.5 Form- und Maßprüfung

Qualitätskontrolle von Fensterteilen

Das hier vorgestellte Beispiel zur Form- und Maßprüfung ist in vielerlei Hinsicht interessant. Fensterteile aus Holz müssen mit hoher Genauigkeit auf Maßhaltigkeit geprüft und etwaige Formabweichungen erkannt werden. Dabei erfordert die Vielzahl der Aufgaben umfangreiche Maßnahmen bei der Beleuchtung und der Bildaufnahme. Das Bildverarbeitungssystem ist als Prüfsystem in ein existierendes *Qualitätssicherungssystem* integriert.

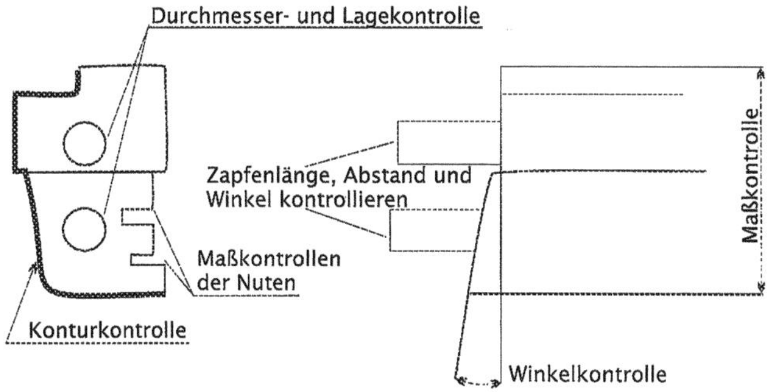

Abb. 3.35. Durchzuführende Messungen an den Fensterrahmenteilen (RMV)

Aufgabenstellung und Beschreibung der Prüfaufgabe. Bei einem Fensterhersteller sollen Fensterrahmenteile (Abb. 3.34) auf Form und Maßhaltigkeit geprüft werden, bevor die Teile zum kompletten Fenster zusammengebaut werden. Da die Endmontage an einem anderen Standort durchgeführt wird, ist die Einhaltung der Toleranzen besonders wichtig. Die Prüfung soll nur stichprobenartig durchgeführt werden, um den jeweiligen Qualitätsstand der Fertigung zu dokumentieren und um eine Abnutzung der Maschinen oder fehlerhafte Maschineneinstellungen zu erkennen.

Insgesamt müssen acht Holzteile geprüft werden, und zwar vier Teile für den Blendrahmen und vier für den Flügelrahmen, wobei die Messungen für beide Seiten der Teile durchgeführt werden. Die Gesamtzahl der Meßwerte beläuft sich auf 400, d. h. 25 Messungen pro Seite.

Zum Prüfumfang gehören eine *Längenkontrolle*, eine *Formkontrolle* des Frontprofils und die Überprüfung bestimmter kritischer Maße, insbesondere auch die der Durchmesser der Dübelbohrungen und der eingesetzten Dübel und der Dübellänge (Abb. 3.35). Neben Längenmaßen müssen für die Formkontrolle auch Winkelmaße und *Krümmungsradien* von Abrundungen bestimmt werden.

Neben verschiedenen punktuellen Einzelmessungen für Längenmeßwerte müssen Konturen und die maximale Abweichung aller Konturpunkte vom Sollwert bestimmt werden. Bei der Überprüfung der eingesetzten Holzdübel müssen dabei unter anderem auch die Längsriefen der Dübel berücksichtigt werden. Die geforderte Prüfgenauigkeit beträgt +0,1 mm bei den Abständen bzw. 0,2° bei den Winkelmaßen.

Die sehr aufwendige Kontrolle der Fensterteile mit ihrer Vielzahl von Meßwerten ist wirtschaftlich ausschließlich mit einem Bildverarbeitungssystem zu realisieren, auch wenn die Prüfung nur stichprobenartig durchgeführt wird.

Der Meßplatz sollte als *off line-Meßsystem* realisiert werden, das über eine *SPS-Schnittstelle* mit einem Bedienpult verbunden ist. Über diese Verbindung soll der Meßvorgang gestartet und — für einen Testbetrieb —

gegebenenfalls manuell gesteuert werden können. Die Meßdaten müssen an einen Statistikrechner zur statistischen Analyse übermittelt werden.

Prinzipielle Lösung. Für die Zeitdauer der Messung werden die Rahmenteile an einer festen Stelle positioniert, so daß den eigentlichen Messungen kein Suchvorgang vorgeschaltet werden muß, um die Lage des Prüfteils im Bildfenster zu ermitteln.

Jedes Teil wird von drei Videokameras seitlich, von oben und frontal aufgenommen. Zur Optimierung der Beleuchtungsverhältnisse mußte auch hier — wie in den meisten Anwendungsfällen der Bildverarbeitung — ein nicht unerheblicher Aufwand getrieben werden. Für jede der drei verschiedenen Aufnahmerichtungen sind eigene Beleuchtungsgruppen aus mehreren Halogenlampen vorgesehen, die entsprechend umgeschaltet werden (Abb. 3.36). Der mittlere Kameraabstand beträgt etwa 500-600 mm bei der Draufsicht, ca. 1 000 mm bei der Aufnahme von oben und 500 mm bei der seitlichen Aufnahme.

Die von den drei Videokameras aufgenommenen verschiedenen Ansichten des Prüfobjektes werden im Bildverarbeitungsrechner zunächst abgespeichert, bevor sie dann hintereinander abgearbeitet werden. Diese Originalbilder stehen dann auch im Fehlerfall für eine visuelle Beurteilung durch den Bediener am Steuerpult zur Verfügung.

Die verwendeten Standardvideokameras erlauben bei den vorliegenden Abbildungsverhältnissen zunächst nur eine Meßgenauigkeit von ca. 0,2 mm pro Pixel. Zur Einhaltung der geforderten Meßgenauigkeit von +0,1 mm wurde daher auf ein Meßverfahren mit *Subpixelgenauigkeit* zurückgegriffen, so daß keine hochauflösenden, teuren Videokameras eingesetzt werden mußten. Dabei wird der Grauwertverlauf an den Objektkanten durch eine mathematische Funktion modelliert, die an mehrere Bildpunkte der Kante angepaßt wird. Aus dem Verlauf dieser Funktion kann die Position der Kante dann auf den Bruchteil eines Bildpunktes genau bestimmt werden.

Mit diesem Subpixelverfahren werden nicht nur einzelne Längenmessungen durchgeführt, sondern auch die Konturpunkte werden mit dieser hohen Genauigkeit ermittelt. Aus den Konturen werden dann die Abweichungen zu einer Sollkontur und verschiedene Formmerkmale berechnet. Dabei wird die Kontur in mehrere lokale Bereiche unterteilt, in denen dann z. B. *Krümmungsradien* oder Winkel gemessen werden.

Zur Überprüfung der Dübelbohrungen wird ein Meßkreis an die Bohrung angepaßt, ebenso an die Stirnflächen der Dübel. Bei letzteren werden für die Messung die zackenförmigen Strukturen, die durch die Längsriefen der Dübel entstehen, durch eine geeignete Mittelung berücksichtigt.

Für jedes der acht Fensterteile ist ein eigenes Prüfprogramm erforderlich, das die jeweiligen spezifischen Meßwerte bestimmt. Im Fehlerfall wird ein Alarmsignal ausgelöst, und die Prüfbilder werden zusammen mit den Meßergebnissen auf einem Monitor des Steuerpultes angezeigt, so daß die Fehlteile nochmals anhand dieser Anzeige überprüft werden

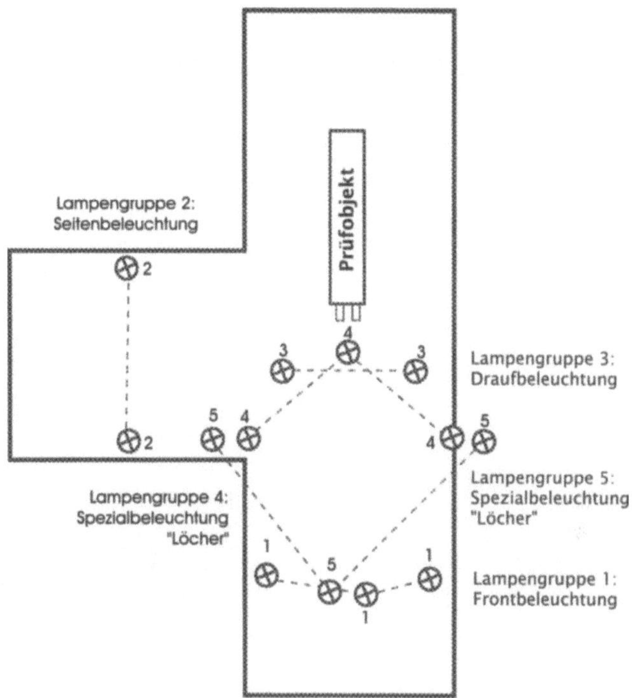

Abb. 3.36. Position der Meßkameras und der Beleuchtung für die Vermessung der Fensterrahmenteile (RMV)

können. Zur besseren Visualisierung werden die Konturabweichungen in den Meßfenstern markiert dargestellt, und der Bediener hat die Möglichkeit, sich diese Fehlstellen mit einer Zoom-Funktion vergrößert anzuschauen. Für den Testbetrieb ist eine reine Handsteuerung des Prüfablaufs möglich, wobei dann über das Bedienpult verschiedene Prüfprogramme angewählt werden können.

Die Anbindung an das Steuerpult wurde über eine SPS-Schnittstelle des Bildverarbeitungssystems realisiert, die Meßdaten zur statistischen Auswertung werden über eine serielle Schnittstelle an den Rechner des Qualitätssicherungssystems übertragen.

Bewertung. Der komplette Meßvorgang aus 400 Messungen für acht Teile dauert ca. zwei Sekunden. Da die Messungen zunächst nur stichprobenartig durchgeführt werden, konnte ein kostengünstiges Standardsystem (Prozessor: 68000) eingesetzt werden. Bei Verwendung einer

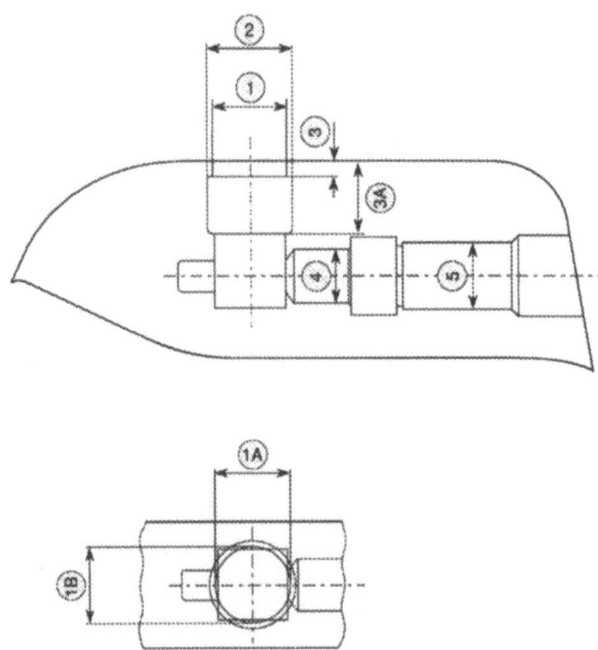

Abb. 3.37. Meßaufgaben an einem Epoxydharzteil. Durchmesser von Bohrungen: Meßaufgaben 2, 4 und 5; Tiefe von Bohrungen: Meßaufgaben 3 und 3A; Rundheit einer Bohrung: Meßaufgaben 1A und 1B

Prozessorkarte mit einem 68040-Prozessor kann die Rechenzeit drastisch verringert werden, so daß das Meßsystem auch im on line-Betrieb eingesetzt werden kann. Das komplette Prüfprogramm für alle acht Teile eines Fensters läuft vollautomatisch ab und erfordert keine Eingriffe des Bedienpersonals.

Für die Bildauswertung konnte auf vorhandene Prüfprogramme zurückgegriffen werden, die nur zum Teil modifiziert werden mußten. Der zusätzliche Entwicklungs- und Planungsaufwand für die Softwareanpassung, die Beleuchtung und das Gesamtkonzept blieb mit ca. 1,5 Mannmonaten in bescheidenem Rahmen. Dabei ist jedoch zu beachten, daß die mechanischen Arbeiten für die Montage der Leuchten sowie für die gesamte Handhabung der Prüfteile usw. vom Auftraggeber übernommen wurden [43].

Vermessung von Epoxydharzteilen

Aufgabenstellung und Beschreibung der Prüfaufgabe. Die Aufgabe besteht darin, an einem flachen, fast glasklaren Epoxydharzteil, das in einem Herzschrittmacher verwendet wird, mehrere Bohrungen bezüglich

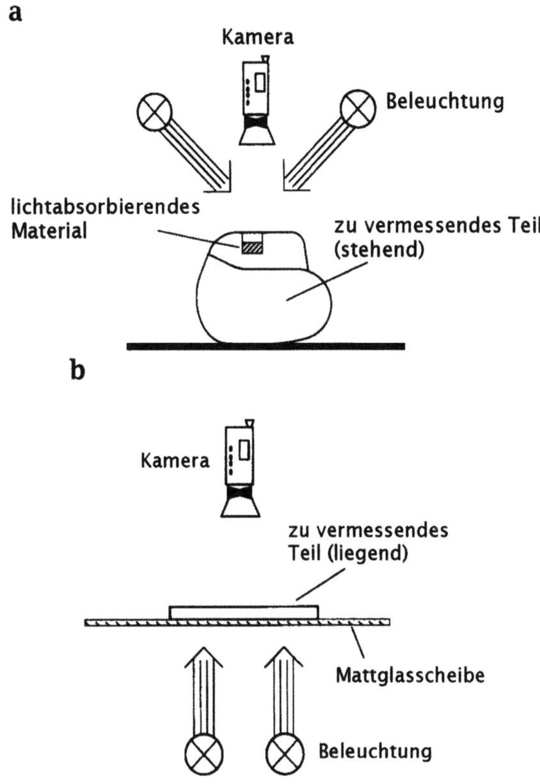

Abb. 3.38. Anordnung von Beleuchtung und Matrixkamera.
a: Anordnung für die Meßaufgaben 1A und 1B. Durch das eingebrachte lichtabsorbieren-
de Material entsteht eine kontrastreiche Markierung der Bohrung.
b: Anordnung für alle übrigen Meßaufgaben. Das Durchlicht erzeugt an den Rändern der
Bohrung durch Totalreflexion einen kontrastreichen Hell-Dunkel-Übergang (die Bohrung
ist am Rand wesentlich dunkler)

Durchmesser und Tiefe zu vermessen. Ferner soll die Rundheit einer
Bohrung mittels zweier Messungen des Durchmessers überprüft werden.
In Abb. 3.37 sind die zu lösenden Meßaufgaben dargestellt.

Prinzipielle Lösung. Abbildung 3.38a zeigt die für die Meßaufgaben
1A und 1B verwendete Anordnung von Beleuchtungseinrichtung, Kamera und Prüfteil. Mit zwei Lichtquellen wird das Epoxydharzteil gleichmäßig und reflexionsfrei „mit Licht gefüllt". Den notwendigen Kontrast
für die auszuwertenden Kanten erhält man dadurch, daß auf den Boden
der Bohrung 1 ein lichtabsorbierendes Material (elastisches Material, z.B.
Kunststoffschaum, textiles Material) gebracht wird.

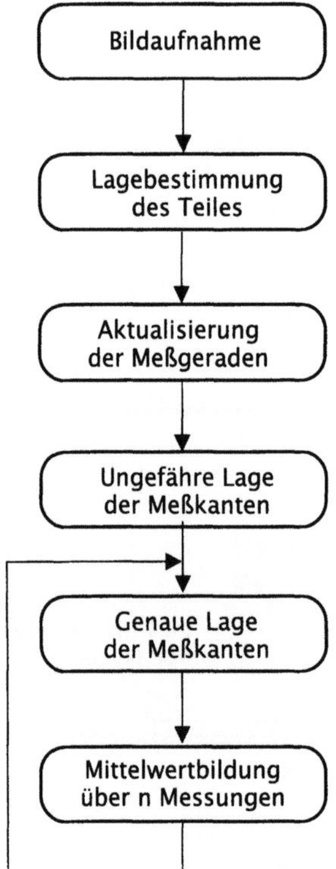

Abb. 3.39. Verfahren für die Vermessung von Epoxydharzteilen. Als Meßkanten werden hier die Hell-Dunkel-bzw. Dunkel-Hell-Übergänge bezeichnet. Das Teil liegt in einer Halterung, jedoch ist die Position aufgrund von Fertigungstoleranzen nicht genau. Die Lagebestimmung sowie die Aktualisierung der Position der Meßaufgaben beziehen sich daher nur auf eine geringe Korrektur der Sollwerte

Abbildung 3.38b zeigt die für die übrigen Meßaufgaben verwendete Anordnung. Hier werden mittels eines flächenhaften Durchlichtes ausreichend kontrastreiche Kanten erzeugt. Für die Auswertung wurde das in Abb. 3.39 dargestellte Verfahren benutzt.

Bewertung. Mit dem genannten Verfahren ergibt sich eine Ungenauigkeit in der Bestimmung des geometrischen Abstandes zweier Hell-Dunkel-Übergänge von 0.15 Pixel. Wird der zu messende Abstand im digitalen Bild beispielsweise auf 100 Pixel abgebildet, so ergibt sich für die Längenmessung eine maximale Ungenauigkeit von $\pm 5\,\mu$m. Dabei sind jedoch bestimmte Voraussetzungen, die sich vorrangig auf die Bildakquisition beziehen, einzuhalten. Dazu gehören entsprechende Beleuchtungstechniken, eine den Fertigungstoleranzen angepaßte Aufnahmeoptik (beispielsweise *telezentrische Objektive*), die Präparation der

Bohrung 1 zur Erzeugung eines ausreichenden Grauwertkontrastes sowie die Verwendung eines pixelsynchronen Bildeinzuges.

3.4.6 Oberflächeninspektion

Für die *Oberflächeninspektion* von Folien, Metallbändern, Textilbahnen u. a. eignen sich in besonderem Maße *Zeilenkamerasysteme*, da damit auch bei sehr hohen Materialgeschwindigkeiten (bis zu 400 m/min) recht hohe Auflösungen zu erzielen sind. Die Breite der zu inspizierenden Materialbahnen kann mehrere Meter betragen. In solchen Fällen muß dann ggf. die zu prüfende Oberfläche von mehreren Zeilenkameras überdeckt werden, um eine hohe Auflösung zu erreichen. Die Auflösung in Bewegungsrichtung ist durch die Materialgeschwindigkeit und die *Zeilenfrequenz* der Zeilenkamera begrenzt: So lassen sich mit einer Zeilenfrequenz von 5 kHz (bei 2 048 Bildpunkten) bei einer Materialgeschwindigkeit von 60 m/min Auflösungen in der Größenordnung von 0,2 mm erzielen, bei 300 m/min von 1 mm. Um auch bei stark schwankenden Materialgeschwindigkeiten die Auflösung in Transportrichtung konstant halten zu können, muß die Zeilenkamera durch einen *Weggeber* synchronisiert werden.

Andere typische Einsatzgebiete von Zeilenkamerasystemen liegen im Bereich sehr hoher Auflösungen bei der Oberflächenprüfung, die mit herkömmlichen Flächenkameras nicht erzielt werden können.

Im folgenden werden einige solcher typischen Anwendungen im Detail vorgestellt.

Ebene Materialoberflächen: Überprüfung von Graugußwerkstücken

Aufgabenstellung und Beschreibung der Prüfaufgabe. Bedingt durch die Art der Werkstoffe und Herstellungsverfahren ergeben sich beim Gießen Oberflächenfehler unterschiedlicher Erscheinungsform. Gußfehler wie *Außenlunker*, *Pinholes* und *Oberflächenblasen* führen zu Störstellen in der Gußoberfläche. Mögliche *Gußfehler*, ihre Erscheinungsformen und ihre Ursachen sind in einem *Gußfehler-Atlas* zusammengestellt [42]. Abbildung 3.40 zeigt einige typische und häufig auftretende Gußfehler, die Oberflächenfehler zur Folge haben.

Die im folgenden beschriebenen Untersuchungen wurden an Kupplungsdruckplatten (Abb. 3.41) aus Grauguß durchgeführt. Bedingt durch die oben genannten Gußfehler ergeben sich unterschiedliche Erscheinungsformen von Oberflächenfehlern. Lunker und Oberflächenblasen führen zu flächenhaft ausgeprägten Oberflächenfehlern. Bei Lunkern ist die optische Erscheinungsform des Fehlers umso dunkler, je tiefer der Lunker ausgebildet ist. Linienhaft ausgeprägte Fehler in Form von *Rissen* ergeben sich unter anderem durch Spannungen im Innern des Werkstückes. Weitere Oberflächenfehler ergeben sich durch nichtmetallische Einschlüsse, beispielsweise durch Schlacken und Sand. In Abb. 3.42 sind

Kenn-Nummer	Beschreibung	übliche Benennung	Schemazeichnung
B 120	Hohlräume nach B 100 an oder unmittelbar unter der Gußstückoberfläche, offen oder mit Verbindung nach außen		
B121	Hohlräume nach B 120 in unterschiedlicher Größe, einzeln oder in Gruppen, meist großflächig, mit blanken Wänden	Oberflächen-blasen	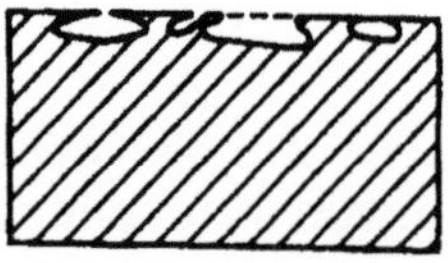
B122	Hohräume nach B120 in Ecken des Gußstückes, oft bis in tiefe Gußstückbereiche	Winkelblasen, Eckenblasen, Blaslunker	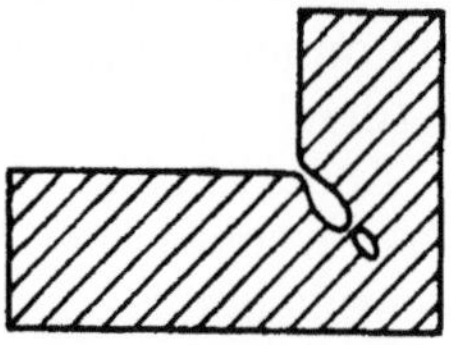
B 123	Kleine Poren (Hohlräume) an der Gußstückoberfläche, in mehr oder weniger großen Bereichen auftretend	Randblasen, Pinholes (Nadelstich-poren)	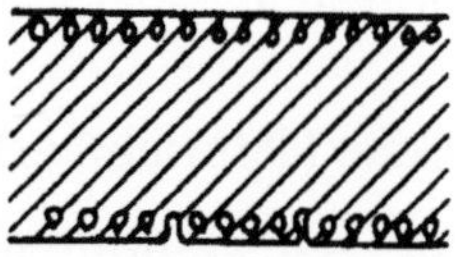
B 210	Offener Hohlraum nach B 200 bis in tiefe Gußstückbereiche		
B 211	Trichterförmiger Hohlraum, Wände häufig mit Dendriten besetzt.	Lunker, Außenlunker, offener Lun-ker	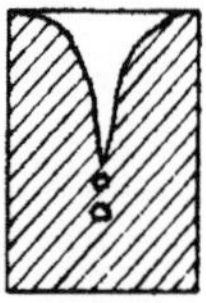

Abb. 3.40. Auszug aus dem Gußfehler-Atlas [42]

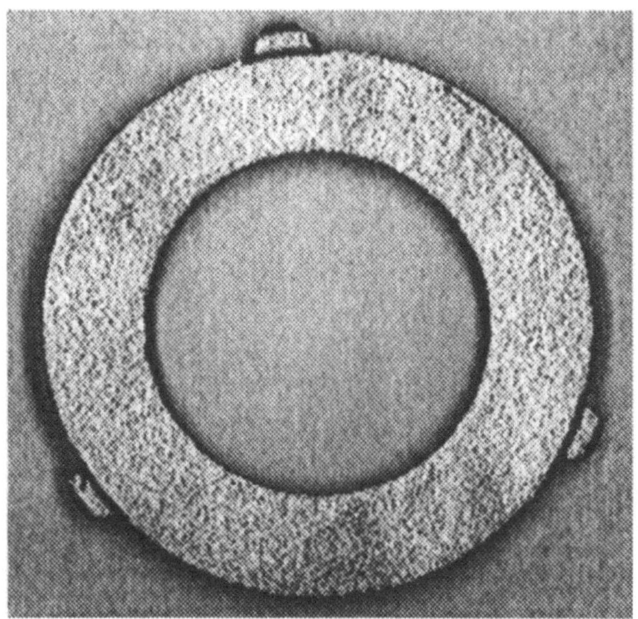

Abb. 3.41. Kupplungsdruckplatte aus Grauguß

drei charakteristische und häufig auftretende Erscheinungsformen von Oberflächenfehlern auf Gußstücken dargestellt.

Prinzipielle Lösung. Bei der Wahl des Werkstückhintergrundes ist darauf zu achten, daß sich dessen Grautöne von denen der einzelnen Fehlererscheinungsformen signifikant unterscheiden. Wenn kein geeigneter Hintergund gewählt wird, ist beim Prüfablauf keine eindeutige Fehlererkennung möglich. So kommt ein schwarzer Hintergrund nicht in Frage, weil sich eine Reihe von Oberflächenfehlern schwarz abbilden. Ein weißer Hintergrund hebt sich zwar gut von dem Grauwertspektrum der zu prüfenden Oberfläche und der auftretenden Fehlerarten ab, ist aber für einen praktischen Einsatz in einer Gießerei wegen der auftretenden Verschmutzung nicht geeignet. Daher wurde ein Grauton gewählt, der die Fehlerzuordnung nicht beeinträchtigt.

Aufgrund der Texturierung sowohl der Graugußoberfläche als auch einzelner Fehlererscheinungsformen kommen zur Merkmalsextraktion nur Verfahren in Betracht, welche die Struktur einer Oberfläche berücksichtigen. Dazu bietet sich das Verfahren der *Grauwertabhängigkeitsmatrix*, auch *Co-Occurrence-Matrix* genannt, an. Eine Co-Occurrence-Matrix ist wie folgt definiert:

Das Element $p^d(i,j)$ der Co-Occurrence-Matrix C^d ist gleich oder proportional der Häufigkeit, mit der zwei Bildpunkte, deren räumliche Beziehung zueinander durch den *Verschiebungsvektor* d beschrieben

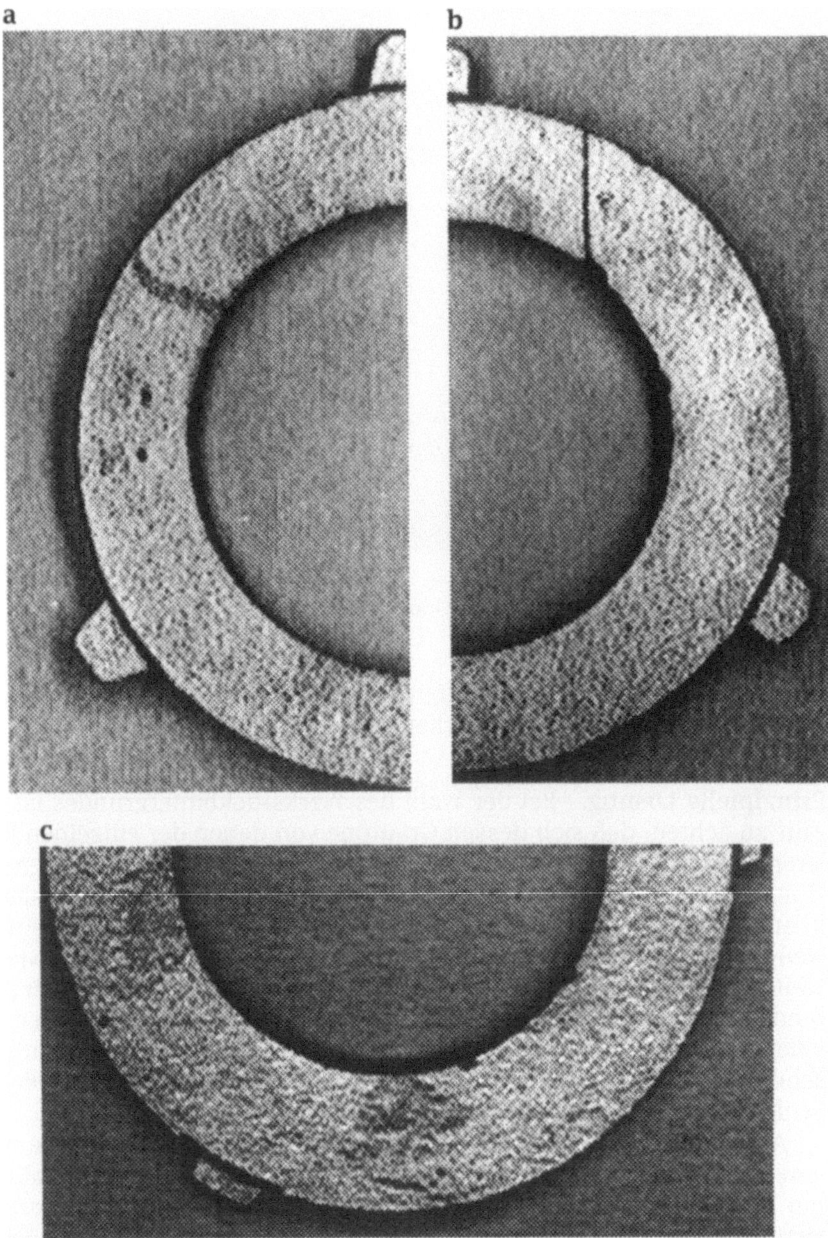

Abb. 3.42. Charakteristische Fehlererscheinungsformen bei Gußwerkstücken. **a** Außenlunker, **b** Riß, **c** Oberflächenfehler durch nichtmetallische Einschlüsse

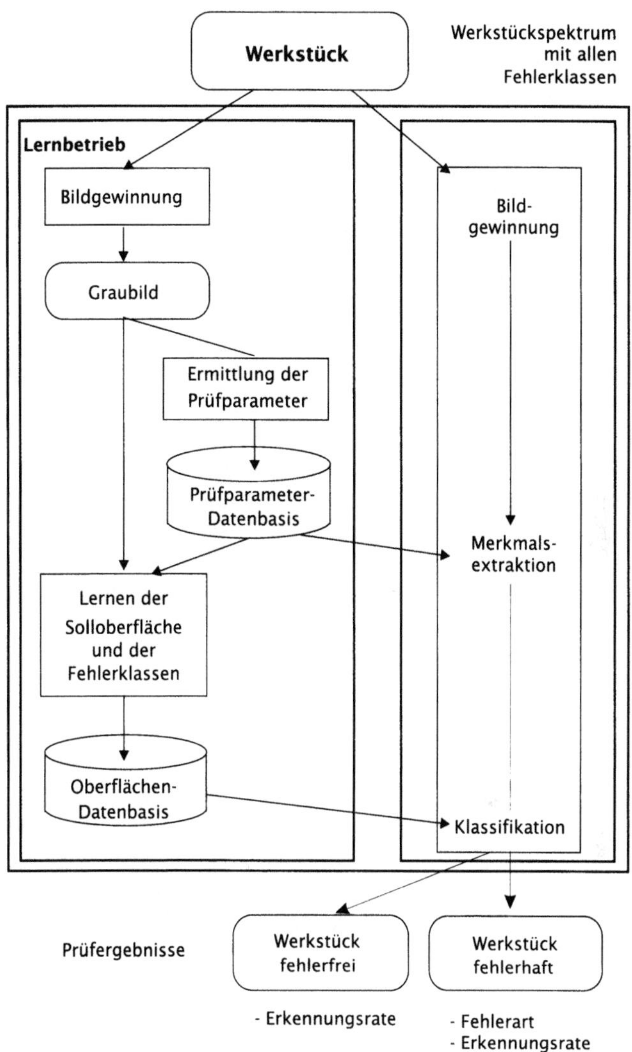

Abb. 3.43. Verfahrensablauf zur Oberflächenfehlererkennung

wird, die Grauwerte i beziehungsweise j haben. Die einzelnen *Verbund-wahrscheinlichkeiten* lassen sich in einer Matrix zusammenfassen.

Die Co-Occurrence-Matrix und die sich daraus ableitenden Merkmale werden stets nur für ein Prüffenster berechnet. Die Größe des Prüffensters ist ein wichtiger Parameter für die erfolgreiche Anwendung des Verfahrens. Wird das Prüffenster zu groß gewählt, so führen flächenmäßig kleine Oberflächenfehler zu einer signifikanten Änderung der oberflächenbeschreibenden Merkmale. Zur schnellen und sicheren Erkennung von Oberflächenfehlern ist es von entscheidender Bedeutung, eine sinnvolle Definition von Texturklassen vorzunehmen. Das heißt, daß die Texturklassen sich mit möglichst wenigen signifikanten Merkmalen beschreiben und voneinander trennen lassen sollen.

Die Größe der Prüffenster muß sich an der kleinsten flächenmäßigen Ausprägung noch zu erkennender Fehler orientieren. Soll der Fehler sicher erkannt werden, muß seine Fläche einem Mindestanteil (etwa 20 %) an der Fläche des Prüffensters entsprechen. Die Festlegung von Betrag und Richtung des Verschiebungsvektors ist abhängig von der Texturierung der Oberfläche und der Ausprägung der zu erkennenden Fehler. Bei einer homogenen Oberfläche und flächenhaft ausgeprägten Fehlern ist die Festlegung des Verschiebungsvektors unkritisch. Sind diese flächenhaft ausgeprägten Fehler selbst texturiert, so können durch Variation von Betrag und Richtung des Verschiebungsvektors signifikante Merkmale ermittelt werden.

Ein ebenfalls wichtiger Beitrag zur effizienten Erkennung von Oberflächenfehlern ist durch die Anzahl der für die Klassifikation erforderlichen Merkmale bestimmt. Es wurden für alle zuvor definierten Texturklassen Stichproben erstellt, denen alle vierzehn mit der Grauwertabhängigkeitsanalyse berechenbaren Merkmale zugrunde lagen. Bei der Stichprobenanalyse werden die Merkmale entsprechend ihrem Gütemaß sortiert.

Bewertung. Abbildung 3.44 zeigt die Erkennungsrate in Abhängigkeit von den Merkmalen für die Texturklasse *Solloberfläche*. Wie man sieht, wird bereits durch die Verwendung der ersten fünf Merkmale die höchstmögliche Erkennungsrate, also einhundert Prozent, erreicht. Wenn Außenlunker auf der Oberfläche vorkommen, werden die ersten sieben Merkmale zur Klassifikation benötigt. Zur eindeutigen Erkennung von Rissen in der Werkstückoberfläche müssen der Klassifikation die neun signifikantesten Merkmale zugrunde gelegt werden.

Dies zeigt, wie wichtig neben einer optimalen Bestimmung der Verfahrensparameter Prüffenstergröße und Verschiebungsvektor die Definition von anwendungsgerechten Texturklassen ist. Soll eine Anzahl unterschiedlicher Fehler erkannt werden, steigt die zur Beschreibung und Trennung der Texturklassen erforderliche Anzahl von Merkmalen an. Das bedeutet einen weiteren Rechenaufwand bei der Merkmalsextraktion und bei der Klassifikation [6, 7, 34].

Gekrümmte Materialoberflächen: Inspektion von Aluminiumrohren

Aufgabenstellung. Die Oberflächen von hochglanzgezogenen Aluminiumrohren, die in Kopiergeräten eingesetzt werden, dürfen keinerlei Defekte aufweisen, da dadurch die Kopierqualität erheblich beeinträchtigt wird. In einer 100 %-Kontrolle müssen daher *Kratzer* und *Blasen* im Bereich von $0,05 \times 0,05\,\mathrm{mm}^2$ sicher erkannt werden. Die Inspektion muß on line im Fertigungstakt von 8 s erfolgen. Die Länge der Rohre variiert zwischen 260 und 400 mm, der Durchmesser liegt im Bereich zwischen

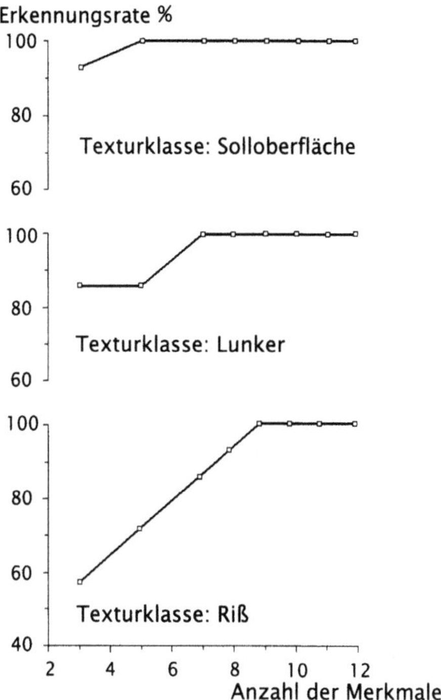

Abb. 3.44. Erkennungsrate für die Texturklasse Solloberfläche, Lunker und Riß in Abhängigkeit von der Anzahl der Merkmale

30 und 90 mm. Detektierte Fehler müssen klassifiziert und an die Produktionssteuerung weitergemeldet werden, damit das Werkstück gegebenenfalls aussortiert werden kann. Das Prüfsystem muß vom Bedienpersonal schnell und einfach auf die verschiedenen Rohrtypen umgerüstet werden können.

Prinzipielle Lösung. Die aus der Produktion kommenden Prüflinge werden von einer Linearachse aufgenommen und rotierend am Meßaufbau vorbeigeführt. Beleuchtung (Dulux-Röhre) und Zeilenkamera sind parallel zur Längsachse des Rohrs ausgerichtet und dabei so angeordnet, daß das Bild im *Glanzwinkel* der Oberfläche aufgenommen wird. Bei dieser Methode wird das Licht in den Oberflächenfehlern stark gestreut, so daß auf der Zeilenkamera ausgeprägte Kontraste entstehen (Abb. 3.45). Auch die von kleinen Oberflächendefekten reflektierten Lichtstrahlen erzeugen noch ein deutliches Bildsignal in der Kamera, so daß selbst bei der maximalen Rohrlänge von 400 mm und einer Kamera mit 2 048 Bildpunkten (d. h. 0,2 mm/Pixel) Kratzer und Beulen in der Größenordnung von 0,05 mm noch sicher erkannt werden.

Zur Unterdrückung unerwünschter Reflexionen mußten vergütete Objektive und spezielle Filter eingesetzt werden. Für die Aufhängung von

Abb. 3.45. Anordnung von Kamera und Beleuchtung bei der Rohrinspektion: Die Dulux-Lampe ist über dem Rohr angeordnet, die Zeilenkamera ist dahinter im Glanzwinkel auf die Rohroberfläche ausgerichtet (ISRA)

Beleuchtung und Kamera wird eine kardanische Mechanik verwendet, so daß das System schnell an die verschiedenen Rohrdurchmesser und -längen angepaßt werden kann. Auf Grund der optimierten Beleuchtung (s. o.) ist eine einzige Zeilenkamera mit 2 048 Bildpunkten für alle Rohrlängen ausreichend:

Die Auflösung in Zeilenrichtung liegt im Bereich von 0,05 mm, unabhängig von der Rohrlänge, da der Prüfling bei der Aufname von einer Mechanik parallel zur Längsachse verschoben wird. Dadurch überstreicht die Kamera immer einen Bildbereich derselben Breite. Die Zeilenfrequenz der Kamera beträgt 2 kHz, so daß bei einer Umdrehungsgeschwindigkeit von ca. 1/s eine Auflösung in Zeilenrichtung im Bereich von 0,05-0,15 mm erzielt wird.

Die Auswertung erfolgt auch hier zweidimensional, wobei wie im folgenden Beispiel der Vliesstoffprüfung die jeweils anfallenden Zeilendaten zunächst eindimensional vorverarbeitet und dann mit den vorhergehenden Zeilendaten zweidimensional verknüpft werden. Die Erkennung der Fehler als sog. „Blobs" wird durch Anwendung eines *Gradientenfilters* auf das Grauwertbild (Fenstergröße 7 × 3 Pixel) unterstützt, das zur Erzielung eines hohen Durchsatzes in einem speziellen *Echtzeit-Filtermodul* abläuft.

Die Bedienung des Systems wird durch eine *Menüführung* vereinfacht: Vom Bediener muß nur die zulässige Größe und Zahl von Fehlstellen eingegeben werden, abhängig vom jeweiligen Rohrtyp und der gewünschten Güteklasse.

Das Prüfergebnis, das z. Z. in der Form einer „gut/schlecht"-Aussage anfällt, wird über eine angepaßte Schnittstelle an die *SPS* übermittelt, welche die Produktion steuert. Im Fehlerfall wird der Prüfling ausgesondert und einer nochmaligen Oberflächenbearbeitung zugeführt.

Bewertung.   Auch hier wird deutlich, welch wichtige Rolle die Beleuchtung spielt: Nur durch die beschriebene Optimierung der Beleuchtungsverhältnisse ist es möglich, Fehler zu detektieren, deren geometrische Abmessungen unterhalb der Kameraauflösung liegen. Die hauptsächlichen Schwierigkeiten bei der Realisierung dieses Prüfsystems lagen vor allem in der sicheren Erkennbarkeit der Fehler, bedingt durch die Probleme bei der Inspektion reflektierender metallischer Oberflächen, so daß vor allem auf der Beleuchtungs- bzw. Aufnahmeseite ein nicht unbeträchtlicher Aufwand getrieben werden mußte. Die eigentliche Auswertung beruht dann auf modifizierten Standardverfahren, wobei die technischen Möglichkeiten dieses modernen *Zeilenprozessorsystems* noch nicht voll ausgeschöpft werden. Dabei ist ein Aspekt hervorzuheben, der typisch für die meisten kundenspezifischen Prüfsysteme auf der Basis von Bildverarbeitung ist:

Die Oberflächenfehler konnten durch Standardverfahren (Gradientenfilter) zum größten Teil erkannt werden. Doch zur sicheren Erkennung **aller** Fehler (besser: zur Erzielung einer sehr hohen Erkennungsrate) mußten eben diese Standardverfahren angepaßt werden. Der dazu erforderliche Aufwand wird in den meisten Fällen vom Auftraggeber eines solchen Prüfsystems erheblich unterschätzt, so daß eine geringe Bereitschaft besteht, diesen Aufwand entsprechend zu honorieren — sowohl preislich als auch zeitlich! Der applikationsspezifische Entwicklungsaufwand wurde hier vom Anbieter mit etwa 2-3 Mannmonaten angegeben.

Bildverarbeitungssysteme mit *Zeilenkameras* sind schwieriger in der Handhabung als konventionelle Systeme mit Flächenkameras. Ihr Einsatz ist überall dort angezeigt, wo die geometrische Auflösung üblicher Flächenkameras nicht ausreicht, oder wo bei bewegten Objekten der Einsatz von *Stroboskopsystemen* bzw. von *Shutter-Kameras* aus technischen Gründen nicht möglich ist. Der erfolgreiche Einsatz erfordert jedoch große Erfahrung auf der Anbieterseite, so daß sich nur wenige Firmen auf diesem Gebiet spezialisiert haben. Die technischen Möglichkeiten moderner Zeilenkamerasysteme erlauben bei entsprechendem Know-how den Einsatz bei sehr komplexen Prüfproblemen, wie in den obigen Beispielen, wobei in Zukunft stärker als bisher der Schwerpunkt auf der Oberflächenprüfung *texturierter* Oberflächen liegen wird [16].

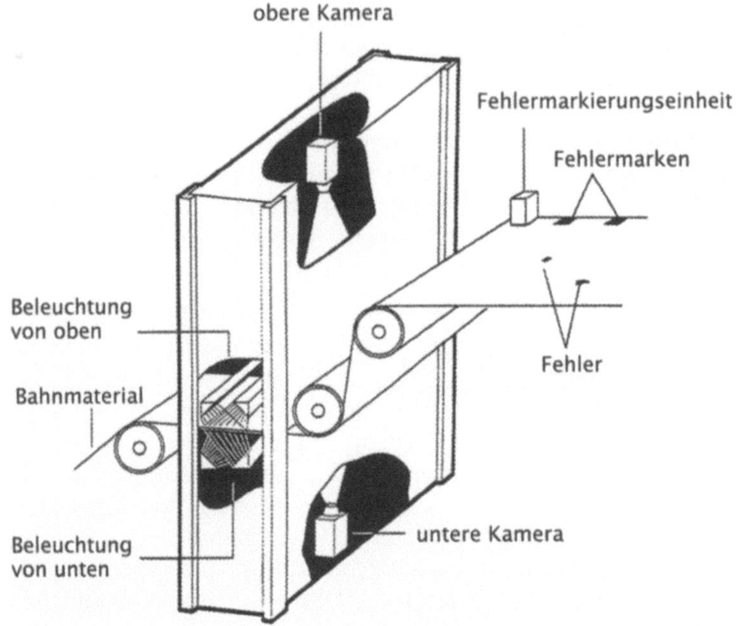

Abb. 3.46. Anordnung von Beleuchtung und Zeilenkamera bei der Vliesstoffprüfung (ISRA)

Überwachung der Materialgleichmäßigkeit bei der Herstellung von Vliesstoff

Aufgabenstellung und Beschreibung der Prüfaufgabe. Bei der Vlies-stoffproduktion sollen kleine lokale Fehler erkannt werden, wie z.B. Störungen in der Faserverteilung (Verdickungen oder Verdünnungen), fehlende Fasern oder sporadische Fehler (sog. Spucker, Tropfen, Hänger oder Peitschen). Die Prüfung soll kontinuierlich direkt im Produktions-prozeß erfolgen, so daß eine 100%-Kontrolle gewährleistet ist. In einem weiteren Prüfschritt soll die *Homogenität* des Vliesstoffes überprüft wer-den.

Die mittlere Produktionsgeschwindigkeit beträgt ca. 300 m/min bei einer Breite der Materialbahn von etwa 4 m (max. 4,5 m). Die Größe der Fehler liegt in einem Bereich von 2 bis 25 mm^2 und hängt u.a. auch von der Materialdicke ab. Die detektierten Fehler sollen klassifiziert und in einem sog. *Rollenprotokoll* festgehalten werden, in dem die Fehlerart und die Ortskoordinaten des Fehlers auf der Vliesstoffbahn aufgelistet sind. Die berechneten Homogenitätsparameter müssen an die übergeordnete Prozeßsteuerung übermittelt werden, so daß sie dort als Stellgröße für den Produktionsprozeß verwendet werden können.

Prinzipielle Lösung. Die Fehlerdetektion und die Bestimmung des Flächengewichtes wird an zwei verschiedenen Prüfstationen vorgenommen. In beiden Fällen wird die Vliesstoffbahn mit einer geregelten Lichtquelle von unten beleuchtet und von oben mit bis zu 6 Zeilenkameras abgetastet (4 096 Pixel bei 15 MHz Pixelfrequenz, Abb. 3.46).

Die Anzahl der benötigten Kameras hängt von der Breite der Vliesstoffbahn ab. Die passende Kamera-/Beleuchtungskonfiguration wird beim Einrichten der Anlage automatisch eingestellt, nachdem der Bediener der Anlage die entsprechende Artikelnummer im Benutzermenü angewählt hat.

Charakteristisch für Zeilenkamerasysteme ist die Art der Verarbeitung: Die ankommenden eindimensionalen Daten der Zeilenkamera werden zunächst in einer Vorverarbeitungsstufe „verdichtet" und dann an einen übergeordneten Masterprozessor weitergeleitet. Dort durchlaufen dann die vorverarbeiteten Signale mehrerer aufeinanderfolgender Zeilen eine zweidimensionale Verarbeitungsstufe.

Auf diese Weise kommt eine Besonderheit der Bildverarbeitung mit Zeilenkamerasystemen gegenüber konventionellen Flächenkamerasystemen zum Tragen: Soweit möglich wird eine zweidimensionale Verarbeitung der Bilddaten in aufeinanderfolgende eindimensionale Verarbeitungsschritte aufgeteilt. Dadurch wird es möglich, eine schritthaltende Verarbeitung zu realisieren, bei der die bereits verdichteten Signale der vorhergehenden Zeilen verarbeitet werden, während eine neue Zeile eingelesen und vorverarbeitet wird.

Die Taktrate zur Verarbeitung der Zeilensignale beträgt bei diesem System 5 kHz, so daß für jede Zeile eine Verarbeitungszeit von 200 μs zur Verfügung steht. Die Zeilendaten jeder Kamera werden auf 4 Prozessoren (Motorola 68030) aufgeteilt und dort verdichtet. Diese vorverarbeiteten Daten werden dann dem übergeordneten Masterprozessor zugeführt, der die endgültige Auswertung vornimmt.

Für die Berechnung des Flächengewichtes ist eine besonders konstante Beleuchtung erforderlich, so daß hier das Licht der geregelten Lichtquelle über *Glasfaserlichtleiter* zugeführt wird. Ein Querschnittswandler erzeugt ein sehr homogenes schmales Lichtband auf der Materialunterseite (Abb. 3.47). Auf diese Weise kann eine Beleuchtungshomogenität von ± 5 % über mehrere Meter erzielt werden, wobei Lichtleiter und Querschnittswandler mit manuell aussortierten und ausgerichteten Glasfasern verwendet werden.

Bei der Fehlererkennung werden die im *Durchlicht* aufgenommenen Materialbilder unter Anwendung *morphologischer Operatoren* [51] gefiltert. Zu einem effizienten Ablauf der Fehlererkennung trägt das gestufte Verarbeitungskonzept bei, indem die Bilddaten in mehreren Auflösungen analysiert werden: Grobe Materialfehler werden bereits in einem Bild geringer Auflösung erkannt, und durch schrittweise Erhöhung der Auflösung wird die Fehlererkennung verfeinert. Der Fehlertyp der so detektierten Fehler wird nach Größe und Form festgelegt und zusammen mit den Ortskoordinaten im Rollenprotokoll festgehalten. In Abb. 3.48 ist ein

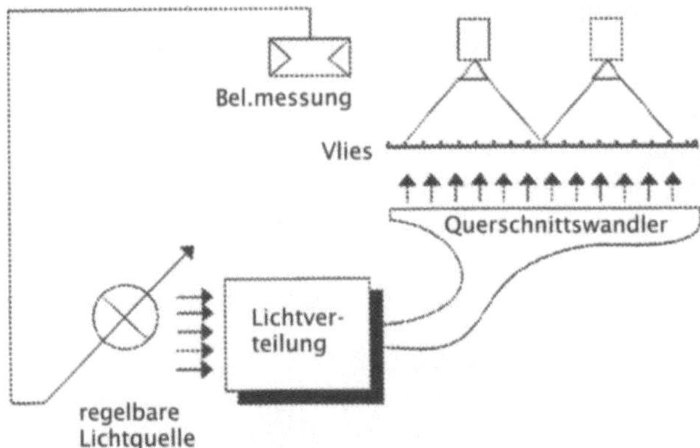

Abb. 3.47. Geregelte Beleuchtung hoher Konstanz zur Überprüfung der Homogenität (ISRA)

Bildausschnitt einer typischen Vliesstoffoberfläche dargestellt, in der die ausgeprägte Textur des Materials zu erkennen ist In lokalen Bildfenstern werden die Merkmale zur Fehlererkennung und zur Homogenitätsbewertung berechnet.

Bei der Bestimmung der Homogenität des Vliesstoffes wird zunächst der Grauwertverlauf der Zeilen im Durchlichtbild bestimmt, und aus dieser Transmissionsmessung mehrerer Zeilen werden dann Parameter berechnet, die signifikant für die Homogenität und mit dem sog. Flächengewicht korreliert sind. Diese Werte werden dann als Stellgrößen an die Prozeßsteuerung übermittelt.

Bewertung. Inspektionssysteme für die Überwachung von kontinuierlich bewegtem Bandmaterial sind das typische Anwendungsgebiet von Zeilenkamerasystemen, insbesondere dann, wenn — wie in diesem Beispiel — hohe Bandgeschwindigkeit mit einer hohen Auflösung verbunden ist. Die benötigte hohe Verarbeitungsleistung des Bildverarbeitungsrechners kann bei solch komplexen Aufgabenstellungen dann jedoch nur durch Einsatz spezieller Zusatzhardware (z. B. Echtzeitfilter) oder — wie im vorliegenden Fall — durch ein massives Parallelverarbeitungskonzept erzielt werden.

Die Komplexität dieser Prüfaufgabe spiegelt sich auch in der benötigten Entwicklungszeit für die Realisierung dieses Prüfsystems wider, die vom Anbieter mit über einem Jahr angegeben wurde, wobei in dieser Zeit allerdings eine für die Feinabstimmung unerläßliche Probeinstallation enthalten ist. Dabei darf nicht unerwähnt bleiben, daß ein beträchtlicher Anteil des kundenspezifischen Entwicklungsaufwandes für die Optimierung der Beleuchtung verwendet wurde. Der Entwicklungsaufwand für ein Folgesystem wird mit ca. 3 Monaten beziffert.

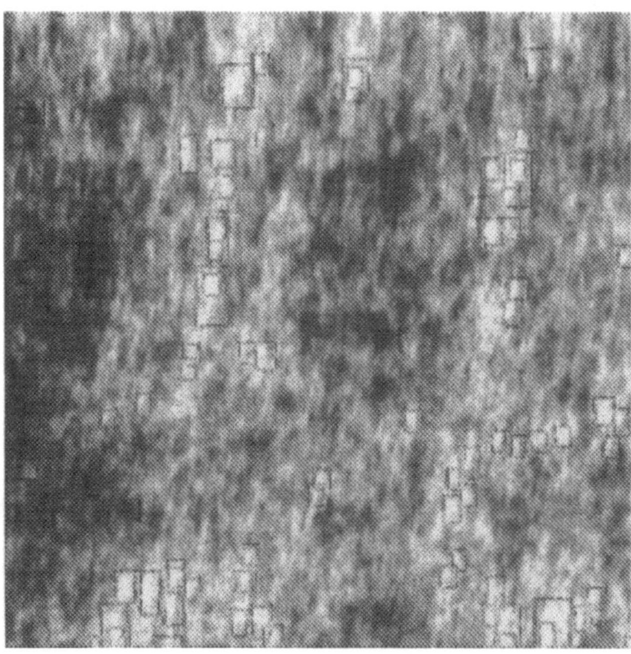

Abb. 3.48. Typischer Ausschnitt der stark texturierten Vliesstoffoberfläche: In kleineren Bildbereichen werden aus der lokalen Grauwertverteilung statistische Merkmale berechnet, die zur Bewertung der Homogenität der Vliesstoffbahn dienen (ISRA)

Hervorzuheben ist hier, daß optische Prüfsysteme mit solch hohen Anforderungen an Verarbeitungsgeschwindigkeit, Auflösung, Fehlervielfalt und Erkennungsrate wie im vorliegenden Beispiel nur in einem intensiven Dialog mit dem Anwender realisiert werden können. Ein solches Prüfsystem erfordert einen hohen Grad an kundenspezifischem Entwicklungsaufwand, der allzu oft von beiden Seiten — Anbieter wie Anwender — unterschätzt wird.

Auch hier trug die Optimierung der Beleuchtung — quasi die erste Stufe des Bildverarbeitungsprozesses — ganz wesentlich zum Gelingen des Projektes bei, was sich auch in dem erheblichen Entwicklungsaufwand für die Herstellung der homogenen Beleuchtung widerspiegelt [17].

Automatisierte visuelle Inspektion von Stahl- und Edelstahlbändern

Aufgabenstellung und Beschreibung der Prüfaufgabe. Die zu prüfenden Stahl- und Edelstahlbänder von *Kaltwalzstraßen* haben spiegelnde oder matte Oberflächen, die auch schwach texturiert sein können. Die Geschwindigkeit der Bänder beträgt typischerweise 5-6 m/s, es können jedoch auch größere Geschwindigkeiten auftreten. Die Oberflächencharakteristika von Stahl- und Edelstahlblechen unterscheiden sich ebenso

Tabelle 3.2. Oberflächenfehler bei Stahl- und Edelstahlblechen

Stahlbleche	Edelstahlbleche
eingewalzter Schmutz	*Kratzer* schräg zur Transportrichtung
starker Schmutz	längere, sehr schmale Kratzer in Transportrichtung
Einschlüsse	Anhäufung kleiner Kratzer in Transportrichtung
Rostflecke	Haltefehler bzw. Grabenfehler
Kratzer	*Bandrutscher*
Bandrutscher	Einschlüsse und *Abblätterungen*
|asidxitKneifer	kleine Einstiche
helle Schale	Schläge quer zur Transportrichtung

wie die bei der Fertigung jeweils auftretenden Fehlerarten. Die häufigsten
Fehlerarten beider Gruppen sind in Tabelle 3.2 zusammengestellt.

Die in Tabelle 3.2 genannten *Oberflächenfehler* müssen schritthaltend zur Bandgeschwindigkeit detektiert und klassifiziert werden. Die
Latenzzeit zwischen der Fehlerdetektion und der Klassifikation soll unter
100 ms betragen.

Prinzipielle Lösung.   Die Oberflächen der *Edelstahlbleche* sind spiegelnd
und erfordern somit eine sehr spezielle Beleuchtungstechnik. Die Bildaufnehmer, *CCD-Zeilenkameras*, werden so angeordnet, daß die Zeile
jeweils quer zur Transportrichtung der Stahlbänder steht. Aufgrund der
Spiegelung an der Oberfläche muß die Kamera bezüglich einer Achse parallel zur Zeilenrichtung so geneigt werden, daß der vom Blech reflektierte Hauptsehstrahl der Kamera am Gehäuse der Kamera vorbeigeht.
Die Beleuchtung wird dann so angeordnet, daß bei einer fehlerfreien
Oberfläche kein Licht in Richtung Kamera reflektiert wird. Diese Art
der Beleuchtung wird als *Dunkelfeldbeleuchtung* bezeichnet. Die Kamera
„sieht" im Normalfall also nur den Himmel, der dunkel gewählt werden
muß. Die Verwendung einer *Hellfeldbeleuchtung* mit dem Vorteil einer
geringeren Beleuchtungsstärke ist nicht möglich, da die kleinen Fehler
wie beispielsweise Kratzer überstrahlt werden.

Die Beleuchtungseinrichtung für Stahlbleche ist wesentlich einfacher
aufgebaut. Die von einem Querschnittswandler emittierte Strahlung wird
mittels einer Linse gebündelt und beleuchtet den zu untersuchenden
Blechausschnitt (Abb. 3.49) unter einem speziellen Winkel. Die Haupt-
komponente der diffus reflektierten Strahlungskeule zeigt in Richtung
der Kamera. Bei einer defekten Oberfläche wird der Strahlungsanteil, der
in Richtung Kamera geht, abgeschwächt.

Für die Inspektion der Stahl- und Edelstahlbleche mit einer Bandbreite von z. T. über 150 cm müssen mehrere parallel angeordnete Aufnah-
meeinrichtungen eingesetzt werden. Für eine lückenlose Prüfung ohne
gegenseitige Beeinflussung werden die einzelnen Einrichtungen in Transportrichtung leicht versetzt montiert.

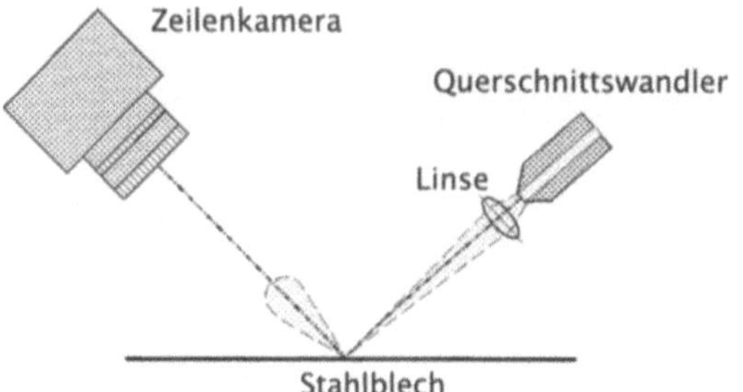

Abb. 3.49. Aufnahmeeinrichtung für Stahlbleche zur Detektion von Oberflächenfehlern (Strahlengang für eine fehlerfreie Oberfläche)

Bei der Bildgewinnung wird ein Bandausschnitt kontinuierlich mit einer CCD-Zeilenkamera mit 5-6 kHz Zeilenfrequenz aufgenommen. Der Bildinhalt der 1 024 Bildpunkte langen Zeile wird von der Kamera analog ausgegeben und anschließend digitalisiert. Vor der Binarisierung der Grauwertbilder zur Segmentierung der Oberflächenfehler ist bis auf wenige Ausnahmefälle eine Filterung der Originalbilder notwendig. Für die Hervorhebung der unterschiedlichen Fehlerarten müssen unterschiedliche Filter eingesetzt werden. Im Hinblick auf die erforderliche hohe Verarbeitungsgeschwindigkeit werden in Hardware realisierte symmetrische FIR-Filter eingesetzt. Durch die Anwendung dieser Filter werden die fehlerhaften Bereiche der Blechoberflächen gegenüber der intakten Oberfläche hervorgehoben, er wird also quasi das *Signal-/Rauschverhältnis* verbessert. Nur auf diese Art und Weise ist es überhaupt möglich, die Bilddaten mit definierten Schwellwerten zu binarisieren.

Nach der Binarisierung werden die Daten, die durch die Anwendung unterschiedlicher Filter entstehen, zusammengefaßt und in einem *Lauflängen-Code* (*Run Length Code*) komprimiert, der zusammenhängende Grauwertbereiche innerhalb einer Zeile zusammenfaßt. Dieser Code bildet dann die Datenbasis für die *Segmentierung* zusammenhängender fehlerhafter Blechabschnitte. Die Form und die Größe der Abschnitte wird durch wenige Formmerkmale beschrieben, die für eine Klassifikation der Oberflächenfehler genügen.

In einem weiteren Datenpfad werden die digitalisierten Bilddaten in einem *Wechselbildspeicher* zwischengespeichert. Treten bei der Klassifikation der Formmerkmale Grenzfälle auf, wie zum Beispiel bei sehr kleinen Kratzern auf Edelstahloberflächen, so kann an der entsprechenden Stelle im Grauwertbild ein fehlerumfassendes Prüffenster gesetzt werden. Innerhalb dieses Fensters können dann mit statistischen Verfahren der Bildverarbeitung weitere Untersuchungen zur Verifikation durchgeführt werden. Die Klassifikation der segmentierten Oberflächendefekte mittels ihrer Formmerkmale und die Verifikation über statistische Merkmale des Grauwertbildes erfolgt mit Hilfe *neuronaler Netze*.

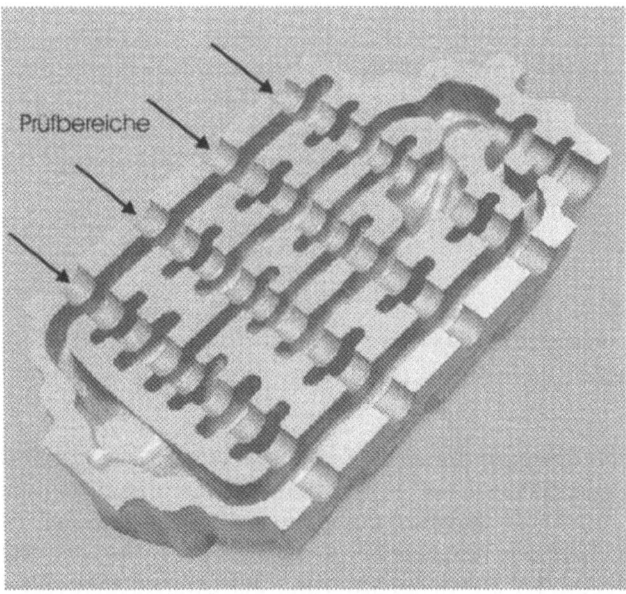

Abb. 3.50. Prüfbereiche im Inneren eines Hydraulikblockes. Es sind die Vertiefungen in den vier Schächten zu prüfen. Dies kann sequentiell mit einem oder parallel mit vier Endoskopen erfolgen

Für den industriellen Einsatz wird ein *Backpropagation-Netz* (*BPN*) verwendet.

Bewertung. Mit den Mitteln der Bildverarbeitung können die meisten Fehlerarten sowohl bei den Stahlblechen als auch bei den Edelstahlblechen schritthaltend zur Bandgeschwindigkeit gefunden werden.

Eine Einschränkung gibt es bei den Stahlblechen bezüglich der Fehlerart *helle Schale*, die mit Hilfe der Bildverarbeitung nicht erkannt werden kann, da an der Blechoberfläche nur eine schwache helle Schliere zu erkennen ist. Diese Fehlerart muß mit anderen Verfahren, wie zum Beispiel mit der Ermittlung der Dämpfung bei einer Röntgenstrahldurchdringung oder durch die Feststellung einer Doppelreflexion bei einer Ultraschalluntersuchung detektiert werden.

Die beiden Fehlerarten *kleine Einstiche* und *Schläge* bei Edelstahlblechen sind für die Fehlererkennung mit Mitteln der Bildverarbeitung äußerst problematisch. Die Fehlerart *kleine Einstiche* erfordert mindestens eine doppelt so große Beleuchtungsstärke wie die übrigen Fehler und entspricht dann ungefähr der optischen Abbildung der Fehlerart kleine Kratzer. Der Schlag quer zur Transportrichtung kann auch mit einer äußerst empfindlich und präzise eingestellten Aufnahmeeinrichtung nur schwach sichtbar gemacht werden. Eine derart eingestellte Aufnah-

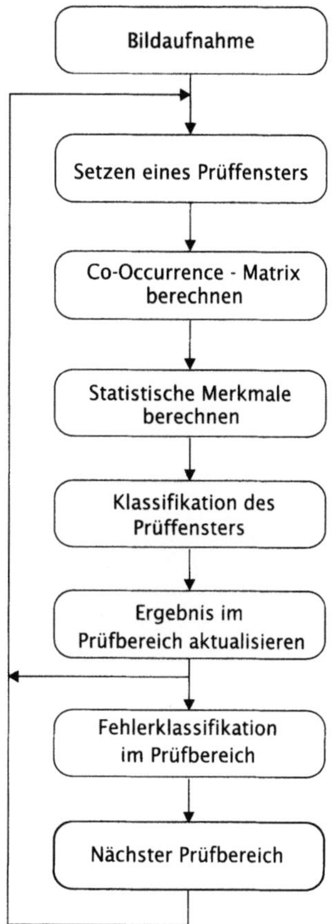

Abb. 3.51. Verfahren für die Inspektion der Innenoberflächen von Hydraulikzylindern. Die Prüfbereiche werden entsprechend den geometrischen Abmessungen sowie der Oberflächenbeschaffenheit der jeweiligen Prüfetage gewählt und enthalten unterschiedliche Anzahlen von Prüffenstern

meeinrichtung ist jedoch für den industriellen Einsatz nicht mehr robust genug.

Werkstück-Innenräume: Inspektion der Innenflächen von Hydraulikzylindern

Aufgabenstellung und Beschreibung der Prüfaufgabe. Die Aufgabe besteht darin, Oberflächenfehler im Inneren eines Hydraulikzylinders zu detektieren. In Abb. 3.50 sind anhand eines Schnittbildes die zu prüfenden Bereiche markiert. Wichtig für die Funktionsweise von Hydraulikzylindern ist eine weitgehend homogene Oberfläche, um das Abreißen von Metallpartikeln zu vermeiden.

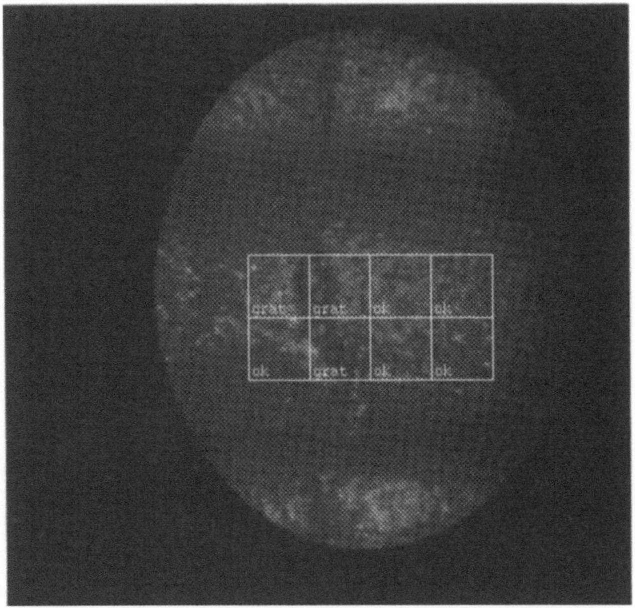

Abb. 3.52. Prüfergebnis für die Fehlererscheinung *Grat*. Dargestellt ist ein Prüfbereich, der flächendeckend mit Prüffenstern belegt ist. Aus der Anzahl der fehlerhaften Prüffenster kann auf die Größe des Fehlers geschlossen werden

Prinzipielle Lösung. Die Bildaufnahme erfolgt mit einem starren *Endoskop*, das eine Blickrichtung von 90° aufweist. Pro „Prüfetage" sind mindestens vier Bildaufnahmen erforderlich. Für die Auswertung diente das in Abb. 3.51 dargestellte Verfahren. Die Klassifikation wurde mit *neuronalen Netzen* durchgeführt.

In Abb. 3.52 ist das Ergebnis für den ersten Auswerteschritt, die Klassifikation der Prüffenster, dargestellt. Als Beispiel wurde die Fehlererscheinung „Grat" gewählt. Die Größe der Prüffenster kann beliebig gewählt werden; sie richtet sich nach dem kleinsten noch zu detektierenden Materialfehler. Bei der Festlegung des Prüfbereiches ist der begrenzte Ausleuchtungs- und Sichtbereich des Endoskopes zu berücksichtigen, d. h., die Prüffenster dürfen nur in diesem Bereich und keinesfalls bildfüllend gesetzt werden.

Bewertung. Diese Prüfaufgabe zeigt, daß es möglich ist, die Qualitätsprüfung an Hydraulikzylindern, also relativ komplex gestalteten Innenräumen, mit Mitteln der digitalen Bildanalyse zu automatisieren. Bei dem vorliegenden Auswertungsbeispiel erfolgte noch keine Korrektur der perspektivischen Verzerrungen. Es ist jedoch möglich, bei Kenntnis der Innenraumgeometrie, der Aufnahmeposition sowie der Blickrichtung des

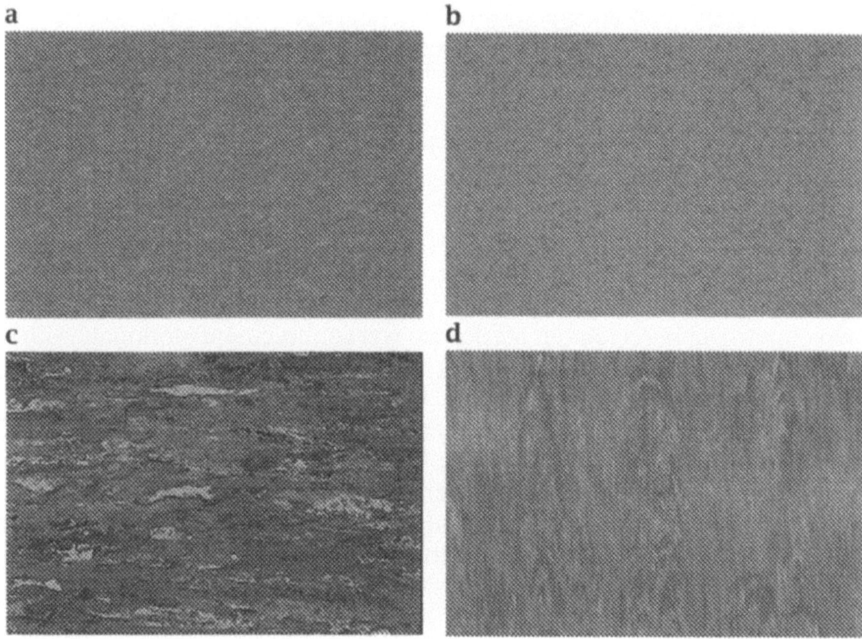

Abb. 3.53. Charakteristische Proben aus dem Produktspektrum der PVC-Bodenbeläge (siehe Farbtafel 6, S 252)

Endoskopes die Größe der detektierten Materialfehler absolut zu vermessen [46].

Oberflächenbeschaffenheit mittels Texturmerkmalen: Beurteilung der Marmorierung von PVC-Bodenbelägen

Die Automatisierung der Qualitätskontrolle von marmorierten Oberflächen wie zum Beispiel PVC-Bodenbelägen, Fliesen oder Kacheln stellt besondere Anforderungen an die Bildverarbeitungstechniken. Die Schwierigkeit liegt in der Objektivierung der Prüfung durch die Gewinnung geeigneter Prüfmerkmale, die den visuellen Eindruck des Produktes beschreiben. Diese Beschreibung ermöglicht die Ableitung eines *Gütemaßes* für den Grad der Marmorierung.

Aufgabenstellung und Beschreibung der Prüfaufgabe. Bei der Herstellung von PVC-Bodenbelägen werden aus der laufenden Produktion Stichproben von der Größe 50×50 cm entnommen. In Abb. 3.53 sind charakteristische Proben aus dem Produktspektrum der PVC-Bodenbeläge dargestellt.

Diese Proben werden mit entsprechenden *Referenz-* und *Grenzmustern* manuell verglichen. Dabei wird subjektiv entschieden, ob das jeweilige Muster eher ein Referenz- oder ein Grenzmuster ist. Die Objektivierung der Prüfung und die Gewinnung eines Gütemaßes zur automatischen Beurteilung der Marmorierung sind die primären Aufgaben eines Prüfsystems.

Prinzipielle Lösung. Das entwickelte Prüfsystem basiert auf dem Ansatz der belehrbaren Bildauswertung (Abb. 3.54). Innerhalb einer Trainingsphase werden dem System Referenz- und Grenzmuster dargeboten. Das jeweilige Muster wird mit einer Standard-S/W-Video-Kamera aufgenommen. Anschließend werden statistische Merkmale aus dem Bildinhalt berechnet. Die berechneten Merkmale werden in einem Merkmalsvektor zusammengefaßt, der komprimiert das Muster beschreibt. Nach dem Abspeichern des Merkmalsvektors in einer den Musternummern und der Musterart (Referenz- oder Grenzmuster) entsprechenden Datenbasis kann die folgende Trainingsstichprobe bearbeitet werden. Ist die Datenbasis für die entsprechende Musternummer ausreichend groß, so kann mit dieser ein Klassifikator für die Musternummer parametrisiert werden. Die Erkennungsrate der Lernstichprobe kann grafisch dargestellt werden und ist ein Gütemaß für den Klassifikator. Ist die Erkennungsrate zu gering, besteht die Möglichkeit, die Trainingsphase fortzusetzen.

Zur Prüfung einer Musterprobe wird diese über die Videokamera aufgenommen. Die Musternummer wird dem System interaktiv mitgeteilt. Die Bilder des Grenz- und Referenzmusters können zur visuellen Kontrolle am Bildschirm eingeblendet werden (Abb. 3.55).

Die beschreibenden Merkmale werden aus dem Bild des zu prüfenden Musters berechnet und mit dem Klassifikator der zugehörigen Musternummer klassifiziert. Das Klassifikationsergebnis wird als Gütemaß für die Qualität des Produktes berechnet. Die graphische Darstellung über die zeitliche Variation des Gütemaßes eines Musters stellt ein Werkzeug zur Qualitätssicherung dar.

Bewertung. Das Prüfsystem wird bei der Qualitätskontrolle von PVC-Bodenbelägen eingesetzt. Das Prüfsystem ermöglicht dem Anwender die Gewinnung von quantitativen Prüfmerkmalen für die objektive Prüfung der visuellen Erscheinung von PVC-Bodenbelägen. Die ermittelten Qualitätsmaße werden dokumentiert. Die zeitliche Variation der jeweiligen Qualitätsmaße wird als Grundlage zur Verbesserung des Produktionsprozesses herangezogen.

Eine übersichtliche graphische Darstellung des Prüfergebnisses ist für die schnelle Beurteilung der Stichproben von entscheidender Bedeutung. Ein Maschinenführer kann sofort auf den Produktionsprozeß einwirken, sobald Qualitätsmängel auftreten (Abb. 3.56).

Die Dokumentation des Qualitätsmaßes über die gesamte Zeit hinweg ist für den Abnehmer der Bodenbeläge sehr wichtig. Eine objektive, automatisierte Prüfung der Belagsmuster wird vom Abnehmer gewünscht, um die Nachteile der subjektiven Prüfung auszuschließen.

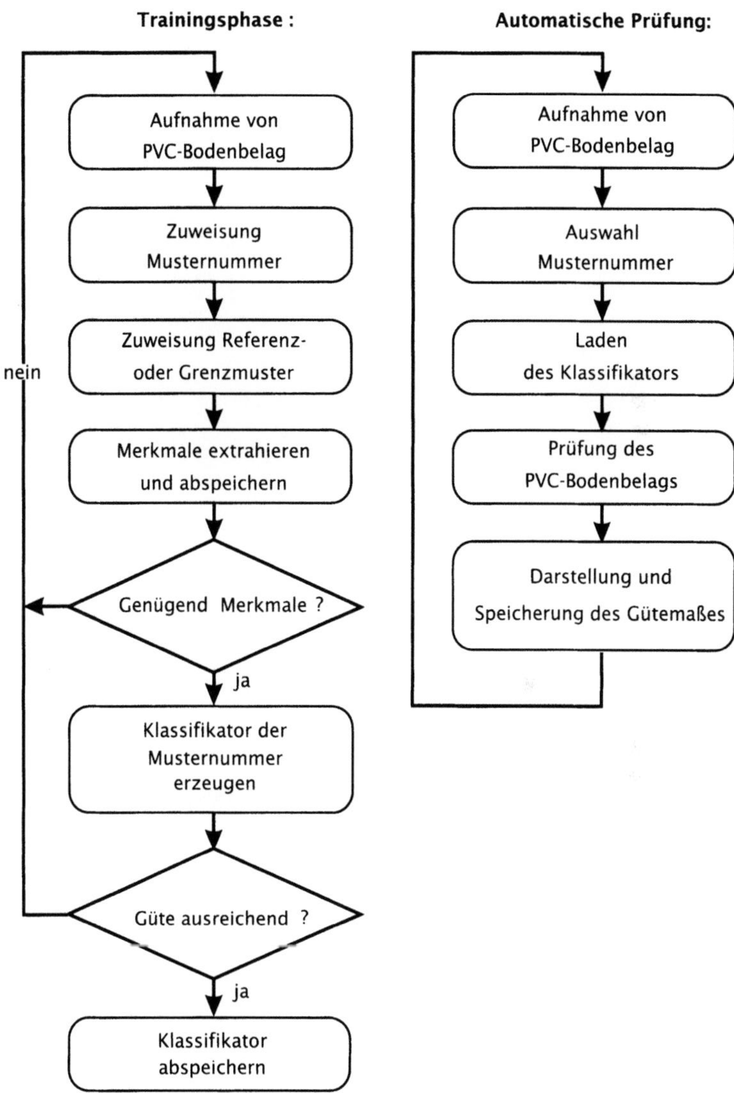

Abb. 3.54. Der Verfahrensablauf bei der Beurteilung der Marmorierung von PVC-Bodenbelägen besteht aus der Trainingsphase und der automatischen Prüfung. In der Trainingsphase wird für jede Stichprobe einer Musternummer ein Klassifikator generiert, der während der automatischen Prüfung eingesetzt wird

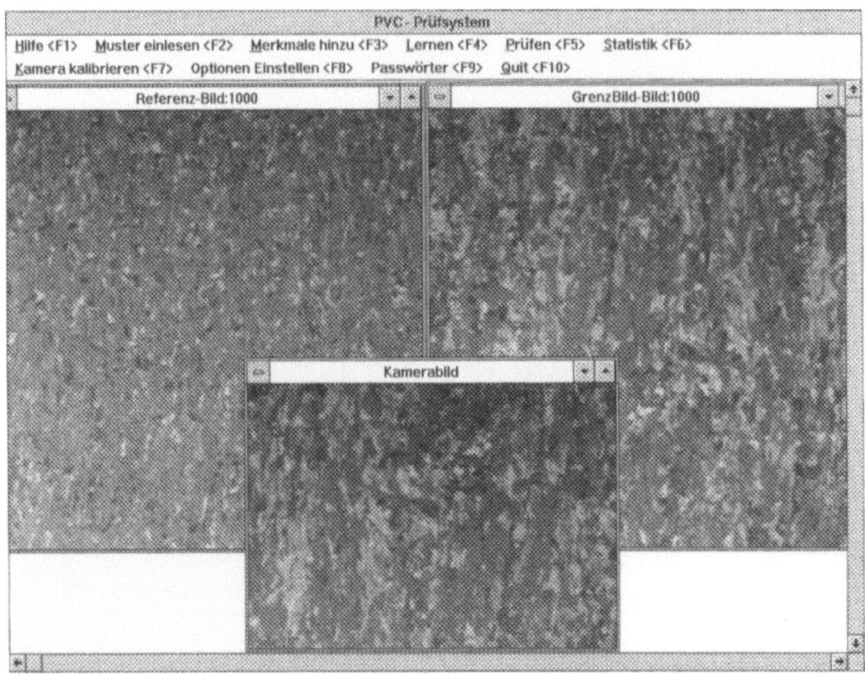

Abb. 3.55. Zur Prüfung einer PVC-Probe können optional die zur jeweiligen Musternummer gehörigen Bilder der Referenz- und Grenzmuster angezeigt werden. Das mit der Kamera aufgenommene PVC–Bild wird unter Verwendung der gewonnenen Merkmale automatisch geprüft

3.5   Integration in den Produktionsprozeß

3.5.1   Vorbemerkung

Durch den Einsatz von Bildauswertungssystemen in der Produktion werden die unterschiedlichsten visuell erfaßbaren Informationen gewonnen. Es ist jeweils möglich, Daten über den Stand von Prozessen und den Stand der Qualität in den einzelnen Fertigungsstufen zu erfassen. Durch den heute in einem modernen Unternehmen erreichten Stand der informationstechnischen Integration vieler Funktionsbereiche der Fabrik ist es möglich, gewonnenes „Wissen" dem gesamten rechnerintegrierten Produktionssystem zur Verfügung zu stellen. Nur so kann sichergestellt werden, daß vorhandene Informationen nicht ein isoliertes Inseldasein führen und dadurch wertvolles Optimierungspotential verlorengeht. Somit muß die Forderung erhoben werden, die eingesetzten Bildauswertungssysteme sinnvoll in das vorhandene (bzw. noch aufzubauende) Informationssystem eines Unternehmens zu integrieren. Das eingesetzte Bildauswertungssystem muß als Vorbedingung für eine Inte-

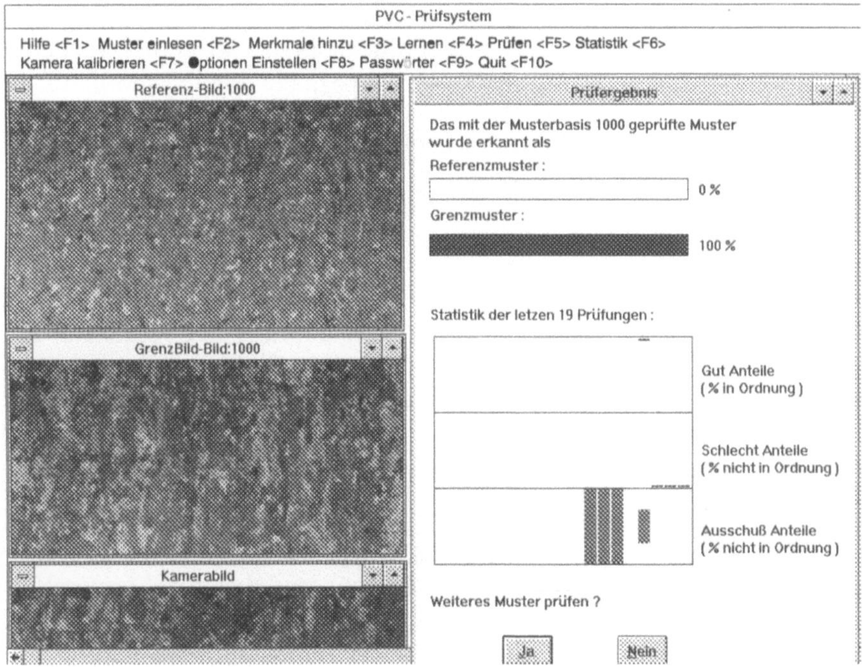

Abb. 3.56. Das Prüfergebnis wird grafisch dargestellt. Die oberen Balkendiagramme geben die jeweiligen Anteile von Referenzmuster- bzw. Grenzmusterbereichen in dem aktuellen Prüfbild an. Das untere Diagramm stellt den zeitlichen Verlauf der PVC-Prüfung dar, so daß die Konstanz der Produktqualität verfolgt werden kann

gration in der Lage sein, mit den verschiedenen Komponenten des Fertigungssystems zu kommunizieren. Für die Integration bieten sich vor allem zwei Teilbereiche an [49]:

- Die Einbindung in *rechnerunterstützte Fertigungssysteme* (in den *CAM*-Bereich)

- Die Einbindung in *rechnerunterstützte Qualitätssicherungssysteme* (in den *CAQ*-Bereich)

3.5.2 Bildverarbeitung als Werkzeug der Prozeßbeherrschung und Qualitätssicherung

Der Erfolg eines Unternehmens hängt heute mehr denn je von der Qualität der Produkte ab, so daß mittlerweile Konzepte und Maßnahmen zur Qualitätssicherung einen hohen Stellenwert in den Unternehmen besitzen. Bildverarbeitungssystemen als Prüfmittel zur *automatischen Sichtprüfung* in der Fertigung kommt dabei eine wachsende Bedeutung zu. Der

Trend zu höherer Qualität erfordert in vielen Fällen eine *Vollprüfung* aller gefertigten Teile, und das bei hohen Stückzahlen und immer kürzeren Taktzeiten — eine Aufgabe, die durch menschliche Überwachung im allgemeinen nicht realisierbar ist. Und im Gegensatz zum menschlichen Auge ist ein Bildverarbeitungssystem ermüdungsfrei und unterliegt keinen subjektiven Schwankungen (siehe Abschn. 3.1).

Durch Einführung der internationalen Norm *ISO 9000* auf nationaler Ebene wurde die Bedeutung der Qualitätssicherung unterstrichen. In diesem Regelwerk werden — teilweise sehr detailliert — weitgehende Vorgaben und Anforderungen an Qualitätssicherungskonzepte beschrieben. Insbesondere wird darin ausführlich die Bedeutung der Prüfmittel untersucht, so daß daraus auch Anforderungen an Bildverarbeitungssysteme abzuleiten sind. Noch zu wenig beachtet wird, daß dieses Regelwerk außerdem eine Fülle nützlicher Hinweise für das *Auftraggeber-Auftragnehmer-Verhältnis* enthält, das ja gerade bei der Realisierung der meist kundenspezifischen Bildverarbeitungssysteme oft nicht ohne Spannungen ist [44].

In dem Regelwerk DIN ISO 9000 *Qualitätsmanagement* und QS-Normen: Leitfaden zur Auswahl und Anwendung und den zugehörigen Normen DIN ISO 9001-9004 werden die verschiedenen Aspekte beleuchtet, unter denen Prüfsysteme — und als solche werden Bildverarbeitungssysteme in der Fertigung meist eingesetzt — in einem QS-Gesamtkonzept einzuordnen sind (Tabelle 3.3), nämlich als Instrumente zur

- Erzeugung der Qualität und zur

- Erhaltung der Qualität [55]–[59].

Die Erzeugung der Qualität umfaßt die eigentlichen Produktionsabläufe, d. h. die verschiedenen Fertigungsstufen (Qualität in der Produktion). Dazu gehören die Prozeßlenkung in der Fertigung und Montage sowie die Handhabung und Aufgaben nach der Produktion.

Bildverarbeitungssysteme treten hier als *Identifikationssysteme* in Erscheinung, aber auch als on line-Prüfmittel, die während der einzelnen Verarbeitungsschritte die Einhaltung vorgegebener Spezifikationen überwachen (z. B. Maßhaltigkeit, Lage) oder Verarbeitungsmängel frühzeitig erkennen (z. B. Oberflächenfehler).

Zur Erhaltung der Qualität zählen u. a. die *Produktverifikation*, die sich an den eigentlichen Fertigungsprozeß anschließt und die im allgemeinen eine größere Zahl von Prüfungen umfaßt. Dabei können ebenfalls wieder verschiedene Sichtprüfungsaufgaben anfallen, die mit Hilfe von Bildverarbeitungssystemen durchgeführt werden müssen. Das Aufgabenspektrum ist dabei genauso umfangreich wie bei der on line-Prüfung.

Identifikationssysteme spielen im Rahmen von ISO 9000 ebenfalls eine bedeutende Rolle, da der *Rückverfolgbarkeit der Produkte* bei auftretenden Qualitätsmängeln besondere Bedeutung zukommt.

Werden Bildverarbeitungssysteme nach DIN ISO 9000 als Prüfmittel eingesetzt, kommt der *Prüfmittelüberwachung* besondere Bedeutung zu:

Tabelle 3.3. Bildverarbeitungssysteme als integrale Bestandteile eines Qualitätssicherungskonzeptes in der Produktion

Erzeugung der Qualität	
Identifikation (Produktionssteuerung/ Steuerung des Materialflusses)	Klarschriftlesen Barcode Formerkennung Teileerkennung
Handhabung	Lagekontrolle Positionserkennung
On-line-Prüfmittel	Vermessung Oberflächenprüfung Vollständigkeitsprüfung Farberkennung
Erhaltung der Qualität	
Sichtprüfung	Vermessung Vollständigkeitsprüfung Oberflächenprüfung Materialprüfung
Prüfmittelüberwachung	Justierung Kalibrierung Standards

Durch regelmäßige Überwachungs-, Kalibrierungs- und Instandhaltungsmaßnahmen soll sichergestellt werden, daß die Prüfmittel die erforderliche Richtigkeit und Präzision besitzen. Das bedeutet, daß Bildverarbeitungssysteme, die als Meß- und Prüfmittel eingesetzt werden, mit umfangreichen *Kalibrierungs- und Justierungsunterlagen* ausgestattet werden müssen. Die *Kalibrierung* und *Justierung* soll sich — soweit möglich — an bestehenden nationalen Standards orientieren. Wenn diese nicht existieren, müssen in enger Zusammenarbeit mit dem Anwender eigene *Kalibrierungsstandards* erarbeitet werden.

Beim Einsatz von Bildverarbeitungsystemen für Qualitätssicherungsaufgaben sind vom Lieferanten wie vom Anbieter eine Vielzahl von Randbedingungen zu beachten, wenn ein erfolgreicher Einsatz gewährleistet werden soll, resultierend aus der Tatsache, daß Bildverarbeitungsysteme in der Mehrzahl der Fälle als kundenspezifische Projekte realisiert werden. Nur in den seltensten Fällen ist es möglich, vorhandene Systeme ohne weitere Anpassungsmaßnahmen an die Infrastruktur des Anwenders einzusetzen.

Ein intensiver Dialog zwischen Anwender und Lieferant ist bereits in einer sehr frühen Phase unbedingt erforderlich, wenn die geplante Installation den gewünschten Erfolg erzielen soll. Denn neben der detaillierten Aufgabenstellung durch den Auftraggeber sind eine Vielzahl von Randbedingungen festzulegen, da ja im allgemeinen das geplante Bildverarbeitungssystem als integraler Bestandteil in eine vorgegebene Fertigungsinfrastruktur eingefügt werden muß. Es müssen Eingriffe in den bestehenden Materialfluß vorgenommen werden, Daten müssen mit übergeordneten Leitsystemen ausgetauscht und Schnittstellenspezifikationen eingehalten werden, gegebenenfalls müssen komplette Betriebsabläufe umgestellt werden. Der Einsatz eines Bildverarbeitungssystems in der industriellen Fertigung erfordert Abstimmungsmaßnahmen für den *Material- und Informationsfluß* sowie den *Betriebsablauf*. In den folgenden Abschnitten werden diese Fragen detailliert erörtert.

Ein umfassendes *Pflichtenheft*, in dem Leistungen und Vorgaben beider Seiten ausführlich festgehalten sind, sollte zu Beginn *gemeinsam* erarbeitet werden. Eine einseitige Vorgabe durch den Auftraggeber ist selten zu realisieren, da erfahrungsgemäß ein erstes Pflichtenheft des Auftraggebers eine Sammlung von Maximalforderungen enthält, deren Erfüllung oft absolut nicht realisierbar ist. Zu den wichtigen Details, die dabei geklärt werden müssen, gehören u. a.

- die genaue Spezifikation der Prüfaufgabe,

- Annahmekriterien und Annahmeprozedur,

- Tätigkeiten, die vom Auftraggeber erbracht werden müssen (insbesondere bei Installation und Abnahme),

- Einrichtungen, Werkzeuge und Softwareelemente, die vom Auftraggeber bereitgestellt werden müssen,

- anzuwendende Verfahren und Normen,

- Behandlung von Änderungen der Auftraggeberforderungen während der Entwicklung,

- Behandlung von Problemen, die nach der Annahme entdeckt wurden,

- Forderung an die Vervielfältigung.

Ein hilfreiches Instrument für die Erstellung eines Pflichtenheftes liefert auch hier das Regelwerk DIN ISO 9000, Abschnitt 3: *Leitfaden für die Anwendung von ISO 9001 auf die Entwicklung, Lieferung und Wartung von Software*, zumindest dann, wenn zur Realisierung des Projektes ein erhebliches Maß an Designleistung erbracht werden muß, und wenn die Qualitätsforderungen an das System hauptsächlich in Form von Leistungsangaben festgelegt sind.

Ein nicht zu vernachlässigender Aspekt ist die Gestaltung einer *werkstattgerechten Benutzeroberfläche*. Das System muß vom Werkstattpersonal bedient und an wechselnde Aufgaben adaptiert werden, wobei die-

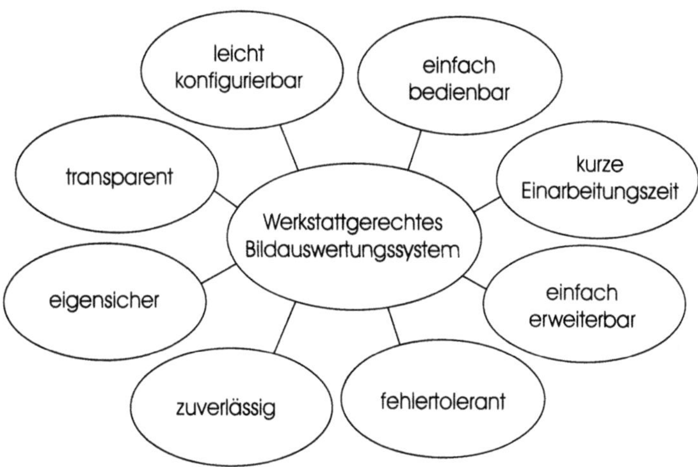

Abb. 3.57. Anforderungen an eine werkstattgerechte Benutzeroberfläche eines Bildauswertungssystems [34]

ser Anwenderkreis nur geringe EDV-Erfahrungen und meist keine Kenntnisse über Bildauswertung besitzt. Das System muß daher leicht zu bedienen sein, und die Dialogführung sollte so gestaltet sein, daß der Benutzer sich jederzeit über den Zustand des Systems informieren kann (Transparenz). Fehlerhafte Eingaben des Bedienpersonals dürfen nicht zum Verlust von Systeminformationen führen und müssen so weit wie möglich abgefangen werden (Fehlertoleranz). Außerdem muß sich das Bildauswertesystem stets in einem definierten Zustand befinden (Eigensicherheit) [34].

Die einzelnen Verfahrensschritte müssen vom Benutzer für die jeweilige Aufgabenstellung parametrisiert werden. Der Anwender muß dabei wissen, welche Parameter erforderlich sind und wie sich Änderungen der Parameter auf die Einstellung der anderen Parameter auswirken. Für eine optimale Verfahrensparametrisierung ist also sowohl Fachwissen über den Anwenderbereich als auch Erfahrung mit dem Einsatz der einzelnen Verfahrensschritte erforderlich. Auch hier ist offensichtlich ein enger Dialog zwischen Anbieter und Anwender des Bildverarbeitungssystems erforderlich.

In Abb. 3.57 sind die Anforderungen an eine werkstattgerechte Benutzeroberfläche eines Bildauswertungssystems zusammengefaßt.

3.5.3 Einsatzkriterien

Betriebsablauf

Die vorangegangenen Anwendungsbeispiele, die in Abschn. 3.4 beschrieben wurden, haben die Leistungsfähigkeit von Bildverarbeitungssystemen zur Qualitätskontrolle bei unterschiedlichen Aufgabenstellungen gezeigt. Der Schwerpunkt liegt ähnlich wie bei vielen anderen Anwendungen aber sehr stark bei dem eigentlichen Prüfvorgang, eine Weiterverwendung der anfallenen Prüfdaten erfolgt in den seltensten Fällen. Dies ist aber eine zunehmende und oft selbstverständliche Forderung an eine visuelle Prüfung, die natürlich auch von der automatischen Prüfung mittels Bildverarbeitungssystemen erfüllt werden muß. Zahlreiche Qualitätsrichtlinien schreiben heute eine umfassende Dokumentation der Prüfdaten über einen zum Teil mehrjährigen Zeitraum zwingend vor.

Über eine reine Dokumentationsfunktion hinaus können die Prüfdaten aber auch wichtige Informationen für produktionstechnische und wirtschaftliche Aspekte einer Fertigung liefern. So können beispielsweise Schwachstellen im Produktionsablauf ebenso analysiert werden wie Ausschußquoten für eine Kostenkalkulation. Die Ermittlung dieser Informationen erfordert eine Analyse über einen definierten Zeitraum. Die dazu notwendigen Daten sind im Rahmen des Prüfprozesses bereits angefallen und sind, wenn auch in erster Linie dynamisch, im Bildverarbeitungssystem vorhanden.

Diesen Systemen fehlt aber in der Regel die Rechenleistung, um die Prüfdaten auch noch zusätzlich mehr oder weniger umfangreich aufzubereiten. Sie können die Daten aber z.B. auf einen Festplattenspeicher schreiben und so permanent verfügbar machen. Bei diskontinuierlichen oder nicht zeitkritischen Prüfprozessen könnten die Daten nach Ablauf des Prüfvorgangs dann vom gleichen System aufbereitet werden. Bei kontinuierlich ablaufenden Prüfprozessen oder für ein möglichst frühzeitiges Erkennen von Fehlern im Produktionsablauf entfällt diese Möglichkeit. Hier ist ein Zugriff auf die Prüfdaten notwendig, der die Rechenleistung des Bildverarbeitungssystems nur in geringem Ausmaß belastet. Durch den Aufbau eines lokalen Netzwerkes zwischen dem Bildverarbeitungssystem und einem externen Auswertungssystem kann dieses Konzept realisiert werden. Darüber hinaus ermöglicht eine Vernetzung auch den Zugriff auf weitere Bildverarbeitungssysteme, die an anderen Stationen eine völlig unterschiedliche Prüfaufgabe durchführen [9].

Wirtschaftlichkeit

Bisher wurden Möglichkeiten aufgezeigt, die sich durch den industriellen Einsatz von Bildauswertungssystemen ergeben können. Die technische Leistungsfähigkeit wurde dabei ebenso deutlich wie der notwendige Bedarf an Systemen für den praktischen Industrieeinsatz. Neben den vielfältigen Leistungsmerkmalen und Einsatzmöglichkeiten von Bildverarbeitungssystemen stellt sich die Frage nach ihrer *Wirtschaftlichkeit*.

Anfang der 80er Jahre lagen die Investitionskosten allein für die Elektronik nicht selten bei mehreren 100 000 DM. Durch die Entwicklungen der vergangenen Jahre in der Mikroelektronik wurden die Kosten für die Hardware sowie die Bildaufnehmer erheblich reduziert. Es wäre aber

Tabelle 3.4. Ausgaben und Einsparungen beim Einsatz von Bildauswertungssystemen

Ausgaben	Einsparungen
Systemkosten: Hardware, Bildaufnehmer, Optik, Software	Verringerung fehlerhaft ausgelieferter Produkte
Engineering-Aufwand für Anpassungsarbeiten	Geringere Garantieleistungen
Mechanische Komponenten	Verbesserte Prozeßkontrolle
Wartung und Ersatzteile	Permanente Verfügbarkeit
Produktionsausfall bei Installation	Personaleinsparung
Umrüstkosten (Produktwechsel)	Materialeinsparungen
Produktionsstillstand bei Systemausfall	Geringere Montage-Folgekosten
Schulungskosten	

falsch, nur die Kosten für das Bildauswertungssystem allein zu sehen. Ein wesentlicher Bestandteil der *Systemkosten* sind sicherlich auch die entstehenden *Softwarekosten*, die in Relation zu den Hardwareaufwendungen immer stärker ins Gewicht fallen. Bei Anwendungen der Bildverarbeitung muß aber noch ein weiterer Kosteneinflußfaktor berücksichtigt werden: Kosten für mechanische Komponenten wie Zuführeinrichtungen, Komponenten für die Präsentation des Prüflings sowie Haltevorrichtungen für den Bildaufnehmer. Oftmals bei einer Kalkulation unrealistisch angesetzt oder völlig vernachlässigt, machen sie nicht selten die Hälfte der Gesamtkosten bei der Systemrealisierung aus.

Führt man eine Wirtschaftlichkeitsbetrachtung durch, fällt die finanzielle Qualifizierung bestimmter Auswirkungen oft schwer. Dazu gehören z. B. der durch sinnvollen Einsatz von Hochtechnologie erworbene gute Ruf. Eine Gegenüberstellung von Ausgaben und Einsparungen ist in Tabelle 3.4 aufgeführt.

Eine generelle Aussage, ob und wann sich der Einsatz von Bildauswertungssystemen lohnt, ist ohne weitere Festlegungen sicherlich nicht möglich. Dafür sind die Einflußgrößen bei verschiedenen Aufgabenstellungen zu unterschiedlich.

3.5.4 Vorgehensweise beim Einsatz von Bildauswertungssystemen

Bei der Realisierung von Systemlösungen für den industriellen Einsatz auf der Basis bildverarbeitender Verfahren müssen folgende Aspekte berücksichtigt werden:

- Die Bedienung erfolgt durch in der Bildverarbeitung weitgehend ungeschultes Personal.

- Die Erkennungssicherheit und die Zuverlässigkeit des Systems müssen außerordentlich hoch sein.

- Die Beschaffungs- und Betriebskosten müssen einer Rentabilitätsbetrachtung standhalten.

Ist die grundsätzliche Entscheidung für den Einsatz eines Bildverarbeitungssystems gefallen, sollte die Realisierung in fünf Phasen durchgeführt werden:

Aufgabendefinition.   In Phase 1 wird die Aufgabenstellung detailliert ausgearbeitet und ein Pflichtenheft erstellt. Es ist ebenfalls festzuhalten, ob die visuelle Prüfung die alleinige Tätigkeit darstellt oder ob nicht weitere Nebentätigkeiten, z. B. das Einstellen von Maschinenparametern aufgrund der gefundenen Meß- und Prüfergebnisse oder bestimmte Handhabungsvorgänge, zusätzlich durchgeführt werden. Die Erstellung des *Pflichtenheftes* läßt sich mit Hilfe des Fragebogens in Anhang A.1 vereinfachen. Es hat sich als vorteilhaft erwiesen, in Phase 1 *externe Berater* hinzuzuziehen, die nicht durch Betriebsinterna vorgeprägt sind und somit eine unbefangene Aufstellung des Pflichtenheftes erlauben. Hierbei sollten allgemein folgende Grundsätze berücksichtigt werden:

- Die Gesamtaufgabe ist sinnvoll in Unteraufgaben zu strukturieren.

- Die Aufgabenstellungen sind klar zu definieren. Hierbei sind rein qualitative Aussagen möglichst zu vermeiden bzw. durch objektive, quantitative zu ersetzen. Prüfanweisungen, die für menschliche Prüfer durchaus genügen, lassen sich oft nur schwer in entsprechende Prüfalgorithmen für Bildverarbeitungssysteme umsetzen.

- Die *Umgebungsbedingungen* für das System müssen festgelegt werden, wie beispielsweise Peripherie (z. B. Schnittstellen) und Netzwerkeinbindung.

Systementwicklung.   Phase 2 befaßt sich mit der gesamten Systementwicklung. Für die in Phase 1 definierten Aufgabenstellungen bzw. Teilaufgaben werden Lösungen erarbeitet. Hardwarekomponenten werden zusammengestellt und die Software erstellt. Der Aufbau des gesamten Systems kann entweder beim Anwender selbst oder beim Systemanbieter erfolgen. Hierbei müssen interne Werksnormen des Auftraggebers berücksichtigt werden, wie

- *Sicherheitsvorschriften* bezüglich des Einsatzes besonderer Sensor-, Optik- und Beleuchtungstechniken wie z B. Laser,

- Vorschriften für die Elektrik,

- Gehäusenormen,

- Standards bzw. Normen für Schnittstellen usw.

Den Abschluß dieser Entwicklungsphase sollte der *Probelauf* des Systems bilden. Zu diesem Zeitpunkt können auftretende Mängel noch problemlos beseitigt und Erfahrungen mit dem System gesammelt werden.

Installation und Inbetriebnahme. In Phase 3 wird die Gesamtanlage beim Anwender installiert und in Betrieb genommen. Die zur Bedienung des Systems vorgesehenen Mitarbeiter erhalten eine *Einweisung* und *Schulung* bezüglich der Funktion des Systems und seiner Bedienung. Die Installationsphase kann nicht ausschließlich vom Anwender durchgeführt werden. Entwickler sollten zu Beginn dieser Phase vor Ort sein, um entsprechend schnell auf eventuelle Funktionsstörungen beim Einsatz unter Fertigungsbedingungen reagieren zu können (siehe Anhang A.2).

Betrieb mit Datenerfassung. Phase 4 ist die eigentliche Betriebsphase. Sie betrifft ausschließlich den Anwender. Das System hat in der industriellen Umgebung seine Eignung im tagtäglichen Betrieb nachzuweisen. Nur im Fall schwerwiegender Betriebsstörungen wird externe Mitarbeit erforderlich. Alle auftretenden Störungen sind zu dokumentieren, z.B. Störungsart, Zeitpunkt ihres Auftretens und von wem sie festgestellt wurden. Veränderungen der Umgebung des Systems sind ebenfalls festzuhalten; die spätere Auswertung läßt gegebenenfalls noch nicht bekannte betriebliche Einflüsse erkennen.

Statuserfassung nach Betrieb. Die fünfte Phase hat zum Ziel, nach umfangreichem Betriebslauf des Gesamtsystems eine Statusbestimmung vorzunehmen. Die Praxis zeigt, daß oftmals durch Unkenntnis, falsche Bedienung und teilweise auch direkte Systemmanipulation durch Mitarbeiter, die dieser Entwicklung skeptisch gegenüberstehen, Fehler im System auftreten. So kann beispielsweise bei Meßaufgaben der Kalibriervorgang fehlerhaft durchgeführt werden, was zu nicht relevanten Meßergebnissen führt. In diesem Fall wird meist die Fehlfunktion dem Hersteller angelastet. Der Systementwickler ist jedoch in der Lage, diese auftretenden Mängel entweder durch weiterführende Schulung abzustellen oder direkte Verbesserungen bei den auftretenden Einzelfällen vorzunehmen. Hier ist die Auswertung der gewissenhaft geführten Störungsdokumentation sehr hilfreich. Auch die Wirtschaftlichkeit der Lösung wird in dieser Phase überprüft. Die Realisierung einer bildverarbeitenden Anlage war ursprünglich von der wirtschaftlichen Seite her häufig dadurch gerechtfertigt, daß bestimmte modellhafte Annahmen vor der Realisierung zugrundegelegt wurden. Es ist deshalb notwendig, die getroffenen Entscheidungen im Bezug zur aktuellen Situation zu sehen, d.h., es ist unbedingt notwendig, die Modellannahmen den realen Gegebenheiten gegenüberzustellen [9].

Der im Anhang A.1 abgedruckte Fragebogen stellt ein wesentliches Hilfsmittel des Informationstransfers zwischen dem potentiellen Anwender eines Bildauswertungssystems und dem Systemanbieter bzw. -entwickler dar. Er ist sowohl rationelles Mittel zur Datenerfassung bei der ersten Anfrage eines Anwenders als auch Grundlage und Leitfaden für die spätere Auftragsabwicklung. Er soll folgende Funktionen übernehmen:

- als Informationsquelle dienen, indem er die Aufgabenstellungen nebst Umgebungsbedingungen detailliert erfaßt,

- Unklarheiten aufdecken und vermeiden,

- die Verständigung verbessern,

- die Effizienz der Zusammenarbeit fördern.

Der Fragebogen ist selbstverständlich durch eine Vorort-Berichtigung zu ergänzen, wenn eine Aufgabenstellung potentiell lösbar erscheint. Unvermeidlich ist auch die Überlassung von Musterwerkstücken, repräsentativen Fotos oder Zeichnungen, die die Prüfaufgabe spezifizieren. Ein detaillierter Fehlerkatalog ist zu erstellen, wobei ein vorhandener *Fehlerkatalog* und eine Analyse von Kundenreklamationen eine gute Basis bilden.

Bei dem hier entwickelten Fragebogen wurde im Interesse des Praktikers ein Kompromiß zwischen Vollständigkeit und Kürze gefunden, indem alle für wesentlich befundenen Einsatzkriterien aufgenommen wurden [19, 26].

3.6 Literaturverzeichnis

[1] Adam W, Busch M, Nickolay B (1995) Sensoren für die Produktionstechnik. Springer; in Vorbereitung

[2] Adam W, Lehnert T, Nickolay B (1987) Verfahren der Bildverarbeitung für Anwendungen in der Produktionstechnik. In: Carl Hanser-Verlag, München. ZwF 82/9:515–520

[3] Adam W, Nickolay B (1989) Texture analysis for the evaluation of surface characteristics in quality monitoring. Proceedings of the Vision 1989, Dearborn (MI). Society of Manufacturing Engineers (SME)

[4] Adam W, Nickolay B (1989) Bildverarbeitungsverfahren zur Erkennung von Oberflächenfehlern. Metalloberfläche 43/2:69–72

[5] Adam W, Nickolay B (1989) Bildauswertungssysteme zur Prozeßüberwachung und Qualitätskontrolle. Fabrik 2000, Sonderheft des Techno-Tip. Vogel Verlag, Würzburg

[6] Adam W, Nickolay B, Teunis M (1990) Erkennung von Oberflächenfehlern auf Werkstücken aus Grauguß. In: ZwF 85/8:448–452. Carl Hanser Verlag, München

[7] Adam W, Nickolay B, Vollmerhaus D (1991) Texturenergieberechnung auf der Basis hierarchischer Bildpyramiden. Vision & Voice Magazine 5/2:127–134

[8] Ahlers RJ (Projektleiter) (1990) Automatisierte Bildverarbeitung. Leitfaden zur Einführung und Anwendung in mittelständischen Unternehmen. Verlag TÜV Rheinland, Köln

[9] Borgschulte K (1990) Industrielle Bildverarbeitung. Ein Baustein der rechnergestützten Qualitätssicherung. Verlag TÜV Rheinland, Köln

[10] Breuckmann B (1993) Bildverarbeitung und optische Meßtechnik. Franzis

[11] Conan V, Gesbert S, Howard CV, Jeulin D, Meyer F (1991) Geostatistical and morphological methods applied to three-dimensional microscopy, Journal of Microscopy 166/2:169–184

[12] Delingette, Herbert, Ikevchi (1993) A spherical representation for the recognition of curved objects. 4th International Conference on Computer Vision. IEEE Computer Society Press, Berlin

[13] Ernst H (1991) Einführung in die digitale Bildverarbeitung. Franzis

[14] FhG-Studie (1994) Potentiale der industriellen Bildauswertung. IITB, IPA, IPK, Juli 1994, 98 S

[15] Fukunaga K (1990) Introduction to statistical pattern recognition. Academic Press, New York

[16] ISRA-Systemtechnik (1994) Automatische Oberflächeninspektion für hochwertige Aluminiumrohre. Applikationsbericht und persönliche Mitteilung. Darmstadt

[17] ISRA-Systemtechnik (1994) Rationelle optische Kontrolle in der Vlies- und Textilstoffproduktion. Applikationsbericht und persönliche Mitteilung. Darmstadt

[18] Jimininez J (ed) et al. (1994) Defect recognition and image processing in semiconductors and devices. Institute of Physics Publishing

[19] Kinzer T (1990) Ermittlung der Einsatzkriterien für Bildauswertungssysteme zur Lösung produktionstechnischer Aufgabenstellungen. Diplomarbeit, Technische Universität Berlin

[20] Kreßel U, Franke J, Schürmann J (1990) Polynomklassifikator versus Multilayerperzeptron. Mustererkennung 1990. Informatik-Fachberichte 254:75–81. Springer

[21] Kreßel U, Schürmann J, Franke J (1991) Neuronale Netze für die Musterklassifikation. Mustererkennung 1991, Informatik-Fachberichte 290:1–18. Springer

[22] Köppen M, Nickolay B, Schwarze G (1992) Anwendung neuronaler Netze für die Texturklassifikation in gemusterten Materialien. Vision & Voice Magazine 6/3:201–212

[23] MASSEN machine vision systems GmbH (1994) Applikationsbericht und persönliche Mitteilung. Konstanz

[24] MASSEN machine vision systems GmbH (1994) Applikationsbericht, Firmenschrift der BINDER+Co AG und persönliche Mitteilung. Konstanz

[25] MASSEN machine vision systems GmbH (1995) Persönliche Mitteilung. Konstanz

[26] Mollath G, Lehnert T, Nickolay B (1989) Einsatz bildverarbeitender Verfahren zur Objekterkennung. In: Rogos J (Hrsg) Intelligente Sensorsysteme in der Fertigungstechnik. Springer, Berlin, S 156–171

[27] Müller RK et al. (1990) Digitale Bildverarbeitung in der experimentellen Spannungsanalyse und in der Produktionskontrolle. Expert Verlag, Vol 309

[28] Müller S, Meyer F, Nickolay B (1993) Anwendung der mathematischen Morphologie für die Erkennung von Oberflächenfehlern. Vision-Jahrbuch, S I.9–I.20. Sprechsaal-Verlag, Coburg

[29] Müller S, Nickolay B (1994) Morphological image processing for the recognition of surface defects. Invited Paper. Proceedings SPIE Vol. 2249, Automated 3D and 2D Vision, S 298–307

[30] Müller B, Reinhardt J (1990) Neural Networks. Springer

[31] Naumann, Schröder (1987) Bauelemente der Optik. In: Taschenbuch der technischen Optik. Hanser Verlag, S 494 ff

[32] Nickolay B (1988) Untersuchung der Erkennbarkeit von alphanumerischen Zeichen auf Kfz-Batterien. Arbeitsbericht. BMFT-Verbundprojekt „Intelligente Sensorsysteme" IPK-Berlin, Berlin

[33] Nickolay B (1988) Co-Occurrence-Matrizen zur automatisierten Oberflächenprüfung. WGP 88/104 — Ind Anz 110/95:34–35

[34] Nickolay B (1990) Überwacht lernendes Bildauswertungssystem zur Erkennung von Oberflächenfehlern. Carl Hanser Verlag, München

[35] Nickolay B, Schicktanz K, Schmalfuß H (1993) Automatische Warenschau. Studie für die Textilindustrie Geretsried

[36] Nickolay B, Schicktanz K, Schmalfuß H (1993) Automatische Warenschau — Utopie oder mögliche Realität? Melliand Textilberichte 1:70–76

[37] Nickolay B, Schwarze G, Teunis M (1994) Belehrbares Bildauswertungssystem zur Automatisierung der Sichtprüfung bei Gußteilen. In: Ergebnisse aus dem Programm „Arbeit und Technik" der Bundesregierung, S 40–46

[38] Nickolay B, Welz K (1989) Bildauswertungssysteme zur automatischen Oberflächenprüfung. Konstruktion, Elektronik, Maschinenbau 5:133–134

[39] Nickolay B, Wieland T (1992) Texturanalyse an leicht gekrümmten Oberflächen. ZwF 87/10:600–602

[40] Pfeifer T et al. (1993) Optoelektronische Verfahren zur Messung geometrischer Größen in der Fertigung. Expert Verlag, Vol 405

[41] Pratt WK (1987) Digital Image Processing. Wiley, New York

[42] Reuter H, Schneider Ph (1971) Gußfehler-Atlas. Gießerei-Verlag, Düsseldorf

[43] RMV Rheinmetall Machine Vision (1994) Applikationsbericht und persönliche Mitteilung. Karlsruhe

[44] Scharfenberg H (1993) Bildverarbeitungs- und Identifikationstechniken als Werkzeuge der Qualitätssicherung unter dem Aspekt der DIN ISO Normen 9000-9004. Tagungsband IDENT/VISION 93:423-428

[45] Schöneburg E, Hansen N, Gawelczyk A (1990) Neuronale Netze. Markt & Technik

[46] Schwarze G (1993) Automatisierte visuelle Inspektion von Werkstückinnenräumen. Vision Jahrbuch S I.21-I.25. Sprechsaal-Verlag, Coburg

[47] Spur G, Lehnert T, Nickolay B (1988) Erkennungsverfahren mittels Werkstück-Kreis-Schnittmerkmalen für den industriellen Einsatz. In: ZWF 83/6: S 296-300. Carl Hanser Verlag, München

[48] Spur G, Mollath G, Nickolay B, Schneider B (1987) Erkennungssystem für sich berührende und überdeckende Teile. In: Sensordatenverarbeitung in der Fertigungstechnik. Pritschow G, Spur G, Weck M (Hrsg) Carl Hanser Verlag, München, S 17-27

[49] Teunis M (1993) Erstellung eines Konzeptes für den Einsatz von visuellen Inspektionssystemen zur Qualitätskontrolle in Gießereibetrieben. Diplomarbeit, Technische Universität Berlin

[50] Vitronic Bildverarbeitungssysteme GmbH (1993) Applikationsberichte und persönliche Mitteilung. Wiesbaden

[51] Zamperoni P (1989) Methoden der digitalen Bildsignalverarbeitung. Viehweg

DIN-Normen

[52] DIN 4760 Gestaltabweichungen. Beuth, Berlin, 1982, 2 S

[53] DIN 4761 Oberflächencharakter — Geometrische Oberflächentextur-Merkmale. Beuth, Berlin, 1978, 10 S

[54] DIN 4762 Oberflächenrauheit. Beuth, Berlin, 1989, 16 S

[55] DIN ISO 9000: Qualitätsmanagement- und Qualitätssicherungsnormen. Leitfaden zur Auswahl und Anwendung. Beuth, Berlin, 1990

[56] DIN ISO 9001: Qualitätssicherungssysteme. Modell zur Darlegung der Qualitätssicherung in Design/Entwicklung, Produktion, Montage und Kundendienst. Beuth, Berlin, 1990

[57] DIN ISO 9002: Qualitätssicherungssysteme. Modell zur Darlegung der Qualitätssicherung in Produktion und Montage. Beuth, Berlin, 1990

[58] DIN ISO 9003: Qualitätssicherungssysteme. Modell zur Darlegung der Qualitätssicherung bei der Endprüfung. Beuth, Berlin, 1990.

[59] DIN ISO 9004: Qualitätsmanagement und Elemente eines Qualitätssicherungssystems — Leitfaden. Beuth, Berlin, 1990.

VDI/VDE-Richtlinien

[60] VDI/VDE 2628: Automatisierte Sichtprüfung. Beschreibung der Prüfaufgabe. VDI-Verlag, Düsseldorf, 1989, 19 S

[61] VDI 2860: Montage- und Handhabungstechnik. Handhabungsfunktionen, Handhabungseinrichtungen; Begriffe, Definitionen, Symbole. VDI-Verlag, Düsseldorf 1990, 8 S

4 Bildverarbeitung in Technik und Wissenschaft

B. Jähne

4.1 Wissenschaftliche versus industrielle Anwendungen

Im vorangegangenen Kap. 3 wurden ausführlich und systematisch industrielle Applikationen der digitalen Bildverarbeitung vorgestellt. In diesem Kapitel soll das gleiche für wissenschaftliche Anwendungen getan werden. Deshalb bietet es sich zuerst einmal an, beide Anwendungsfelder zu vergleichen.

Historisch gesehen scheinen Welten zwischen beiden Bereichen zu liegen. Die industrielle Bildverarbeitung ist bisher geprägt durch applikationsspezifische Hardware, während bei wissenschaftlichen Anwendungen eher Standard-PCs oder Workstations zur Anwendung kommen. Die in industriellen Applikationen eingesetzten Algorithmen müssen schnell und robust sein, was zur Folge hat, daß sie oft nur für eine ganz bestimmte Aufgabenstellung geeignet sind. Es werden weniger grundlegende Prinzipien berücksichtigt, sondern eher heuristisch („Probieren") vorgegangen. Für wissenschaftliche Anwendungen dagegen kann man es sich leisten, komplexere Algorithmen einzusetzen, mit dem Preis allerdings, daß sie oft deutlich langsamer sind.

Es stellt sich die Frage, ob diese Charakterisierung, wie sie sich durch die historische Entwicklung manifestiert hat, heute noch Gültigkeit hat. In beiden Anwendungsbereichen haben sich tiefgreifende Änderungen ergeben. Während in den Anfängen der digitalen Bildverarbeitung nur ganz spezifische Aufgaben angegangen wurden, durchdringen bildverarbeitende Methoden heute wesentlich weitere Bereiche der industriellen Produktion und der Naturwissenschaften. Außerdem hat sich das Wissen in der Bildverarbeitung enorm erweitert (Abschn. 2.4) und die Hardware ist ungleich mächtiger und komfortabler geworden (Abschn. 2.3).

Wegen der geänderten Voraussetzungen muß die historisch gewachsene Spaltung zwischen den beiden Anwendungsbereichen in Frage gestellt werden. Bei kritischer Beobachtung stellt man überraschend fest, daß es doch mehr Gemeinsamkeiten gibt:

- *Schnelligkeit.* In der Industrieproduktion eingesetzte Bildverarbeitungssysteme müssen mit dem Prozeß schritthaltend verarbeiten können. Je mehr Bildverarbeitung zu einem Standardanalyseinstrument im wissenschaftlichen Labor wird, desto mehr gilt die Forderung nach Schnelligkeit auch dort. Auf Bildverarbeitung basierende Methoden müssen mit anderen Methoden konkurrieren und können dies nur tun, wenn sie entweder Parameter messen können, die mit keinem anderen Meßsystem zugänglich sind, oder wenn sie schneller, zuverlässiger, genauer oder wirtschaftlicher sind. Damit ergibt sich in beiden Anwendungsbereichen die Forderung, große Bilddatenmengen schnell und wirtschaftlich auswerten zu müssen.

- *Flexibilität.* In der industriellen Produktion erhält die Frage der Flexibilität einen immer höheren Stellenwert, da Produktionsprozesse schnell und kostengünstig umgestellt werden müssen. Dies ist mit einem auf eine spezielle Aufgabenstellung hard- und softwaremäßig ausgerichteten Bildverarbeitungssystem im allgemeinen nicht möglich. Im wissenschaftlichen Forschungslabor war es dagegen immer schon notwendig, daß die Analysemethoden sich schnell an die wandelnden Forschungsaufgaben anpassen konnten. Auch unter diesem Aspekt kommen sich beide Anwendungsbereiche näher.

- *Wirtschaftlichkeit* vs. *Machbarkeit.* Bei einem Bildverarbeitungssystem in der industriellen Produktion steht die Frage der Wirtschaftlichkeit im Vordergrund. Wenn ein Prüfverfahren einen gewissen Kostenrahmen sprengt, kann es nicht eingesetzt werden, auch wenn dies wünschenswert wäre. Im Forschungslabor dagegen ist es oft entscheidend, auf dem Stand der Technik zu sein. Damit dominiert eher die Frage der Machbarkeit eines Verfahrens über die Frage der Kosten. Dennoch gibt es hier einen wichtigen Zusammenhang. Die Methoden, die heute in den Forschungslabors eingesetzt werden, stehen morgen mit leistungsfähigerer Hardware und weiterentwickelten Algorithmen für den Einsatz in der industriellen Produktion zur Verfügung. Insofern ist es für einen Praktiker in der Industrie wesentlich, die Entwicklung der wissenschaftlichen Anwendungen sorgfältig zu beobachten.

4.1.1 Übersicht

Im folgenden wird versucht, einen systematischen Überblick zu geben, welche Meßaufgaben die Bildverarbeitung in wissenschaftlichen Anwendungen zu leisten vermag. Es wird versucht, eine systematische Einteilung vorzunehmen, das prinzipielle Vorgehen zu schildern und mit einer Reihe von konkreten Anwendungsbeispielen zu illustrieren. Abb. 4.1 gibt einen Überblick darüber, mit welchen Methoden sich welche Größen aus Bildern extrahieren oder vermessen lassen. Die weiteren Abschnitte dieses Kapitels beginnen jeweils mit einer kurzen Übersicht über die dazu notwendigen Verfahren und stellen dann konkrete Beispiele vor.

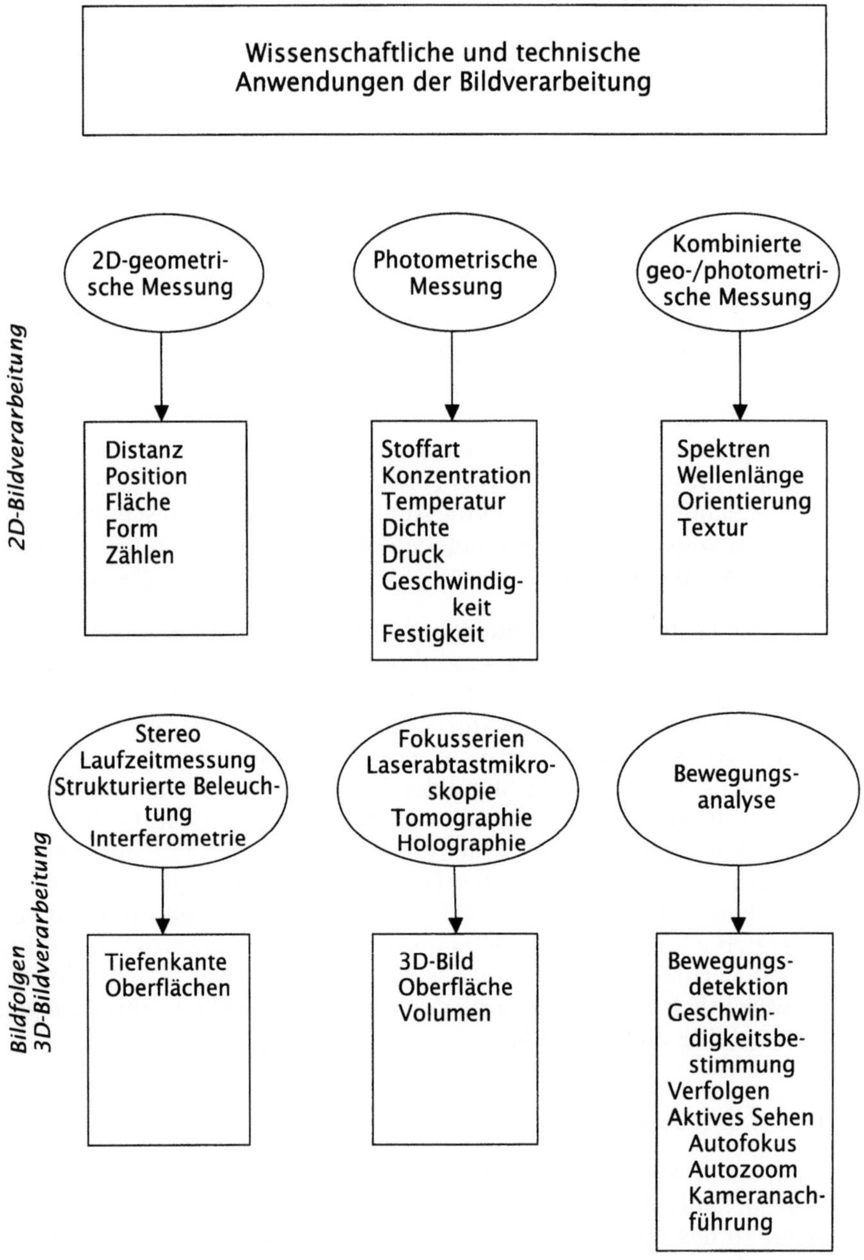

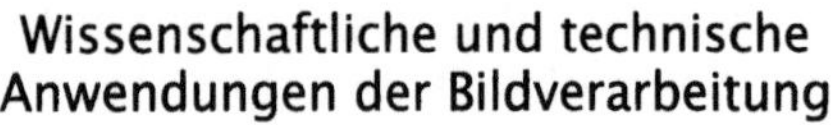

Abb. 4.1. Schematische Darstellung der wissenschaftlichen und technischen Anwendungen der digitalen Bildverarbeitung. Die Übersicht zeigt, mit welchen Methoden verschiedene Größen aus Bildern gewonnen werden können. Es ist aufschlußreich, diese applikationsorientierte Darstellung mit den grundsätzlichen Teilschritten eines visuellen Systems, wie es in Abb. 2.1 in Abschn. 2.1 zusammengefaßt ist, und der systematischen Einteilung von bildaufnehmenden Verfahren in Abb. 2.2 zu vergleichen

Die obere Gruppe in Abb. 4.1 beschränkt sich auf 2D-Meßverfahren. Die untere Gruppe erweitert diese auf alle drei Raumkoordinaten bzw. die Untersuchung dynamischer Vorgänge in Bildsequenzen. Die 2D-Meßverfahren sind eingeteilt nach Verfahren, die nur die Geometrie oder Helligkeit im Bild messen bzw. solche, bei denen beide unerläßlich zusammenspielen. In der dreidimensionalen bildaufnehmenden Meßtechnik sind solche Verfahren zu unterscheiden, die nur Oberflächen im Raum messen können und solche, die ein echtes dreidimensionales Bild erzeugen und damit sozusagen in Objekte hineinschauen können. Die Bewegungsanalyse erschließt uns schließlich die Dynamik von Vorgängen. Bildfolgenanalyse beinhaltet unter anderem: die Detektion von Bildbereichen, in denen Bewegung stattgefunden hat, eine Bestimmung der auf die Bildebene projizierten Geschwindigkeit und daraus die Rekonstruktion der tatsächlichen dreidimensionalen Bewegung, sowie das Verfolgen von sich bewegenden Objekten. Die Verfahren des aktiven Sehens ahmen eine wichtige Funktion des menschlichen visuellen Systems nach, indem das Kamerasystem automatisch auf das sich bewegende Objekt ausgerichtet wird.

4.2 Geometrische Messung

Geometrische Messungen beschränken sich auf die Bestimmung der Größe und Position von Objekten in Bildern einschließlich der Rückrechnung auf die tatsächliche Größe der abgebildeten Objekte durch geeignete Kalibrierverfahren.

4.2.1 Verfahren

Beleuchtung und Bildaufnahme

Wenn nur die Geometrie eines Objektes von Interesse ist, sollte die *Beleuchtung* so ausgerichtet werden, daß die Objekte schnell und präzise vom Hintergrund getrennt werden können. Auf den ersten Blick ist man geneigt zu vermuten, daß damit nur geringe Anforderungen an Beleuchtung und Kameraanordnung gestellt sind. Die zwei einfachen Beispiele in Abb. 4.2 zeigen, daß dies nicht der Fall ist. Ohne eine sorgfältige Abstimmung von Beleuchtung und Kameraanordnung schleichen sich schnell systematische Fehler in die Größenbestimmung ein. Diese können entweder aus einer unsachgemäßen Beleuchtung (wie in Abb. 4.2b) oder aus einer ungünstigen Kameraorientierung (wie in Abb. 3.29a) resultieren.

Von der optischen Seite her sind für genaue Vermessung von Objekten mit endlicher Dicke sogenannte *telezentrische Optiken* von besonderer Bedeutung. Telezentrische Optiken erfassen im wesentlichen nur Strahlen von einem Objekt, die parallel zur optischen Achse verlaufen. Damit werden Abschattungseffekte weitgehend vermieden. Außerdem

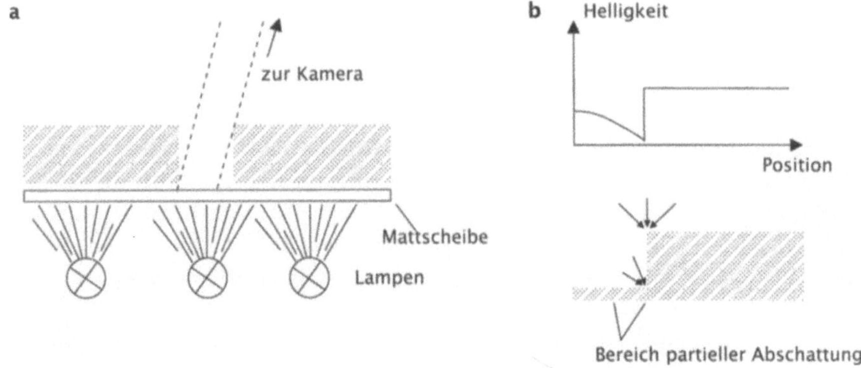

Abb. 4.2. Beispiele beleuchtungs- bzw. aufnahmebedingter systematischer Meßfehler bei geometrischen Messungen. **a** Messung einer zu kleinen Spaltöffnung bei schräger Kameraeinsicht selbst bei perfekter Durchlichtbeleuchtung. **b** Abdunkelung bei diffuser Beleuchtung am tieferen Teil einer Stufenkante, deren oberer Teil eine höhere Reflektivität aufweist

verändert sich in einem gewissen Abstandsbereich um die scharf eingestellte Gegenstandsebene der Abbildungsmaßstab nicht. Telezentrische Optiken sind allerdings nur zur Vermessung von kleineren Gegenständen geeignet, da die Optik mindestens den Durchmesser der abzubildenden Gegenstände haben muß. Telezentrische Optiken werden heute von allen namhaften Optikherstellern angeboten, z. B. Zeiss und Rodenstock.

Segmentierung

Die *Segmentierung* ist einer der entscheidendsten Schritte in der Bildverarbeitung. Es wird entschieden, ob ein Bildpunkt zum Objekt oder zum Hintergrund gehört. Damit wird die Grauwertinformation auf eine Zugehörigkeitsinformation reduziert. Bisher dominieren in der Bildverarbeitung pixelgenaue Segmentierungsverfahren, d. h., es wird eindeutig entschieden, ob ein Bildpunkt zum Objekt oder zum Hintergrund gehört. Es ist offensichtlich, daß bei pixelgenauen Verfahren jeder Punkt einer Kante mit einem mittleren Fehler von 0.5 Pixel, bzw. einer Standardabweichung von etwa 0.3 Pixelabständen behaftet ist. Das heißt natürlich nicht, daß man weitere daraus abgeleitete Größen, wie z. B. den Schwerpunkt eines Objektes, nur mit dieser Genauigkeit bestimmen könnte. Da die Fehler statistisch verteilt sind, reduziert sich entsprechend der Anzahl von Kantenpunkten, d. h. mit der Größe des Objektes, der Fehler der Bestimmung abgeleiteter Größen wie des Schwerpunktes.

Da Bildsensoren relativ geringe räumliche Auflösungen haben, stellt sich für Präzisionsmessungen trotzdem die Frage, ob es nicht möglich ist, schon einzelne Kantenpunkte mit höherer Genauigkeit, also *subpixelgenau*, bestimmen zu können. Abbildung 4.3 erläutert, daß dies prinzipiell

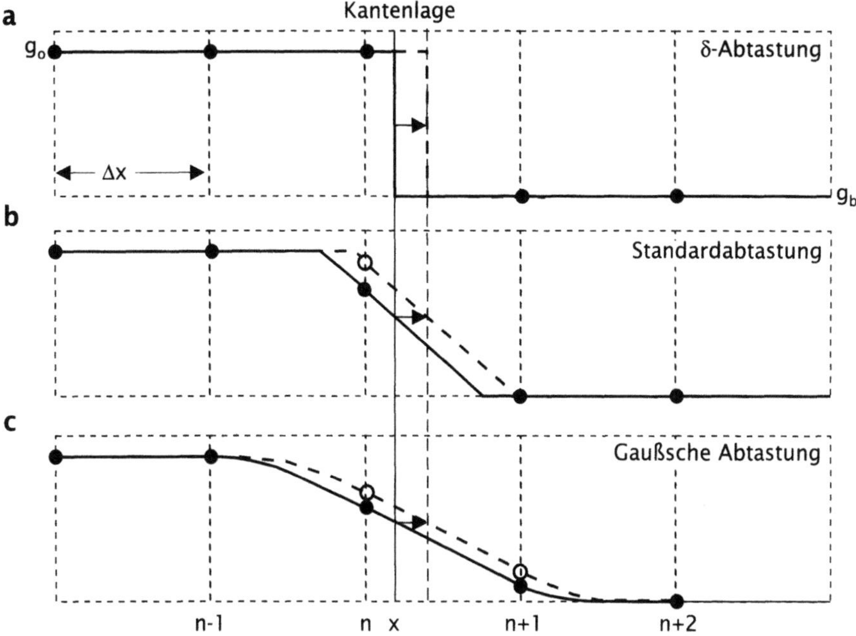

Abb. 4.3. Illustration zur subpixelgenauen Bestimmung der Kantenlage: **a** bei δ-Abtastung kann sich die Kante um ±1/2 Pixel verschieben, ohne daß es zu einer Änderung der abgetasteten Grauwerte kommt. **b** bei Standardabtastung und **c** bei Gaußscher Abtastung (verwaschene Kante) ist dagegen eine subpixelgenaue Bestimmung der Kantenlage möglich

möglich ist, und zwar dann, wenn die Kante unscharf abgebildet wird. Eine scharfe Kante dagegen kann um ±0.5 Pixel Abstand verschoben werden, ohne daß sich die Abtastpunkte verändern (Abb. 4.3a). Wird dagegen die Kante vorher geglättet, wie dies zur Erfüllung des Abtasttheorems notwendig ist, ändern sich die Grauwerte im Kantenbereich zwischen dem Grauwert des Objektes und des Hintergrundes (Abb. 4.3b und c). Aus diesen Grauwertänderungen kann man auf die genaue Lage der Kantenposition schließen. Ohne große Rechnung ist sofort einsichtig, daß die Genauigkeit unmittelbar mit der relativen Genauigkeit der Bestimmung der Grauwerte bezogen auf die Grauwertdifferenz zwischen Objekt und Hintergrund zusammenhängt. Beträgt diese etwa 1 %, so sollte man erwarten können, daß die Genauigkeit der Kantenpositionsbestimmung in der gleichen Größenordnung, d. h. bei etwa 1/100 Pixel, liegt..

Diese Fehlerabschätzung gilt nur für einen idealen Sensor, der über die gesamte Pixelfläche eine homogene Empfindlichkeit aufweist. Dies ist natürlich bei keinem realen Sensor der Fall, so daß zusätzliche sensorbedingte Fehler bei der subpixelgenauen Kantenbestimmung sorgfältig zu berücksichtigen sind. Subpixelgenaue Kantenbestimmungsver-

Abb. 4.4. Querschnitt durch eine Kalibrierplatte mit Löchern in regelmäßigem Abstand. Die Löcher sind konisch, damit sie auch bei schräger Betrachtung nicht in einer Richtung mit einem verengten optischen Durchmesser und damit verschobener Position erscheinen (vergleiche Abb. 4.2a)

fahren befinden sich noch in ihren Anfängen, aber in nächster Zeit sind deutliche Verbesserungen in diesem Bereich zu erwarten.

Form

Nach der Segmentierung kann als nächster Schritt die *Form* der extrahierten Objekte analysiert werden. Für die Beschreibung der Form sind vielfältige Parameter denkbar, angefangen von einfachen Merkmalen wie der *Fläche*, dem *Umfang*, der Rundheit, usw. Besondere Bedeutung haben daher zwei systematische Methoden zur Beschreibung der Form erlangt, *Momente* und *Fourier Deskriptoren*. Mit beiden Methoden ist es möglich, Formparameter zu extrahieren, die invariant sind bezüglich bestimmter Koordinatentransformationen wie z.B. einer Drehung oder Skalierung der Objekte. Damit ist eine eindeutige Beschreibung von Objekten möglich, unabhängig von ihrer Lage und Größe. Die Momentenmethode wird ausführlich in der Monographie von Reiss [18] beschrieben, Fourierdeskriptoren von Sonka et al. [23].

4.2.2 Distanz, Position und Fläche

Geometrische Kamerakalibrierung

Eine *geometrische Kalibrierung* einer Kamera für die Messung von zweidimensionalen flachen Objekten kann in einfacher Weise mit einer Lochrasterplatte durchgeführt werden. Für eine exakte Bestimmung der Position der Löcher ist es notwendig, daß diese konisch verlaufen, wie in Abb. 4.4 gezeigt. Eine solche Platte mit präzisem Lochabstand läßt sich heute leicht automatisch herstellen, z.B. aus Aluminium auf einer CNC-Maschine.

Position der Augenpupille

Abbildung 4.5 zeigt das Auge einer Person zu zwei Zeitpunkten mit unterschiedlichen Positionen der Pupille. Dies ist bedingt durch die unterschiedlichen Blickrichtungen der Person. Damit läßt sich aus der Position der Pupille die Blickrichtung bestimmen. Diese Anwendung tritt z.B. in der Ergonomie auf. Um die Position der Pupille genauer messen

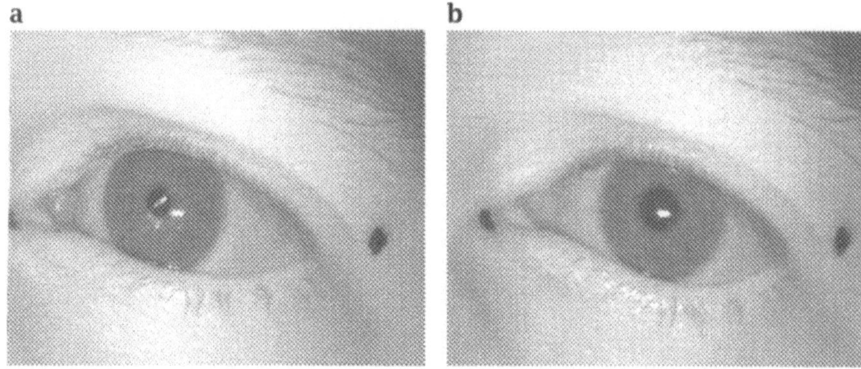

Abb. 4.5. Während einer Autofahrt wird mit einer auf einem Helm montierten Kamera die Umgebung und mit einer zweiten das Auge des Fahrers beobachtet. Aus der Position der Pupille läßt sich schließen, wohin der Fahrer blickt (Szene, Rückspiegel, Armaturen etc.). Aufnahmen überlassen vom Institut für Ergonomie, TU München, Prof. Bubb.

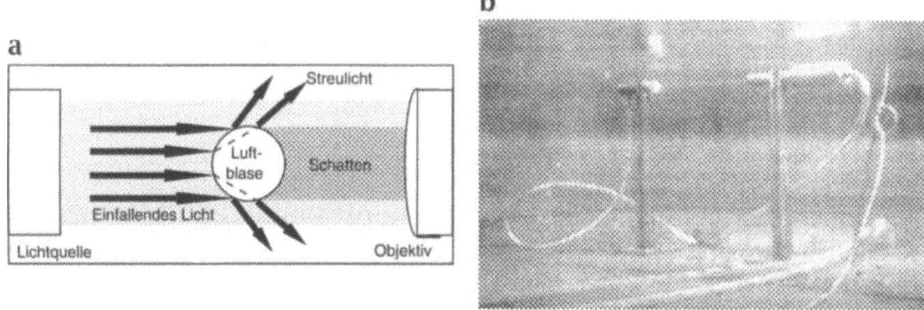

Abb. 4.6. **a** Visualisierungsprinzip für Luftblasen in Wasser mit einem Durchlichtverfahren. Die Blasen reflektieren oder brechen das Licht, so daß sie als dunkle Objekte vor hellem Hintergrund erscheinen (Abb. 4.7). **b** Unterwasseraufnahme der Versuchseinrichtung, wie sie im Wind/Wellen-Kanal von Delft Hydraulics benutzt wurde. Auf dem linken Ständer ist die Lichtquelle, rechts die Aufnahmeoptik und Kamera in wasserdichtem Gehäuse zu sehen. Nach [14] (siehe Farbtafel 7, S 253)

zu können, wurden bei der Versuchsperson in den Augenwinkeln kleine schwarze Flecke als Bezugspunkte markiert.

Blasengrößenbestimmung

Eine häufig vorkommende geometrische Aufgabenstellung der digitalen Bildverarbeitung ist die Bestimmung der Größe von kleinen Teilchen wie Aerosole, Tröpfchen, Blasen, Zellen, Granulate, Pulver, Einschlüsse und vieles mehr. Als Beispiel sei hier die Messung der Fläche von Gasblasen herausgegriffen. Dazu müssen zuerst die Gasblasen mit einer geeigneten optischen Anordnung sichtbar gemacht werden. Abbildung 4.6 zeigt

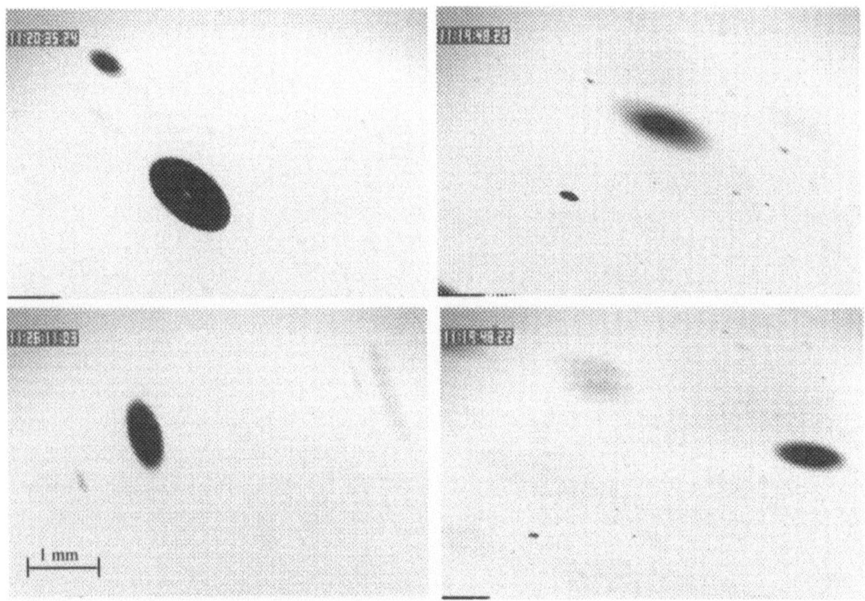

Abb. 4.7. Vier Beispielbilder mit Gasblasen, aufgenommen mit der in Abb. 4.6 dargestellten Visualisierungsmethode. Aus [14]

sowohl eine Fotografie der eingesetzten Apparatur als auch eine schematische Darstellung des Abbildungsprinzips. Es ist ein Durchlichtverfahren; die Blasen reflektieren das Licht, so daß sie als schwarze Ellipsen auf einem hellen Hintergrund erscheinen (Abb. 4.7). Durch die begrenzte Schärfentiefe werden nicht alle Blasen scharf abgebildet, sondern erscheinen in den Bildern mehr oder weniger verschwommen.

4.2.3 Form

Die Analyse der *Form* von Objekten wird hier anhand von zwei Beispielen mit übergeordneten Aufgabenstellungen erläutert.

Garnelen

In der Biologie werden Populationen oft durch statistische Verteilung von charakteristischen Größenmerkmalen der Tiere beschrieben. Ein schwieriges Beispiel dieser Art ist die Längenmessung von Garnelen mit automatischer Bildanalyse. Abb. 4.8 zeigt, daß die Tiere oft gekrümmt sind, manchmal berühren sich Schwanz und Kopf, so daß sie eine tropfenförmige Form bekommen. Ehe eine Längenmessung vorgenommen werden kann, muß daher aus einer Formanalyse zuerst geschlossen werden, wie

Abb. 4.8. In der Fischereiindustrie sind *Größenverteilungen* gefangener Tiere ein wichtiges Hilfsmittel zur Beurteilung der Population und Entwicklung von ökologisch orientierten Fangmethoden. Die manuelle Auswertung ist jedoch mühselig. Daher bietet sich die automatische Bildanalyse an. Die Längenmessung von Garnelen ist aber kein triviales Problem, da die Tiere oft zusammengerollt sind. Bild überlassen von [15]

die Garnelen liegen. Dann ist es möglich, aus der Form auch die Länge zu bestimmen.

Krümmungsmessung

Ein Beispiel ganz anderer Art sind die in Abb. 4.9 dargestellten Reflexe einer ringförmigen Lichtquelle an der Wasseroberfläche. Bei flacher Wasseroberfläche würde man direkt ein Spiegelbild der ringförmigen Lichtquelle sehen. Ist die Wasseroberfläche jedoch gekrümmt, verzerrt sich das Spiegelbild und wird in der Regel deutlich kleiner. Abb. 4.9 zeigt die vielfältigen Formen, die das Spiegelbild dann annimmt. Durch eine Analyse dieser Form läßt sich direkt auf die Krümmung der Wasseroberfläche zurückschließen.

4.2.4 Zählen

Blasengrößenverteilung

Das *Zählen* von Objekten in Bildern erscheint als eine triviale Aufgabe. Man muß ja lediglich die Objekte durchnumerieren. Daher sollen hier zwei kompliziertere Verfahren dargestellt werden, bei denen erst durch die Bildverarbeitung das Meßvolumen für eine korrekte Konzentrationsmessung definiert wird.

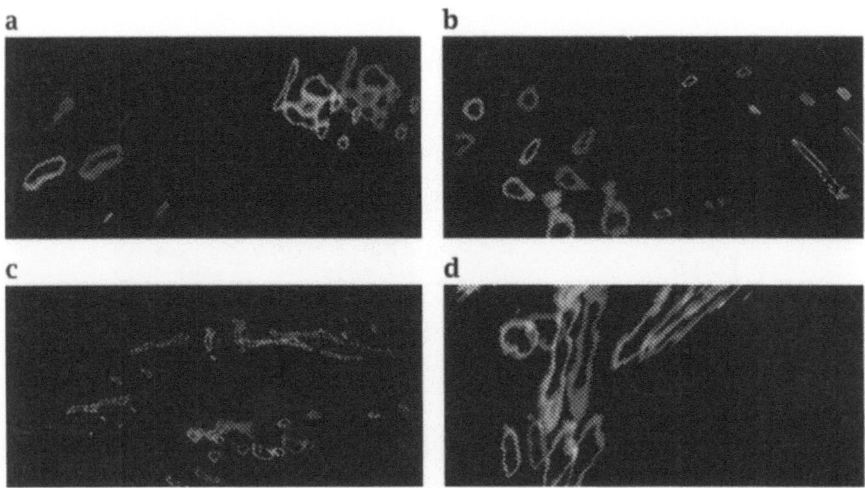

Abb. 4.9. Aus der Form der Reflexe einer ringförmigen Lichtquelle an der Wasseroberfläche läßt sich auf die Krümmung der Wasseroberfläche schließen. Durch die Stereoanordnung (linkes Bild grün, rechtes rot dargestellt) kann zusätzlich die Höhe der Reflexe
gemessen werden. Bildausschnitt etwa 20 cm × 30 cm. Bilder überlassen von [2] (siehe
Farbtafel 8, S 254)

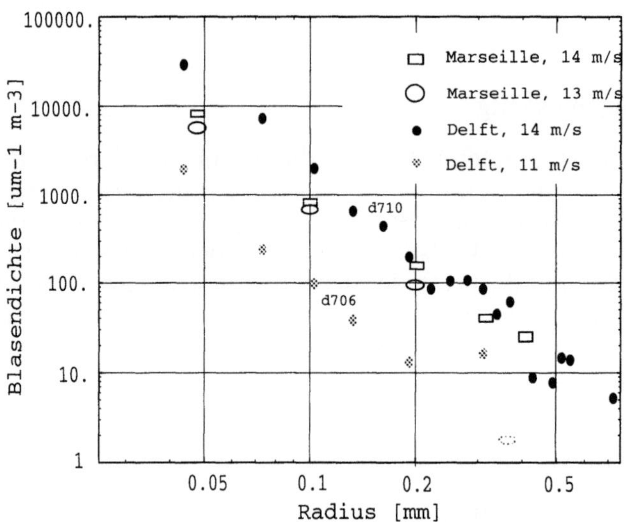

Abb. 4.10. Größenspektrum von durch brechende Wellen ins Wasser geschlagene Gasblasen. Die mit Delft markierten Punkte wurden mit dem in Abb. 4.6 dargestellten Visualisierungsverfahren aus je 600 Bildern bestimmt. Aus [14]

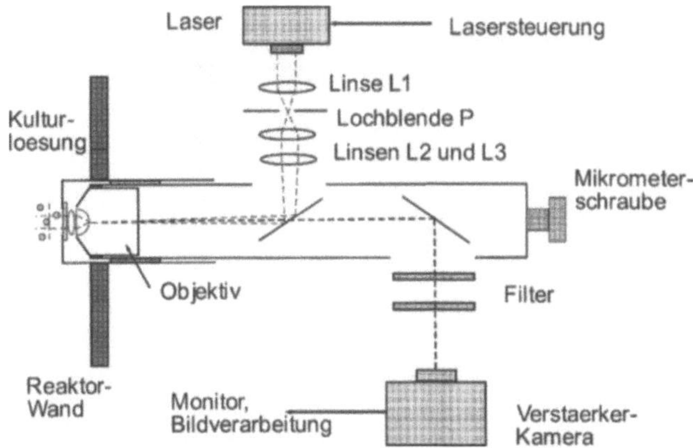

Abb. 4.11. In situ-Mikroskopieanordnung zum Zählen von Zellen in einem Bioreaktor bei Fermentationsprozessen [21]

In Abschn. 4.2.2 haben wir schon das Visualisierungsverfahren zur Größenbestimmung von Blasen vorgestellt. Abb. 4.7 zeigt, daß durch die begrenzte Tiefenschärfe die Blasen teilweise sehr unscharf abgebildet werden. Eine direkte Konzentrationsbestimmung ist außerdem wegen des nicht definierten Meßvolumens nicht möglich. Mit einem neuen, auf dem sog. *Depth from Focus* basierenden Verfahren kann man aber die Unschärfe ausnutzen, um die Tiefenposition zu bestimmen. Damit ist dann nicht nur ein Meßvolumen definiert, sondern die gemessene Unschärfe kann auch benutzt werden, um die wahre Objektgröße zu ermitteln. Neu an desem Depth-from-Focus-Verfahren ist, daß es mit einem einzigen Bild auskommt, wenn man einmal die Punktantwortfunktion des optischen Systems sorgfältig ausgemessen hat. Abb. 4.10 belegt, daß das neue Verfahren zuverlässige Größenspektren von Blasen liefert. Es hat außerdem den Vorteil, daß die Häufigkeit von größeren Blasen wesentlich zuverlässiger bestimmt werden kann, da das Meßvolumen proportional zum Basenradius ansteigt.

In situ-Konzentrationsbestimmung von Zellen im Bioreaktor

Das gleiche Verfahren wie zur Bestimmung der Blasengrößenverteilung konnte auch zur in situ-*Konzentrationsbestimmung* von Zellen im Bioreaktor bei Fermentationsprozessen eingesetzt werden. Gegenüber gängigen Methoden, wie z. B. der Fluß-Zytometrie, hat dieses Verfahren den großen Vorteil, daß keinerlei Proben aus dem Bioreaktor entnommen werden müssen, sondern daß ein Mikroskop direkt an den Bioreaktor angeflanscht wird, um dort die Messungen vorzunehmen (Abb. 4.11). Die Zellen werden durch Anregung der NADP-*Fluoreszenz* mit einem Stickstofflaser sichtbar gemacht. Dieses Verfahren hat den Vorteil, daß nur lebende Zellen gemessen werden. Allerdings ist die NADP-Fluoreszenz

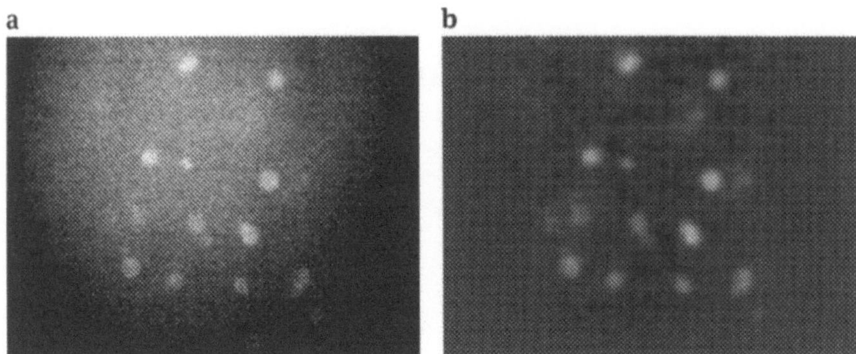

Abb. 4.12. **a** Hefezellen, aufgenommen mit dem in situ-Mikroskopieverfahren während einer Fermentation im Bioreaktor. Die Zellen werden durch Anregung der NADP-Fluoreszenz mit einem Stickstofflaser sichtbar gemacht und mit einer Restlichtverstärkerkamera aufgenommen; daher das hohe Rauschen. **b** Durch adaptive Glättung verbessertes Bild. Aus [21]

so schwach, daß die Zellen nur mit einer Restlichtverstärkerkamera aufgenommen werden können. Daher zeigen die Bilder einen enorm hohen Rauschpegel (Abb. 4.12).

Mit diesen Bildern ist es nicht denkbar, die Unschärfe zu analysieren. Daher wurde ein *adaptives Glättungsverfahren* vorgeschaltet, daß zu einer signifikanten Bildverbesserung führt (Abb. 4.12b). Mit diesem verbesserten Bildmaterial kann jetzt die Unschärfe analysiert und damit ein Meßvolumen bestimmt werden. Wie Abb. 4.13 zeigt, ist mit dem neuen, auf Bildverarbeitung basierenden Verfahren eine zuverlässige in situ-Messung der Zellkonzentrationen bei der Fermentation möglich. Damit kann neben Nährstoffgehalt, Sauerstoffkonzentration, Temperatur und pH-Wert jetzt auch die wesentliche Größe der Zellkonzentration direkt in die Prozeßsteuerung einbezogen werden.

4.3   Photometrische Messung

4.3.1   Verfahren

Während es bei geometrischen Messungen nur auf den prinzipiellen Unterschied in der Helligkeit zwischen Objekt und Hintergrund ankommt, nutzen photometrische Messungen die Objekthelligkeit auf der Bildebene aus, um daraus einen interessierenden Parameter des Objektes zu bestimmen. Es ist offensichtlich, daß es bei solchen Messungen darauf ankommt, möglichst einen linearen Zusammenhang zwischen der Meßgröße und der Helligkeit im Bild herzustellen und den Einfluß von anderen sekundären Parametern zu unterdrücken. Photometrische Meßverfahren weisen eine unglaubliche Fülle an Möglichkeiten auf. Das beginnt

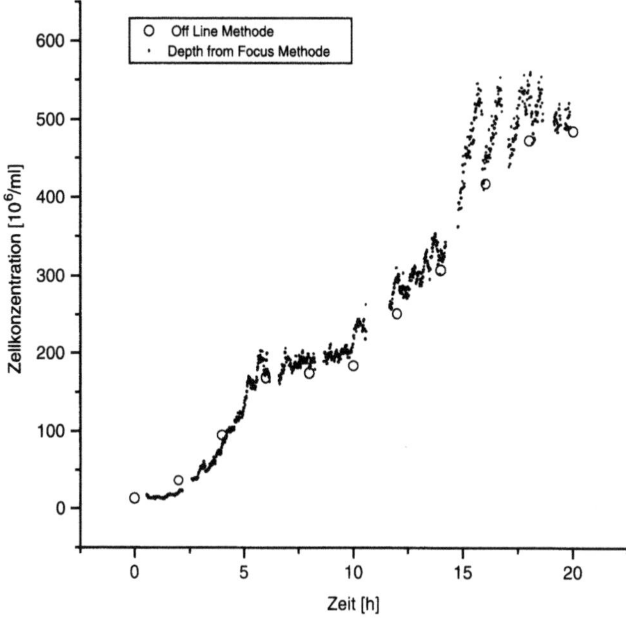

Abb. 4.13. Verlauf der Zellzahlen bei der Fermentation. Vergleichende Darstellung der Ergebnisse des in situ-Mikroskopieverfahrens mit Probenahmen und konventionellen Zellzählverfahren. Aus [21]

schon mit der Wahl des bildaufnehmenden Verfahrens. In Abb. 2.2 wurde die prinzipielle Einteilung von bildaufnehmenden Verfahren zusammengefaßt. Allein elektromagnetische Strahlen (Abb. 2.3) erlauben die Visualisierung vielfältiger Objektparameter. Es würde den Rahmen dieses Buches sprengen, hier eine systematische Übersicht zu geben. Dazu sei auf [13] verwiesen.

Hier soll vielmehr exemplarisch eine Reihe besonders relevanter Verfahren vorgestellt werden, mit denen es möglich ist, Objekte zu identifizieren (Abschn. 4.3.2), die Konzentration bestimmter Stoffe zu messen (Abschn. 4.3.3) und berührungslos Oberflächentemperaturen zu ermitteln (Abschn. 4.3.4).

4.3.2 Identifikation

Färbemethoden

Färbemethoden sind so alt wie die Mikroskopie selbst. Viele biologische Objekte lassen sich ohne solche Methoden nicht identifizieren. Die Färbetechniken haben inzwischen einen hohen Stand erreicht. Ein Beispiel am Rande des heute technisch Möglichen zeigt Abb. 4.14 aus der Arbeit einer Forschergruppe an der Universität Heidelberg (Humangenetik, angewandte Physik und Institut für wissenschaftliches Rechnen).

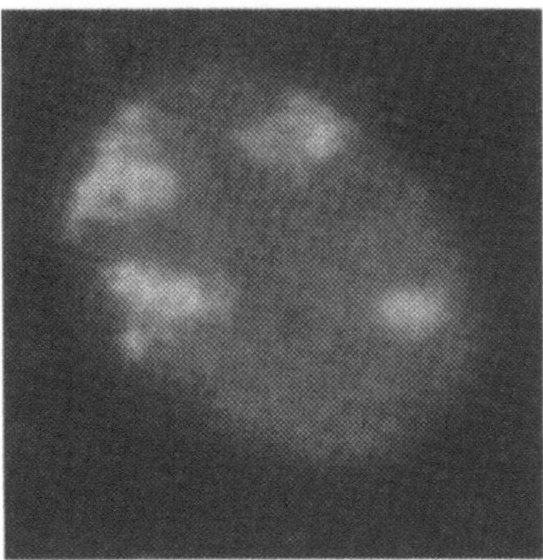

Abb. 4.14.   Ein menschlicher Zellkern, bei dem das Chromosom 7 und das Geschlechtschromosom X grün angefärbt wurden. Zur Unterscheidung der beiden Chromosomen wurde eine Teilstruktur von Chromosom 7 zusätzlich rot angefärbt. Der gesamte Zellkern ist mit einem dunkelblauen Farbstoff gegengefärbt. Bildgröße $30\,\mu$m $\times\,30\,\mu$m. Aus [3] (siehe Farbtafel 9, S 254)

Die Abbildung zeigt einen Zellkern, bei dem selektiv das Chromosom 7 und das Geschlechtschromosom X gefärbt sind. Der gesamte Zellkern wurde mit einem dunkelblauen Farbstoff gegengefärbt [3].

4.3.3 Konzentration

Fluoreszenzmethoden zur Untersuchung des Gasaustauschs

Hier wird ein Beispiel beschrieben, bei dem Konzentrationsmessungen mit anderen Techniken unmöglich sind, da der Untersuchungsgegenstand einer direkten Probennahme nicht zugänglich ist. Der Austausch von gasförmigen Spurenstoffen wie CO_2, Methan oder die Fluorkohlenwasserstoffe zwischen Atmosphäre und Ozean wird von einer dünnen Schicht, der sog. viskosen Grenzschicht an der Wasseroberfläche kontrolliert. Diese Schicht weist eine Dicke von nur 30–300 μm auf. Durch ein Wechselspiel zwischen molekularer Diffusion und turbulenter Mischung in dieser dünnen Schicht wird bestimmt, wie schnell das Gas in den Ozean gelangen kann. Um die Konzentration gelöster Gase in dieser Schicht direkt zu messen, wurde eine neue Visualisierungstechnik entwickelt, die ein chemisch reaktives Gas (HCl) und laserinduzierte Fluoreszenz benutzt [9], [10]. In Abb. 4.15 wird eine Zeitserie eines vertikalen Konzentrationsprofils gezeigt. Die dunkle, dünne Schicht zeigt die durch Wellen bewegte Wasseroberfläche. Bedingt durch Totalreflexion sieht man die Konzentrationen unterhalb der Wasseroberfläche doppelt, einmal direkt und zum zweiten das Spiegelbild scheinbar oberhalb der Wasserober-

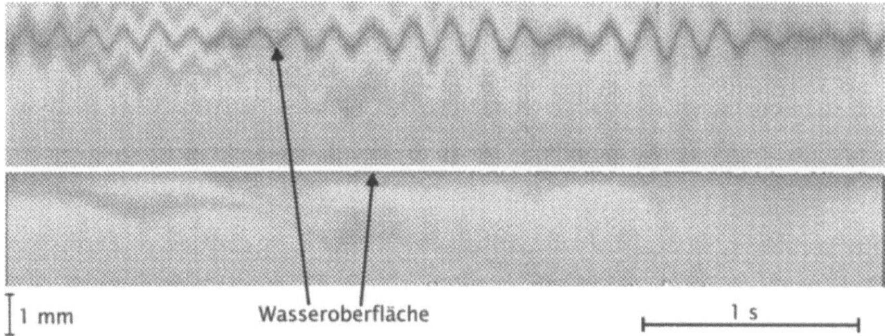

Abb. 4.15. Eine 5 Sekunden lange Zeitserie vertikaler Konzentrationsprofile eines in Wasser gelösten Gases unmittelbar an der Wasseroberfläche, die durch Wellen bewegt wird. Bedingt durch Totalreflexion an der Wasseroberfläche, ist das Profil ein zweites Mal auch oberhalb der Wasseroberfläche zu sehen. In der unteren Abbildung ist das gleiche Profil dargestellt, nur in einem Koordinatensystem bezogen auf die Wasseroberfläche, die unmittelbar am oberen Rand der unteren Abbildung liegt. Aus [10]

fläche. Durch Minimumssuche kann die Wasseroberfläche durch Bildverarbeitungstechniken gefunden werden und dann die Konzentration direkt als Funktion des Abstandes zur Wasseroberfläche aufgetragen werden (Abb. 4.15 unten). Man kann sehr deutlich erkennen, wie stark die Grenzschichtdicke schwankt und wie sich Teile von ihr ablösen und in die Wassertiefe getragen werden. Somit erhält man einen direkten Einblick in die Mechanismen des Gasaustausches.

4.3.4 Temperatur

Studium von Austauschprozessen an der Meeresoberfläche durch Thermographie

Moderne Halbleiterbildkameras zeigen eine Temperaturauflösung von etwa 20 mK. Bedingt durch diese hohe Temperaturauflösung lassen sich eine Reihe von interessanten Phänomenen studieren. Durch Abstrahlung der Ozeanoberfläche in den kalten Himmel, Verdunstung oder sensiblen Wärmeaustausch kühlt die Meeresoberfläche ab. Da diese Abkühlung unmittelbar an der Oberfläche stattfindet, muß die Wärme aus der Tiefe wieder an die Oberfläche herangeführt werden. Dies geschieht teilweise durch molekulare Diffusion, teilweise aber auch durch turbulente Austauschprozesse wie z. B. große Wirbel, die wärmeres Wasser an die Oberfläche tragen. Es ist offensichtlich, daß sich diese Prozesse unmittelbar in hochauflösenden Temperaturbildern von der Meeresoberfläche widerspiegeln müssen. Je länger ein Wasserpaket an der Meeresoberfläche verbleibt, desto stärker kühlt es ab, bis es evtl. durch einen Wirbel wieder durch wärmeres Wasser ersetzt wird.

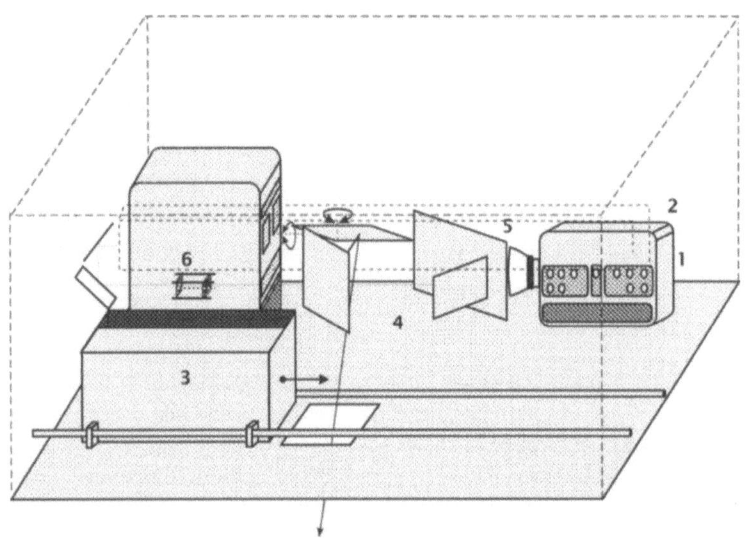

Abb. 4.16. Schematische Zeichnung der Apparatur zur aktiven Thermographie der Wasseroberfläche: 1 Amber Radiance1-Wärmebildkamera (Wellenlängenbereich 3–5 μm), 2 CO_2 Laser, 3 Kalibrierbox mit drei Schwarzkörperstrahlern unterschiedlicher Temperatur, 4 Zweiachsiger Scanner, 5 Strahlteiler, 6 Fokussieroptik für CO_2 Laser. Aus [5] (siehe Farbtafel 10, S 255)

Abb. 4.17. Montage der Apparatur aus Abb. 4.16 am Bug des Forschungsschiffs „New Horizon". Aus [5] (siehe Farbtafel 11, S 255)

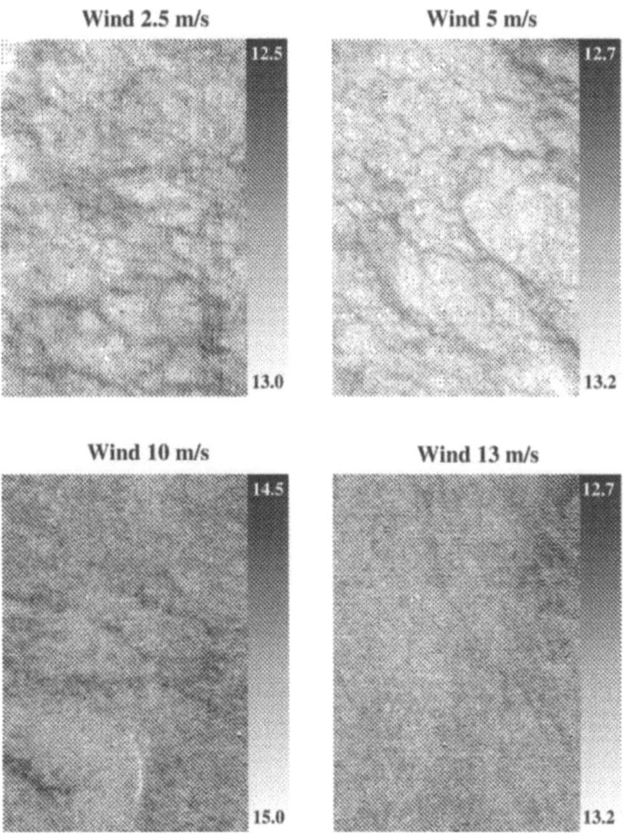

Abb. 4.18. Beispielbilder von den kleinskaligen Temperaturfluktuationen an der Meeresoberfläche bei unterschiedlichen Windgeschwindigkeiten (wie angegeben). Aus [6]

Diese Prozesse wurden kürzlich auf einer Forschungsfahrt des Forschungsschiffs „New Horizon" untersucht. Eine schematische Zeichnung der dazu benutzten Apparatur ist in Abb. 4.16 gezeigt, die Montage des Systems am Bug des Forschungsschiffs in Abb. 4.17. Beispielbilder bei unterschiedlichen Windgeschwindigkeiten von der Temperaturfeinstruktur an der Meeresoberfläche sind in Abb. 4.18 abgebildet. Deutlich zu sehen ist, wie stark die Strukturen von der Windgeschwindigkeit abhängen und daß der Kontrast, sprich die Temperaturfluktuationen mit Erhöhung der Windgeschwindigkeit abnehmen. Das liegt daran, daß der Wärmeaustausch bei höheren Windgeschwindigkeiten schneller ist. Kennt man nun den Wärmefluß an der Wasseroberfläche, läßt sich unmittelbar die Wärmeaustauschrate bestimmen. Aus dieser wiederum erhält man durch Analogieschluß eine direkte Messung der Gasaustauschrate zwischen At-

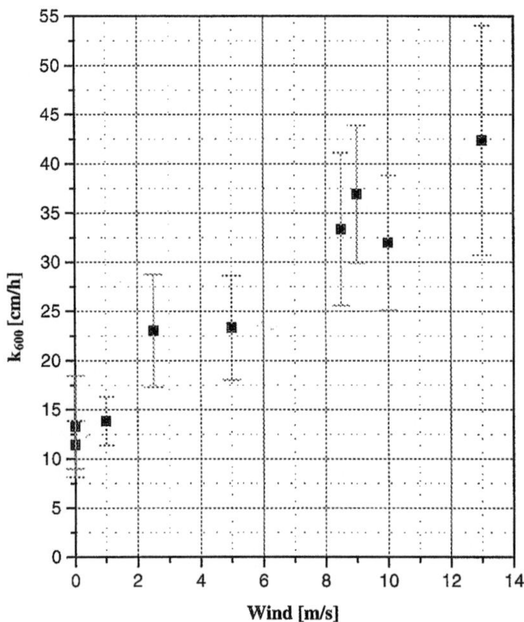

Abb. 4.19. Aus den Temperaturfluktuationen an der Wasseroberfläche bestimmte Gasaustauschraten. Aus [6]

mosphäre und Ozean. Erste Ergebnisse solcher Austauschraten oder Transferkoeffizienten sind in Abb. 4.19 gezeigt.

Das hier gezeigte Verfahren ist das erste seiner Art, das es erlaubt, lokal und mit einer zeitlichen Auflösung von weniger als einer Minute die Austauschrate von Gasen zu bestimmen. Die bisherige Meßtechnik konnte nur Mittelwerte über Tage bestimmen.

Temperatur von Pflanzenblättern

Ebenso interessant und innovativ ist der Einsatz der Thermographie in der botanischen Forschung. Abb. 4.20a zeigt die Temperatur eines Rizinusblattes. Sie ist keineswegs einheitlich, sondern zeigt überraschenderweise deutliche kleinräumliche Temperaturänderungen. Diese werden dadurch hervorgerufen, daß die Verdunstung nicht über die Blattfläche gleichmäßig verteilt ist. Da die Verdunstung über die Breite der Spaltöffnungen kontrolliert wird, müssen diese ungleichmäßig weit of-

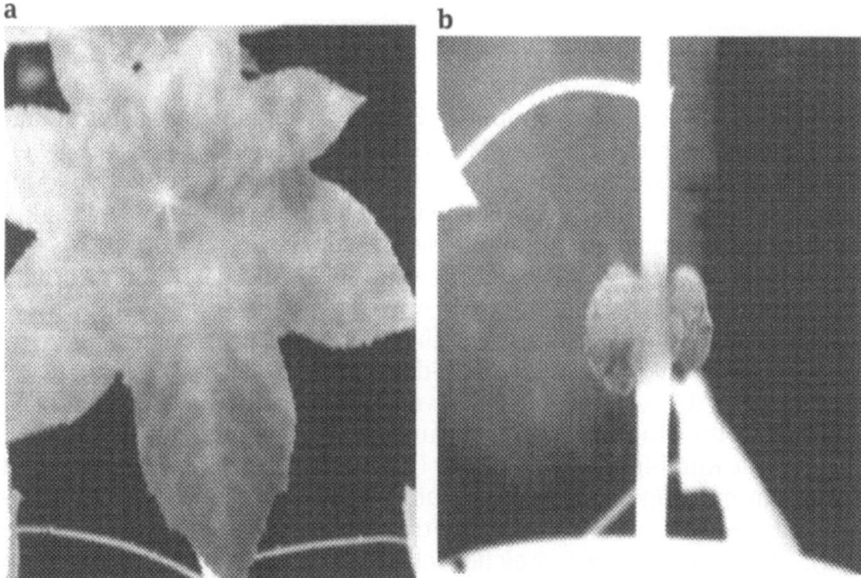

Abb. 4.20. Einsatz der *Thermographie* in der botanischen Forschung: **a** Infrarotaufnahme eines Rizinusblattes: Die fleckige Blattoberfläche belegt die ungleichmäßige Verdunstung und damit Photosynthese über die Blattoberfläche. **b** Das schnelle Wachstum eines Planzentumors zerstört weitgehend die die Verdunstung verhindernde Wachsschicht. Im Infrarotbild erscheint der Tumor deutlich kälter (dunkler) als der Stengel und fast so kalt wie ein links im Hintergrund unscharf abgebildeter nasser Schwamm. Aus bisher unveröffentlichen Daten der Zusammenarbeit von B. Jähne mit U. Schurr und M. Stitt vom botanischen Institut der Universität Heidelberg; siehe auch [20]

fen sein. Da durch den gleichen Mechanismus die *Photosynthese* kontrolliert wird (über den CO_2-Austausch), muß auch die Photosynthese ungleichmäßig über die Blattfläche verteilt sein. Diese Technik ist der erste direkte Beweise für die ungleichmäßige Verdunstung auf der Blattoberfläche.

Ein anderes interessantes Phänomen ist in Abb. 4.20b zu sehen. Der Tumor am Stengel der Rizinuspflanze ist deutlich kühler als der Stengel selbst, ja er ist fast so kalt wie ein links im Hintergrund unscharf abgebildeter nasser Schwamm. Daraus läßt sich unmittelbar schließen, daß die Pflanze an der Tumoroberfläche ungehindert verdunstet und damit unkontrolliert erheblich Wasser verliert. Normalerweise ist die Pflanze durch eine Wachsschicht vor Wasserverlust geschützt und Verdunstung tritt im wesentlichen nur an den Spaltöffnungen der Blätter auf, deren Breite die Pflanze einstellen kann. Fazit: an der Tumoroberfläche verdunstet die Pflanze ungehindert, was zu einem erheblichen Wasserverlust führt.

4.4 Strukturmessung

4.4.1 Verfahren

Reine geometrische oder photometrische Messungen sind in bezug auf
die Bildanalyse recht einfache Methoden. Die eigentliche Schwierigkeit
bei diesen Methoden liegt im korrekten und adäquaten Aufbau des Auf-
nahmeverfahrens. Die Bildanalyse wird dann erst schwierig, wenn kom-
binierte geometrisch-photometrische Messungen durchgeführt werden
müssen. Eines der bekanntesten Anwendungsgebiete ist die Texturanalyse. Unter dem Gesichtspunkt der Anwendung in Technik und Wissenschaft kann Textur allerdings sehr Unterschiedliches bedeuten.

Wir beschränken uns hier auf drei grundsätzliche Methoden, die
statistische Auswertung mit Hilfe von Wellenzahlspektren, die Analyse orientierter Grauwertstrukturen und die Bestimmung lokaler Wellenzahlen. Die Kombination von lokaler Orientierung und lokaler Wellenzahl
bildet ein mächtiges Instrumentarium für die Texturanalyse. Bei Spektren interessiert man sich im wesentlichen für eine statistische Auswertung. Man möchte wissen, welche Wellenzahlen wie häufig in den Bildern
vorkommen. Die Verfahren der lokalen Orientierung und Wellenzahl
dagegen erhalten die räumliche Auflösung und bestimmen die Richtung
und typische charakteristische Skala in einer Nachbarschaft.

4.4.2 Spektren

Wellenzahlspektren von Windwellen

Das klassische Instrument zur Analyse von Zeitserien ist die Fouriertransformation. Die gleiche Methodik läßt sich auch auf Bilddaten übertragen, ist bisher aber nur wenig angewandt worden, weil die Entwicklung
geeigneter bildaufnehmender Meßverfahren erst in der Entwicklung begriffen ist.

Ein inzwischen klassisches Anwendungsgebiet ist die Wellenzahlana-
lyse von winderzeugten Wasseroberflächenwellen. Mit einem geeigneten
Visualisierungsverfahren wurde die Neigung in Windrichtung auf die Bildhelligkeit abgebildet (Abb. 4.21 und 4.22). Die resultierenden Wellenzahlspektren (Abb. 4.23) geben sowohl die Winkelverteilung als auch
die Wellenzahlverteilung der Wasseroberflächenwellen wieder. Um statistisch abgesicherte Spektren zu erhalten, müssen diese als Mittelwert von
mehreren 100 Bildern berechnet werden.

4.4.3 Wellenlänge

Deformationsanalyse durch Interferenzstreifenvermessung

Bei der Fouriertransformation geht jede räumliche Information verloren.
Man kann nicht mehr sagen, an welcher Position welche Wellenlänge ge-

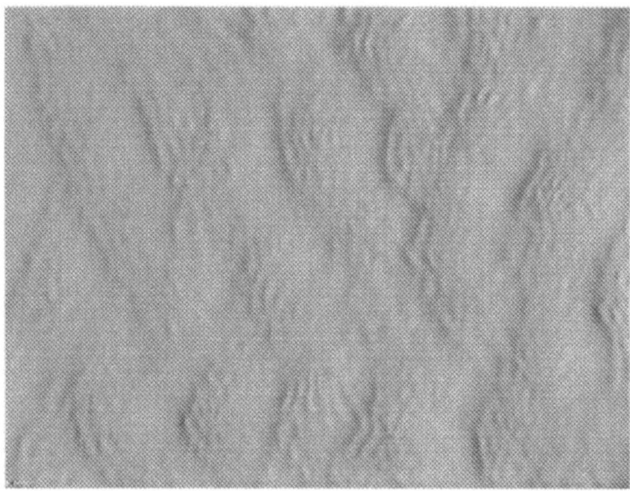

Abb. 4.21. Durch ein geeignetes Visualisierungsverfahren kann die Neigung von Wasseroberflächenwellen sichtbar gemacht werden. Bildausschnitt 25×31 cm^2, Wind (4 m/s) bläst von rechts nach links. Die Bilder wurden in dem Wind-Wellen Kanal des IMST an der Universität Marseille aufgenommen. Bisher unveröffentlichte Aufnahmen des Autors

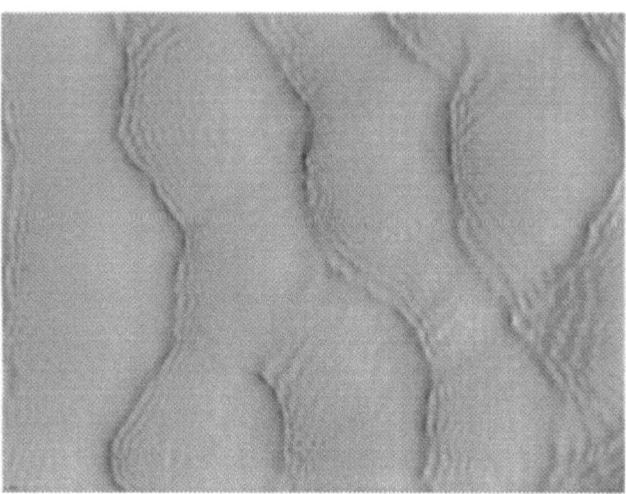

Abb. 4.22. Wie Abb. 4.21, nur bei 6 m/s Windgeschwindigkeit. Bisher unveröffentlichte Aufnahme des Autors

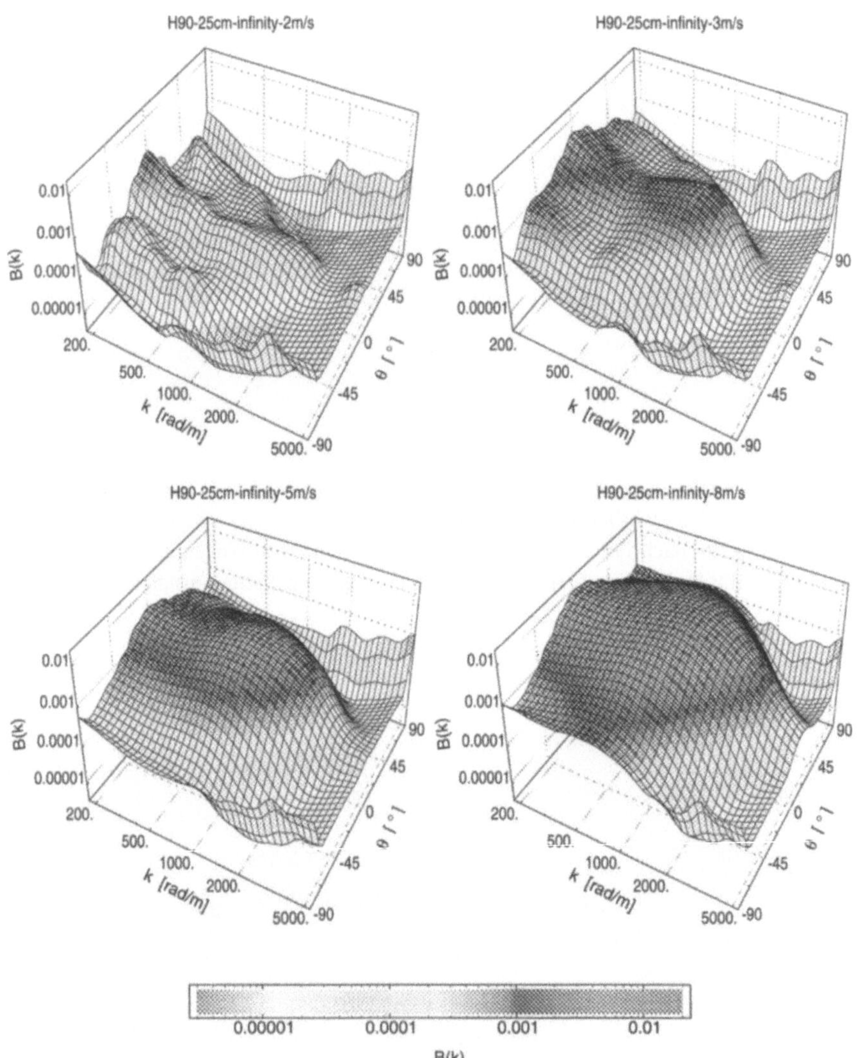

Abb. 4.23. Energiespektren von winderzeugten Wellen. Die Spektren zeigen die Winkel- und Wellenzahlverteilung der Wellen bei verschiedenen Windgeschwindigkeiten, wie sie im Wind/Wellen-Kanal der Universität Heidelberg gemessen wurden. Jedes der gezeigten Spektren ist ein Mittelwert aus mehreren hundert Bildern (siehe Farbtafel 12, S 256)

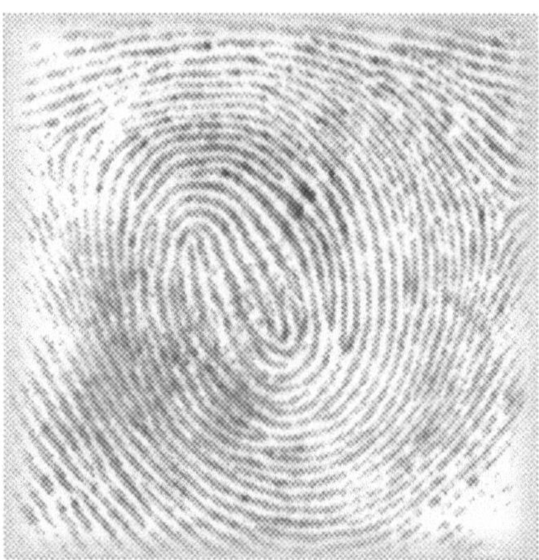

Abb. 4.24. Fingerabdruckbild, das mit anisotropen Diffusionsfiltern verbessert werden kann (Abb. 4.25). Aus [24]

funden wurde. Daher ist diese Methode für viele Meßaufgaben nicht brauchbar. Benötigt werden Methoden, die es erlauben, die lokale Wellenlänge in einem Bild zu bestimmen.

Ein typischer Anwendungsfall sind die vielfältigen Meßmethoden mit Streifenmustern bzw. Interferenzstreifenauswertung. Hier möchte man direkt den Abstand der Interferenzstreifen und deren Position, sprich die lokale Wellenlänge und Phasenlage bestimmen.

4.4.4 Lokale Orientierung

Bildverbesserung von Fingerabdrücken

Verfahren zur lokalen Orientierung wurden schon in Abschn. 2.4.4 diskutiert (siehe auch Abb. 2.17). Hier soll daher auf die Möglichkeiten hingewiesen werden, eine nachhaltige Bildverbesserung mit Hilfe der lokalen Orientierung zu erreichen. In Abb. 4.24 ist ein Original Fingerabdruckbild zu sehen. Es weist zahlreiche Störungen und Unterbrechungen der Linien auf. Eine Bildverbesserung aufgrund der lokalen Orientierung ist auf folgende Art und Weise möglich. Die lokale Orientierung wird benutzt, um eine adaptive Filterung aufzusetzen. Eine Glättung nur in Richtung konstanter Grauwerte führt zu einer Verbesserung der Linien ohne diese unscharf erscheinen zu lassen (Abb. 4.25). Das Verfahren zur adaptiven Filterung wurde hier mit einem die Kohärenz erhöhenden anisotropen Diffusionsfilter durchgeführt [24].

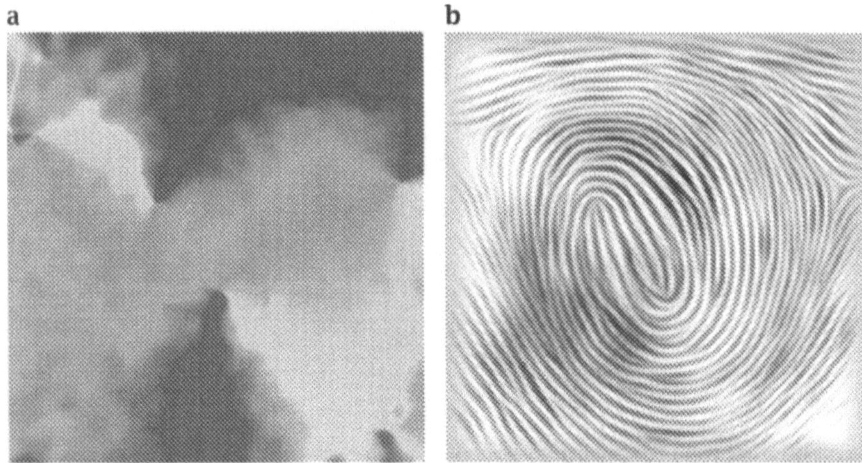

Abb. 4.25. Bildverbesserung durch auf lokaler Orientierung beruhende adaptive Filterung, angewandt auf das in Abb. 4.24 dargestellte Fingerabdruckbild. **a** Orientierungsbild, **b** das mit der die Kohärenz erhöhenden anisotropen Diffusion verbesserte Bild. Aus [24] (siehe Farbtafel 13, S 257)

4.4.5 Texturanalyse

Textur von Vliesstoffen

In der *Texturanalyse* fließen sowohl Verfahren der lokalen Orientierung als auch der lokalen Wellenzahl zusammen. Dieses Zusammenwirken wird schön an dem Beispiel in Abb. 4.26 deutlich. In Abb. 4.26a ist ein Ausschnitt aus einem Vliesstoff mit einem Fehler gezeigt. Durch fortschreitende adaptive Glättung nach dem in Abschn. 4.4.4 beschriebenen Verfahren kommt die grobe Fehlstelle langsam immer deutlicher heraus. Ein einfaches Glättungsverfahren hätte die Störstelle wegen ihrer geringen Dicke sehr schnell herausgefiltert.

4.5 Klassifizierung

4.5.1 Verfahren

Klassifizierung wird ausführlich in den Standardlehrbüchern behandelt und soll daher hier nicht wiederholt werden. Es soll daher an dieser Stelle auf einen Aspekt verwiesen werden, der gerade bei wissenschaftlichen und technischen Anwendungen oft übersehen wird, nämlich die Frage, wie wohlgestellt das Klassifizierungsproblem ist. An dieser Frage entscheidet sich, wie man das Klassifizierungsproblem sinnvoll angeht. Es können folgende prinzipielle Probleme bei der Einteilung von Objekten in Klassen auftreten.

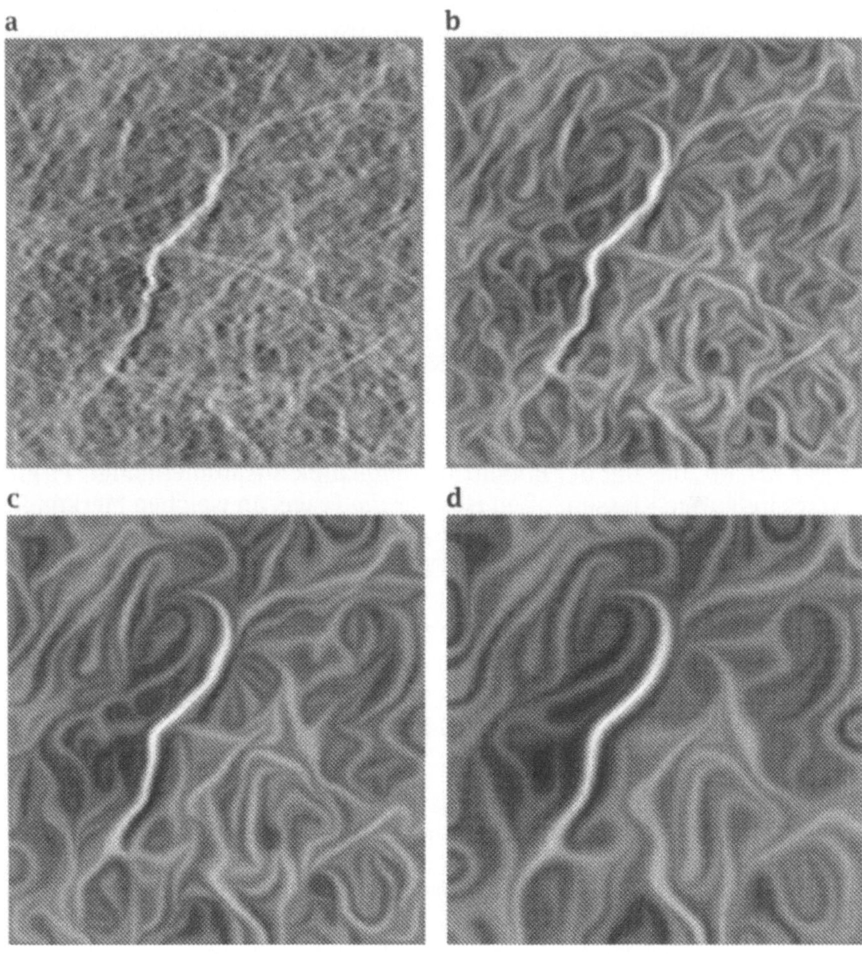

Abb. 4.26. Veranschaulichung des Skalenverhaltens der adaptiven, auf anisotropen Diffusionsfiltern basierenden Glättung, demonstriert an einem Vliesstoff mit einem Fehler. **a** Originalbild, **b–d** fortschreitende adaptive Diffusion. Aus [24]

Wohldefinierte Klassen — aber kaum unterscheidbare Merkmale. In diesem Fall kann man die untersuchten Objekte eindeutig in Klassen einteilen. Es können aber zwei oder mehr Klassen von Objekten vorliegen, die kaum unterscheidbare Merkmale haben. Das bekannteste Problem dieser Art ist die Zeichenerkennung. Die möglichen Zeichen sind eindeutig definiert. Manche aber sind sehr ähnlich, wie z. B. das große O und die Zahl 0 oder das große I und der Buchstabe l. Obwohl also die Zeichen eindeutig definiert sind, kann es sehr leicht zu Verwechslungen kommen. Die einzig mögliche Lösung in diesem Fall ist, Information aus dem Kontext heranzuziehen, um solche problematischen Zeichen besser unterscheiden zu können. So könnte man z.B. die Regel heranziehen, daß ein Großbuchstabe immer nur am Anfang eines Wortes steht, um das große I von dem kleinen l zu unterscheiden, oder die Regel, daß die Zahl 0 nicht zu Beginn eines Wortes steht sondern höchstens ein großes O.

Fließende Übergänge. Bei dieser Problemstellung fällt es schwer, die untersuchten Objekte eindeutig in Klassen zu unterteilen. Das beste Beispiel dafür ist die Grundfrage der Medizin: „gesund oder krank?" Bei der Frage, ob eine gewisse Zelle eine Krebszelle ist, wird es immer fließende Übergänge geben. Trotzdem kann in einem solchen Fall eine Entscheidung zwischen mehreren Klassen getroffen werden.

Problematische Merkmalszuordnung. Hier tritt ein Problem völlig anderer Art auf, das mit der Bildaufnahmetechnik zusammenhängt. Es gibt zwar eindeutige Klassen, offen ist aber die Frage, an welchen Merkmalen sie erkannt werden können. Dieses Problem ist typisch für Fernerkundungsaufgaben. Jeder weiß einen Wald von einer Wiese zu unterscheiden. Die Frage ist aber, wie diese sich in Satellitenbildern unterscheiden. Es ist offensichtlich, daß dieses Problem nicht von der Bildverarbeitungsseite, sondern von der betreffenden Wissenschaft gelöst werden muß, um einen eindeutigen Zusammenhang zwischen optischen Parametern in Bildern und der entsprechenden Klasse herzustellen.

Es gibt keine Klassen. Auch dieser Fall kann auftreten. Man meint, es könnte verschiedene Klassen von Objekten geben; in Wirklichkeit ist aber ein fließender Übergang vorhanden, der prinzipiell keine Trennung zuläßt. Dieses Problem kann auftreten, wenn es zwar klar definiert Klassen gibt, man aber übersehen hat, daß alle möglichen Übergangsformen zwischen den beiden Klassen ebenfalls existieren.

4.6   Dreidimensionale Bildverarbeitung

4.6.1   Verfahren

Der erste Schritt der 3D-Bildverarbeitung ist die Tiefengewinnung. Dieses Verfahren entspricht der uns gewohnten dreidimensionalen Umgebung, die in der Regel durch undurchsichtige Objekte gekennzeichnet ist. Damit ist eine echte dreidimensionale Information unnötig. Es reicht, die Tiefe der Oberflächen zu gewinnen. Für technische und wissenschaftliche Anwendungen der Bildverarbeitung steht eine Fülle unterschiedlicher Verfahren zur Verfügung.

   1. Laufzeitverfahren

 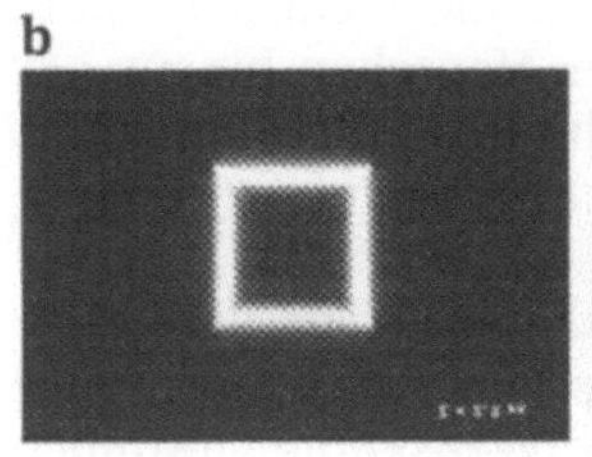 

Abb. 4.27. Demonstration der konfokalen Abbildung an einer pyramidenförigen Struktur: **a** konventielles Mikroskopbild; **b** konfokale Abbildung mit Scharfstellung auf etwa die halbe Höhe der Pyramide; **c** Aus einer Fokusserie zusammengesetztes tiefenscharfes Bild

2. Triangulationsverfahren

3. Strukturelle Beleuchtung

4. Stereo

5. Fokusserien

6. Shape-from-Shading-Verfahren

7. Konfokale Laserabtastmikroskopie

Da ein großer Teil dieser Verfahren schon in Kap. 3 für industrielle Applikationen beschrieben wurde, konzentrieren wir uns hier auf ein Instrument, das in wissenschaftlichen Applikationen immer breitere Anwendung findet, nämlich die konfokale Laserabtastmikroskopie. Dieses erweitert die Standardverfahren der Mikroskopie in die dritte Dimension, indem durch eine konfokale Beleuchtungstechnik im wesentlichen nur die scharf eingestellte Ebene beleuchtet wird. Abb. 4.27 illustriert das Grundprinzip. Ein normales Mikroskopbild einer pyramidenförmigen Struktur erscheint nur in einer Ebene scharf. Der Rest der Bildinformation ist verschwommen und wenig brauchbar (Abb. 4.27a). Wird die konfokale Laserabtastmikroskopie eingesetzt, erscheint in dem Bild nur die scharf eingestellte Ebene hell (Abb. 4.27b). Erzeugt man einen Bildstapel oder eine Fokusserie, indem man die scharf eingestellte Tiefe langsam durchfährt, so läßt sich ein scharfes dreidimensionales Bild gewinnen (Abb. 4.27c). Im Prinzip läßt sich auch mit normaler Mikroskopie aus einer Fokusserie die Tiefe rekonstruieren. Die Verfahren dazu sind aber viel aufwendiger und bedürfen feiner Details in den Objekten, um die korrekte Tiefe schätzen zu können.

Echte dreidimensionale Bilder können wir mit unserem visuellen System nicht direkt erfassen. Wir müssen dazu immer Hilfsmittel heranziehen, wie z. B. den zeitlichen Ablauf einer Fokusserie oder die Reduktion eines 3D-Bildes auf Oberflächen, die wir dann in der Projektion beobachten können.

An dieser Stelle geht die technische Bildverarbeitung über die visuellen Fähigkeiten des Menschen hinaus. Da unsere Welt dreidimensional ist, haben Verfahren zur direkten 3D-Bildgewinnung natürlich immense Bedeutung. Erst dadurch kann man in das Innere von Objekten schauen.

Verfahren zur dreidimensinalen Bildgewinnung schließen die schon erwähnten Fokusserien, die mit konventioneller Mikroskopie und mit konfokaler Laserabtastmikroskopie gewonnen werden, ein. Im makroskopischen Bereich haben die Tomographie mit durchdringender Strahlung und die Holographie Bedeutung erlangt.

In vielen dieser bildgebenden Verfahren haben medizinische Anwendungen eine Vorreiterrolle inne, bedingt durch die Notwendigkeit, in den menschlichen Körper hineinsehen zu müssen, um zuverlässige Diagnosen stellen zu können. Heute sind diese Verfahren bei weitem nicht mehr auf die Medizin beschränkt, sondern haben in nahezu alle Bereiche der Naturwissenschaften und Ingenieurtechnik Eingang gefunden. Besonders wertvoll sind diese Verfahren in der zerstörungsfreien Materialprüfung.

4.6.2   Oberflächenvermessung

Die Vermessung von Oberflächen soll an zwei Beispielen demonstriert werden, der Vermessung der Topographie des Augenhintergrundes und die Oberflächenformvermessung von PMMA-Preßteilen.

Topographie des Augenhintergrundes

Das Prinzip des konfokalen Laserabtastens kann man benutzen, um in das Auge zu schauen und damit die Topographie des Augenhintergrundes zu vermessen. Abb. 4.28 zeigt eine Serie von 32 konfokalen Schnittbildern des Augenhintergrundes. Von links nach rechts und von oben nach unten nimmt die Tiefe der Bilder zu. Deutlich ist zu erkennen, daß der Eintritt des Sehnerves tiefer liegt als die umgebende Netzhaut. Da die scharf eingestellte Ebene durch eine maximale Reflektivität gekennzeichnet ist, läßt sich aus diesen Fokusserien ein Tiefenbild rekonstruieren (Abb. 4.29a). Die Tiefe in diesen Bildern ist so codiert, daß die tieferliegende Oberfläche heller erscheint. Neben der Tiefenkarte läßt sich durch Integration auch ein Reflexionsbild gewinnen (Abb. 4.29b).

Diese Untersuchungsmethoden haben in der Augenheilkunde enorme Bedeutung gewonnen, da sie neue diagnostische Möglichkeiten eröffnen, z. B. zur Früherkennung von gewissen Augenkrankheiten, wie dem Glaukom.

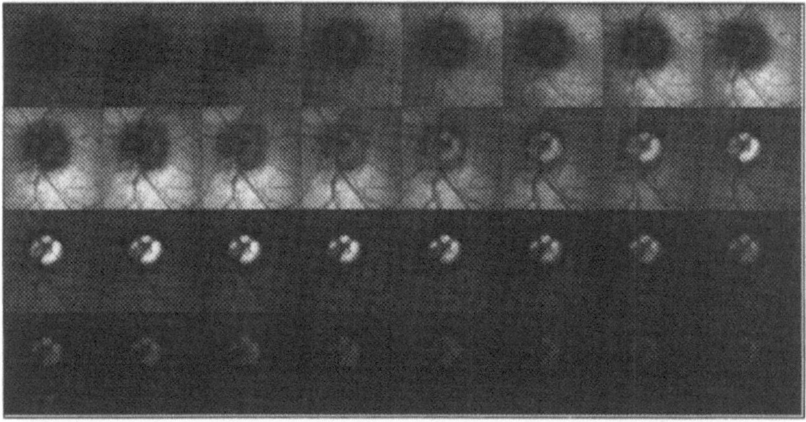

Abb. 4.28. Serie von 32 konfokalen Schnittbildern (mit von links nach rechts und oben nach unten zunehmender Tiefe zur Vermessung der Topographie des Augenhintergrundes. Aus [25] (siehe Farbtafel 14, S 258)

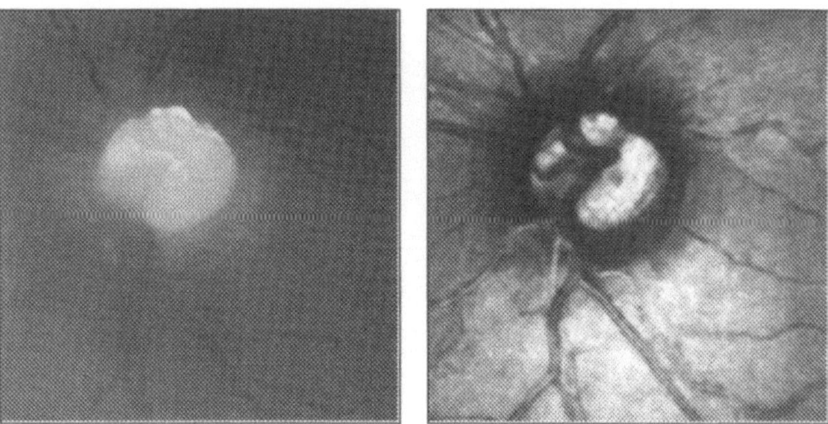

Abb. 4.29. Rekonstruktion der Topographie des Augenhintergrundes.
a Tiefenbild: tieferliegende Strukturen, wie der Austritt des Sehnervs aus dem Auge, sind heller codiert. **b** Reflexionsbild. Aus [25] (siehe Farbtafel 15, S 258)

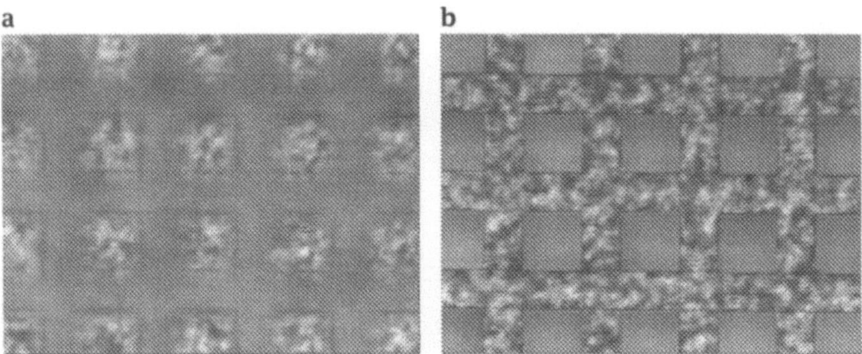

Abb. 4.30. Konfokale Abbildung mit statistischer Lichtverteilung in der konfokalen Ebene einer Pressform mit rechteckigen Löchern. Im linken Bild ist auf den Boden der Löcher scharf gestellt, im rechten auf die Oberfläche der Form (vergl. Rekonstruktion in Abb. 4.31) Aus [19].

Abb. 4.31. 3D-Rekonstruktion der Oberfläche aus den konfokal aufgenommenen Fokusserien aus Abb. 4.30. Aus [19]

Oberflächenformvermessung von PMMA-Preßteilen

Eine neue Art konfokaler Mikroskopie wurde kürzlich von Scheuermann et al. [19] vorgestellt. Der Vorteil dieses Verfahrens liegt darin, daß keine langwierige Abtastung mit einem Laserstrahl notwendig ist, sondern durch die Mikroskopoptik ein statistisch verteiltes Helligkeitsmuster auf die scharf eingestellte Bildebene projiziert wird. Dieses Muster erscheint dann nur auf Teilen, die die korrekte Höhe haben. Auf allen anderen Teilen ist es entsprechend dem Abstand von der Schärfenebene zunehmend unschärfer. Ein weiterer Vorteil dieses Verfahrens ist, daß es auch bei unstrukturierten Objekten hervorragend funktioniert.

Hier wird das Verfahren der Vermessung von der Höhe einer Preßform für Mikrostrukturen demonstriert. Diese besteht aus dem Kunststoff PMMA. Sie ist transparent und verfügt über eine glatte Oberfläche. In der konfokalen Abbildung mit statistischer Lichtverteilung lassen sich deutlich die rechteckigen Löcher erkennen. In Abb. 4.30 ist einmal auf den Boden der Löcher und einmal auf die Oberfläche der Form scharf eingestellt worden. Sucht man in der Fokusserie in Richtung der Tiefe die Stelle des maximalen Kontrastes an jedem Bildpunkt, läßt sich die Oberflächenform rekonstruieren (Abb. 4.31).

4.6.3 Verteilung von Cromosomen im Zellkern

Wir begnügen uns hier mit einem einzigen, allerdings signifikanten Beispiel, um die 3D-Bildverarbeitung zu illustrieren. Bis vor kurzem konnten *Chromosomen*, die Erbträger, nur während der Zellteilung sichtbar gemacht und weiter untersucht werden. Diese Tatsache machte die Untersuchung von Erbkrankheiten oder Chromosomenaberrationen zu aufwendigen Methoden, weil nur sich teilende Zellen zur Untersuchung geeignet waren. Grundlegende Fragestellungen wie z. B. die Verteilung der Chromosomen im Zellkern außerhalb der Zellteilungsphase konnten kaum experimentell untersucht werden, sondern blieben ein Feld von spekulativen Modellvorstellungen.

Mit den Fortschritten in der Biochemie ist es kürzlich gelungen, Chromosomen im Zellkern selektiv anzufärben. Abbildung 4.32 zeigt eine Fokusserie durch einen so eingefärbten Zellkern, in dem das Chromosom 7 und das Geschlechtschromosom X in weiblichen Zellkernen angefärbt wurde. Da Chromosomen in den humanen Zellen immer paarweise auftreten, sind in Abb. 4.32 jeweils zwei dieser Chromosomen sehen.

Die sehr verrauschten und immer noch ungenügend aufgelösten Strukturen in Abb. 4.32 weisen darauf hin, daß eine 3D-Segmentierung der Chromosomen im Zellkern alles andere als eine triviale Bildverarbeitungsaufgabe ist. Im Rahmen einer Dissertation [3] wurde das Segmentierungsproblem durch iterative Zerlegung des Zellkerns durch Voronoi-Diagramme gelöst. Das Endergebnis dieser Segmentierung ist in Abb. 4.33 dargestellt. Volumenmessungen des aktiven und inaktiven X-Chromosoms eines Paares haben eindeutig belegt, daß sich, im Gegensatz zu

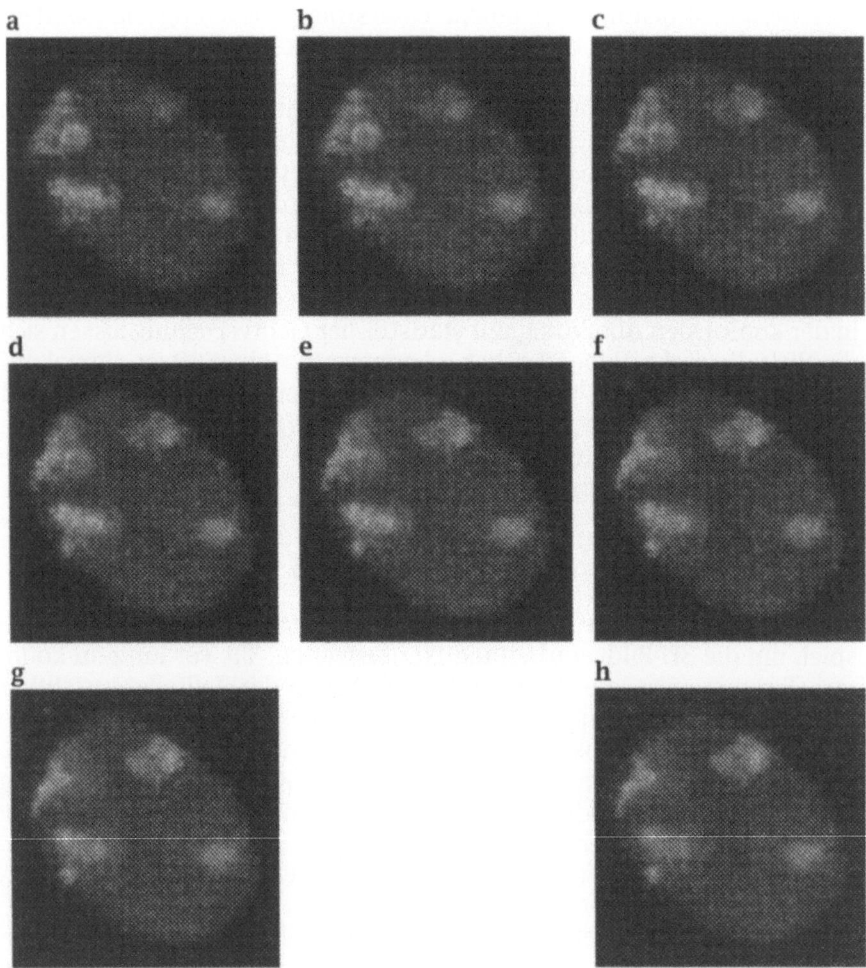

Abb. 4.32. Fokusserie eines Zellkerns, aufgenommen mit einem konfokalen Mikroskop. Die Bildgröße beträgt $30\,\mu\mathrm{m} \times 30\,\mu\mathrm{m}$, der Tiefenabstand der einzelnen Schnitte $0{,}3\,\mu\mathrm{m}$. Die Chromosomen X und 7 sind grün eingefärbt worden. Zur Unterscheidung der beiden Chromosomen wurde eine Teilstruktur des Chromosom 7 zusätzlich rot eingefärbt. Der gesamte Zellkern wurde mit einem dunkelblauen Fluoreszenzfarbstoff gegengefärbt (siehe Farbtafel 16, S 259)

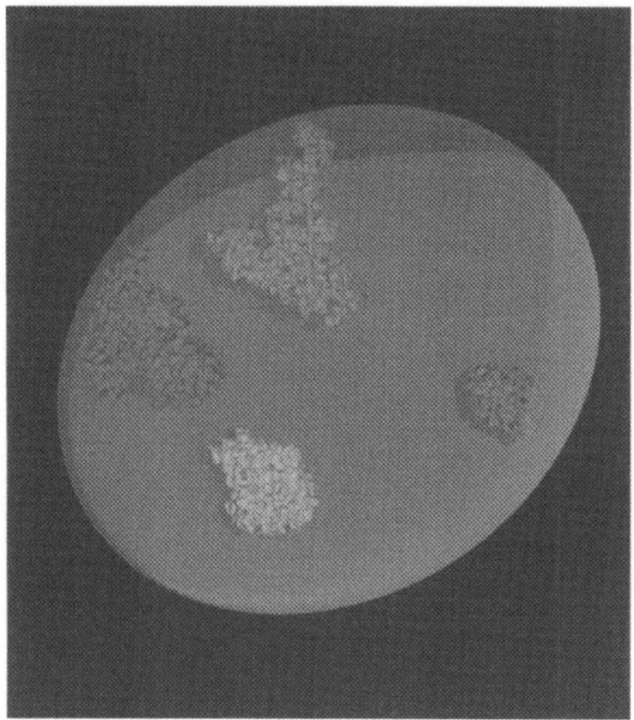

Abb. 4.33. 3D-Zellkernrekonstruktion aus der in Abb. 4.32 gezeigten Fokusserie. Das inaktive Chromosom X ist rot, das aktive gelb, Chromosom 7 ist blau, und seine Centromere sind magenta dargestellt. Der Umriß des Zellkerns ist als Ellipsoid modelliert (siehe Farbtafel 17, S 260)

früheren Annahmen, die Volumina nicht signifikant unterscheiden, das aktive Gen aber eine unregelmäßigere Form und größere Oberfläche besitzt.

4.7 Bewegung

4.7.1 Verfahren

Die Analyse von Bewegungen erschließt die Dynamik von Prozessen. Es lassen sich prinzipiell drei grundsätzliche Verfahren zur Analyse von Bewegungen unterscheiden. Differenzielle Verfahren basieren auf der Erhaltung der Grauwerte bei der Bewegung von Objekten über die Bildebene. Korrespondenzmethoden extrahieren aus Bildern charakteristische Merkmale, die in aufeinanderfolgenden Bildern wiedergesucht werden. Ungleich mächtiger als diese beiden Methoden ist die direkte Analyse von Bewegung im *Orts-Zeit-Raum*. Hier werden nicht nur zwei

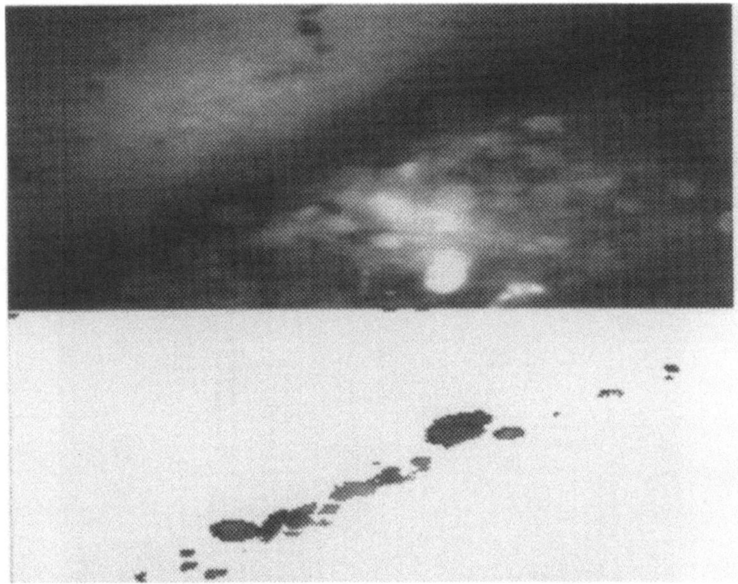

Abb. 4.34. Untersuchung der Sedimentablösung. Blick in eine Grenzschicht zwischen Sand und einem aufliegenden Geotextil. Die Abbildung (oben eines der Originalbilder, unten die Bewegungssegmentierung) zeigt einen Bereich, in dem sich die Sandschicht abgelöst hat. Das Verfahren wurde in einer Zusammenarbeit zwischen der Bundesanstalt für Wasserbau in Karlsruhe und dem Institut der Umweltphysik der Universität Heidelberg entwickelt. Aus [4]

oder wenige aufeinanderfolgende Bilder analysiert, sondern ein dreidimensionales Bild, in dem die Zeit die dritte Koordinate darstellt. Im Orts-Zeit-Raum stellt sich Bewegung als eine *Orientierung* von Grauwertstrukturen dar. Es lassen sich komplexe Probleme, die mit den beiden anderen Verfahren nicht lösbar sind, wie Okklusion oder Beleuchtungsänderungen berücksichtigen und lösen. Zusammenfassende Darstellungen zur Bewegungsanalyse sind zu finden in [11, 22].

4.7.2 Bewegungsdetektion und -segmentierung

Sedimenttransport in Fließgewässern

Die einfachste Aufgabe in der Analyse von Bewegung ist deren Detektion und die Segmentierung von Bildbereichen, in denen Bewegung stattfindet. Für viele Aufgabenstellungen ist diese qualitative Betrachtung von Bewegung schon ausreichend.

Ein Beispiel dieser Art ist die Untersuchung der Sedimentablösung in Fließgewässern. Eine automatische Erkennung der Ablösung von Bodenpartikeln in Abhängigkeit von Druck und Durchströmungsgeschwin-

Abb. 4.35. Ein Schnitt durch ein Orts-Zeit-Bild in xt Richtung. Die Modulation der Phasengeschwindigkeit der kleinen Wellen durch die großen Wellen mit einer Frequenz von etwa 1 Hz ist deutlich an der Variation der Neigung der kleinen Strukturen zu erkennen

digkeit liefert wichtige Informationen über die Stabilität von Uferbefestigungen in Fließgewässern. Zur Untersuchung dieser Vorgänge wird ein starres Endoskop mit integrierter Glasfaserbeleuchtung in das Sediment eingebracht. Es ist offensichtlich, daß man mit einem solchen Verfahren nur relativ schlechte Bildqualitäten erreichen kann (Abb. 4.34 oben). Trotzdem können durch ein zeitliches Mehrgitterverfahren die ruhenden Strukturen (Hintergrund) aus dem Bild extrahiert werden. Ein anschließender qualitativer Vergleich zwischen Originalbild und dem ruhenden Hintergrund liefert die bewegten Objekte. Es wird ein lokales Ähnlichkeitsmaß berechnet und dieses mit Hilfe von adaptiver fuzzy Logik bewertet. Das Ergebnis ist ein Segmentierungsverfahren, welches selbst bei schlechtem Bildmaterial unabhängig vom Inhalt des Einzelbildes zuverlässig die Bewegung detektiert (Abb. 4.34 unten).

4.7.3 Bewegungsbestimmung

Messung der Phasengeschwindigkeiten von Wasseroberflächenwellen

Das Orts-Zeit-Bild in Abb. 4.35 zeigt, daß kleinskalige Windwellen durch größere Windwellen nicht nur in der Amplitude, sondern auch in ihrer Ausbreitungsgeschwindigkeit mit der Phasengeschwindigkeit moduliert werden. Die Messung dieser Modulation ist nicht einfach, da eine Bewegungsüberlagerung stattfindet. Die kleinen Skalen bewegen sich mit einer anderen Geschwindigkeit als die größeren. Dieses Problem läßt sich dadurch lösen, daß die Bildfolge vor der Berechnung der Geschwindigkeit in einer Laplacepyramide zerlegt wird. Abb. 4.36 zeigt zwei Ebenen der aus Abb. 4.35 gebildeten *Laplacepyramide*. Jetzt läßt sich durch eine einfache Orientierungsanalyse die Geschwindigkeit der Wellen bestimmen. Deutlich ist in Abb. 4.36 die Modulation der *Phasengeschwindigkeit*

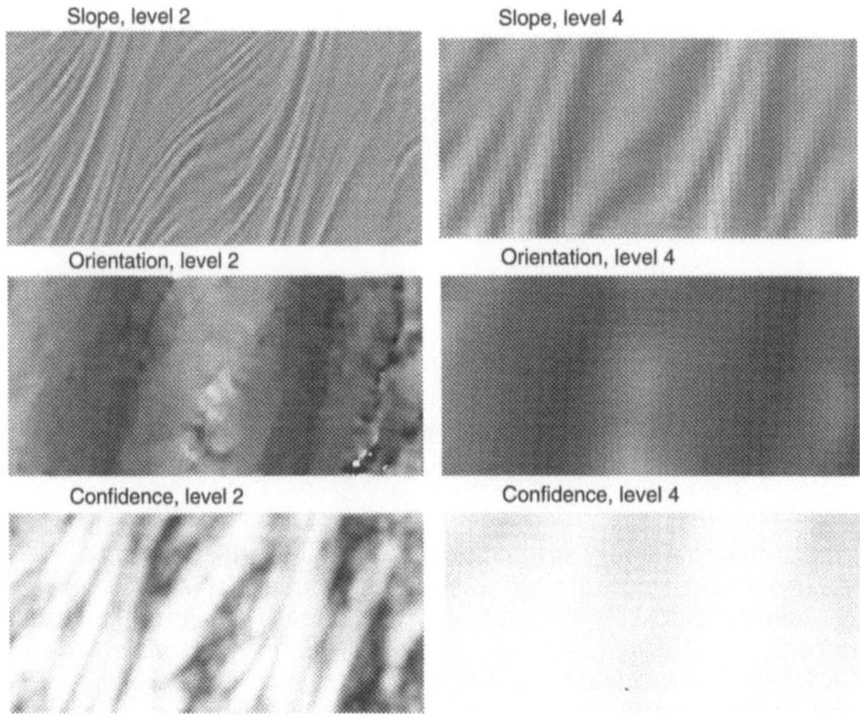

Abb. 4.36. Bestimmung der *Phasengeschwindigkeit* aus bandpaßgefilterten Bildern (durch Bildung der von Abb. 4.36) mit Hilfe der Methode der *lokalen Orientierung* (Abschn. 2.4.4)

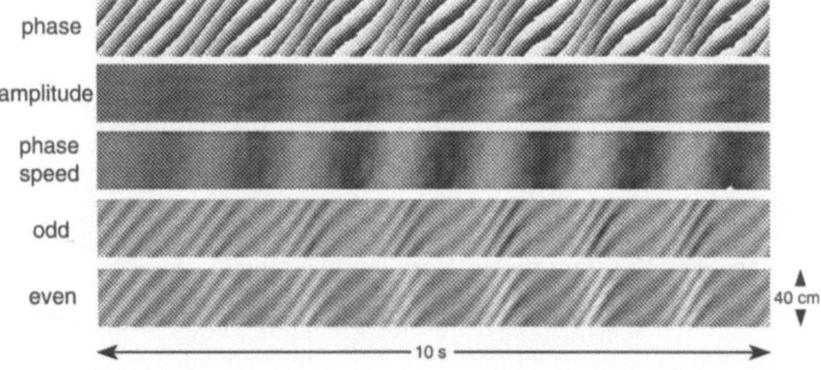

Abb. 4.37. Analyse der Wechselwirkung mechanisch erzeugter Wasserwellen mittels Hilbertfilterung und lokaler Orientierung

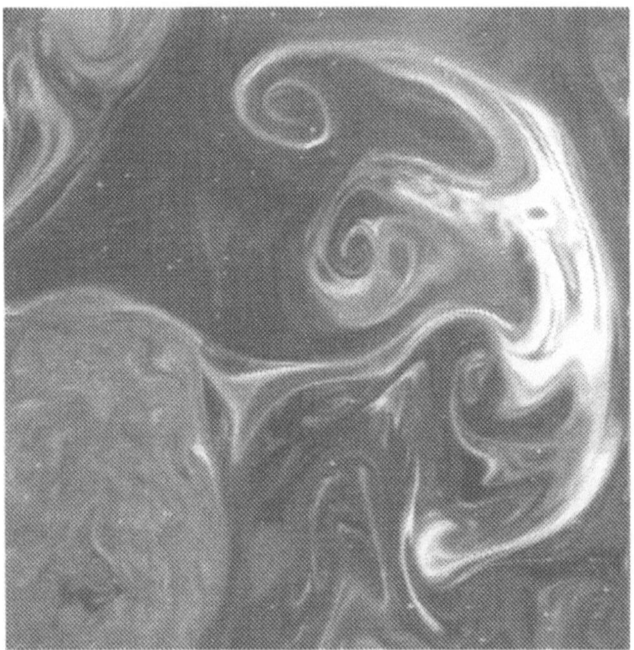

Abb. 4.38. Visualisierung eines Mischungsvorganges mit Hilfe von Fluorescein. Aus [16]

als Funktion der Phase der großen Welle (vgl. Abb. 4.35) zu erkennen. Das Verfahren der lokalen Orientierung erlaubt nicht nur die direkte Geschwindigkeitsbestimmung, sondern auch die Berechnung eines Konfidenzmaßes, das die Zuverlässigeit der Geschwindigkeitsbestimmung angibt.

Abb. 4.37 zeigt eine weitergehende Analyse der Modulation kleinskaliger Wellen durch größere Wellen. In diese Fall handelt es sich um rein mechanisch erzeugte Wellen. Hier wurde zur Analyse zusätzlich die sog. *Hilbertfilterung* herangezogen, die aus dem Originalsignal (mit even markiert) ein um 90° phasenverschobenes Signal (mit odd markiert) bildet. Aus diesen beiden Sequenzen läßt sich dann unmittelbar die Amplitude und Phasenlage der kleinskaligen Wellen berechnen. Deutlich ist die Amplitudenmodulation in dem Bild zu erkennen. Im Phasenbild zeigt sich auch die Änderung von Frequenz und Wellenzahl der kleinskaligen Wellen. Die Phasengeschwindigkeit ergibt sich wieder aus der Analyse der lokalen Orientierung im Orts-Zeit-Bild.

Strömungstomographie

Ein klassische Anwendung der Bewegungsanalyse sind Strömungsvorgänge. Verfahren zur Sichtbarmachung von Strömungen durch Beigabe von Teilchen oder Farbstoffen sind so alt wie die Strömungsforschung

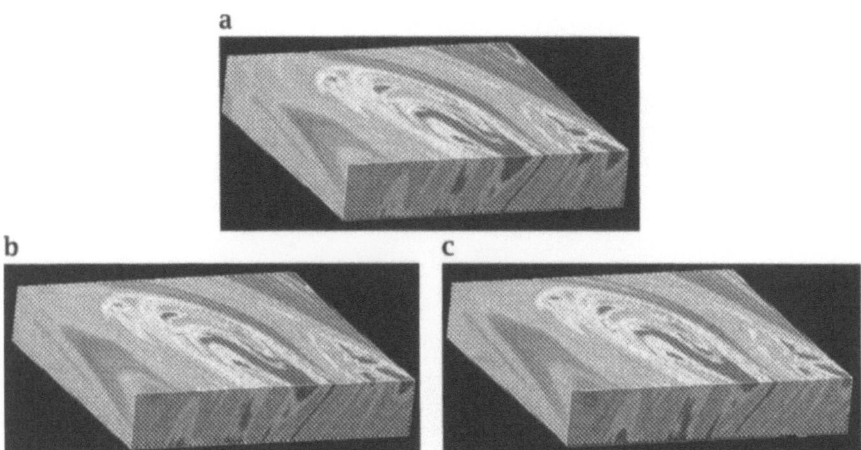

Abb. 4.39. Drei aufeinanderfolgende Volumenbilder aus je 50 Schichten von 256×256 Pixel großen Bildern, die im Abstand von jeweils 1/10 Sekunde gemessen wurden. Aus [16] (siehe Farbtafel 18, S 261)

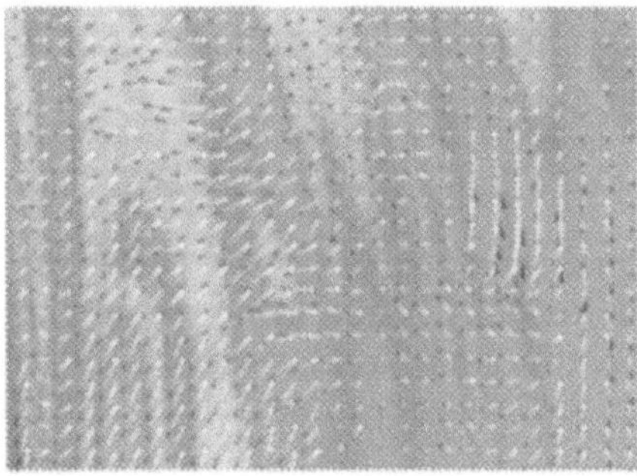

Abb. 4.40. Ein durch ein Least Squares Matching-Verfahren ermitteltes dichtes Strömungsvektorfeld. Die Strömungsvektoren sind dem Konzentrationsfeld übergelagert. Aus [16] (siehe Farbtafel 19, S 262)

selbst (Abb. 4.38). Allerdings erlaubt erst die Bewegungsanalyse in verschiedenen Formen die quantitative Auswertung dieser Information.

In langsamen Strömungsvorgängen ist es möglich, mehrere Schnittbilder aneinanderzureihen, um eine Volumenbildsequenz eines Strömungsvorganges aufzunehmen. Drei aufeinanderfolgende Volumenbilder aus einer solchen Sequenz zeigt Abb. 4.39. Jedes dieser Volumenbilder besteht aus 50 Schichten aus 256×256 Bildpunkten, die mit einer Geschwindigkeit von 500 Schichten pro Sekunde mit einer scannenden Laser-Lichtschnittbeleuchtung aufgenommen wurden [16].

Die Auswertung der Volumenbildsequenzen erfolgte mit einem Least-Squares Matching-Verfahren, einer Methode, die intensiv in der Pho-

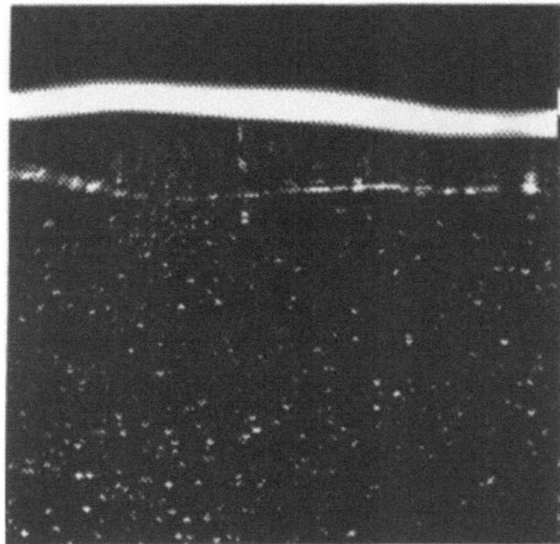

Abb. 4.41. Teilchenspuren zur Visualisierung der Strömung unterhalb der wellenbewegten Wasseroberfläche Originalbild (links), Segmentierte Teilchen (rechts). Aus diesen Bildern werden die Teilchenspuren extrahiert und solange verfolgt, bis sie aus dem beleuchteten Sektor herauslaufen. Aus [8]

togrammetrie zur Lösung der Stereokorrespondenz angewendet wird. Gegenüber einfachen Korrelationsverfahren hat diese Methode den Vorteil, daß nicht nur die Geschwindigkeit selbst, sondern auch erste Ableitungen des Geschwindigkeitsfeldes wie Divergenz und Rotation direkt bestimmt werden können. Ein Ergebnis dieses Verfahrens zeigt Abb. 4.40. In der Abbildung sind die bestimmten Strömungsvektoren dem Konzentrationsfeld des sichtbarmachenden Farbstoffs überlagert.

4.7.4 Tracking

Particle Tracking Velocimetrie (PTV)

Alternativ zur Beigabe eines Fluoreszenzfarbstoffes kann Strömung auch durch Teilchen sichtbar gemacht werden. Standardverfahren zur Strömungsbestimmung sind die sog. *Particle Imaging Velocimetrie*-Verfahren (*PIV*), die z. B. in [26] zusammenfassend dargestellt sind. Methoden zum *Particle Tracking Velocimetrie* (*PTV*) gehen einen Schritt weiter. Sie können nicht nur das momentane Strömungsfeld bestimmen, sondern durch Verfolgung der Teilchen über eine möglichst lange Bildsequenz ist es möglich, neben dem Eulerschen Strömungsfeld auch das Lagrangsche Strömungsfeld zu bestimmen. Abb. 4.41 zeigt ein Beispielbild von Teilchenspuren, wie sie zur Visualisierung der Strömung unterhalb der wellenbewegten Wasseroberfläche eingesetzt wurden. Das besondere an dem eingesetzten Verfahren ist ein dicker *Lichtschnitt*, um zu erreichen, daß die Teilchen möglichst lange in ihm bleiben und damit verfolgt werden können. Abb. 4.42 zeigt die durch dieses Verfahren bestimmten Bahnkurven der Teilchen von der Orbitalbewegung einer mechanisch

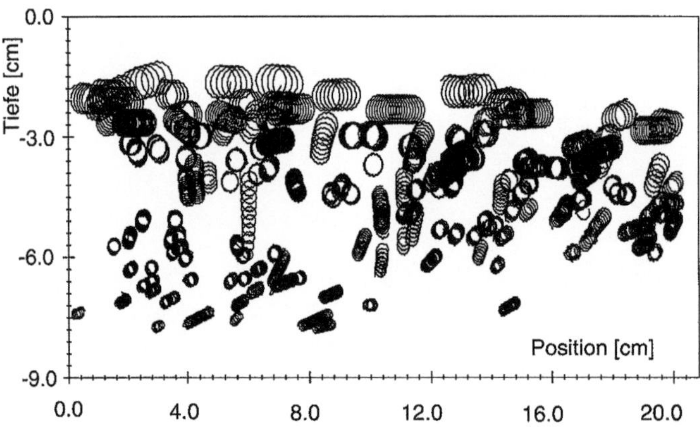

Abb. 4.42. Durch Particle Tracking über viele Bilder ermittelte Teilchenspuren unterhalb einer mechanisch erzeugten Wasserwelle. Aus [8]

erzeugten 2 Hz-Welle. Deutlich ist zu erkennen, daß die Teilchen über einige Sekunden und damit eine Reihe von Wellenlängen verfolgt werden konnten. In Abb. 4.43 ist der Abfall des Radius der Orbitalbewegung als Funktion des Abstands von der Wasseroberfläche zu sehen, der direkt aus den Teilchenspuren durch Messung des Radius gewonnen wurde.

4.8   Literaturverzeichnis

[1] Abmayr W (1994) Einführung in die digitale Bildverarbeitung. Teubner, Stuttgart

[2] Dieter J (1995) Dissertation, Institut für Umweltphysik der Universität Heidelberg, in Vorbereitung

[3] Eils R (1995) 3D reconstruction, mathematical modeling and simulation of chromatin structures in cell nuclei. Dissertation, Interdisziplinäres Zentrum für Wissenschaftliches Rechnen, Preprint 95-23

[4] Haußecker H (1993) Mehrgitter-Bewegungssegmentierung in Bildfolgen mit Anwendung zur Detektion von Sedimentverlagerungen. Diplomarbeit, Institut für Umweltphysik, Universität Heidelberg

[5] Haußecker H, Jähne B, Reinelt S (1995) Heat as a proxy tracer for gas exchange measurements in the field: principles and technican realization. In: Jähne B, Monahan EC (eds), Proc 3rd Int Symp Air Water Gas Transfer, 24.-27. July 1995. AEON, Hanau, im Druck

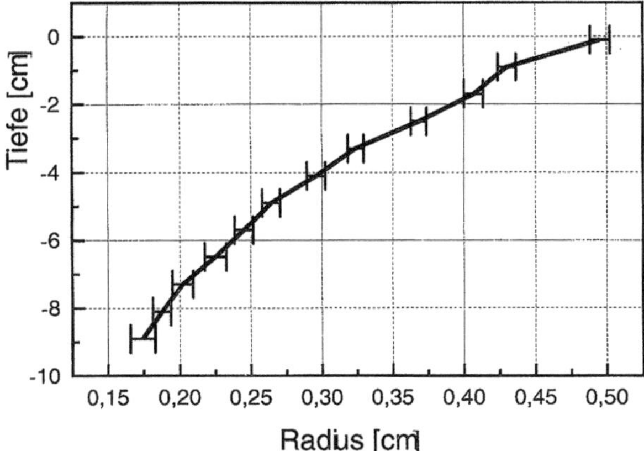

Abb. 4.43. Aus Abb. 4.42 berechnete Radien der kreisförmigen Orbitalbewegung als Funktion des Abstands von der Wasseroberfläche. Aus [8]

[6] Haußecker H, Jähne B (1995) In-situ measurements of the air-sea gas transfer rate during the MBL/COOP west coast gas exchange experiment. In: Jähne B, Monahan EC (eds), Proc 3rd Int Symp Air Water Gas Transfer, 24.–27. July 1995. AEON, Hanau, im Druck

[7] van der Heijden F (1994) Image based measurement systems. Object recognition and parameter estimation. Wiley, Chichester

[8] Hering F, Wierzimok D, Jähne B (1995) Particle tracking and its application in the investigation of turbulence beneath water waves. Eingereicht an: Exp in Fluids

[9] Jähne B (1991) From mean fluxes to a detailed experimental investigation of the gas transfer process, Air-Water Mass Transfer, selected papers from the 2nd International Symposium on Gas Transfer at Water Surfaces, September 11–14, 1990, Minneapolis, Minnesota, S. C. Wilhelms and J. S. Gulliver (eds), p 244-256, ASCE, New York

[10] Jähne B (1993) Imaging of gas transfer across gas/liquid interfaces. In: Sideman S, Hijikata K (eds) Imaging in Transport Processes. Begell House Publishers, New York, pp. 247–256

[11] Jähne B (1993) Digital Image Processing — Concepts, Algorithms, and Scientific Applications, 2nd ed. Springer, Berlin

[12] Jähne B (1993) Digitale Bildverarbeitung, 3. korrigierte Auflage. Springer, Berlin

[13] Jähne B (1995) Practical Handbook on Digital Image Processing for Scientific and Technical Applications. CRC-Press, Boca Raton, FL, USA

[14] Jähne B, Geißler P (1994) Depth from focus with one image. In: ProcĊonference on Computer Vision and Pattern Recognition (CVPR'94), Seattle, 20.-23. June 1994, p 713-717

[15] Kroeger M (1995) Persönliche Mitteilung

[16] Maas HG (1995) Persönliche Mitteilung

[17] Pinz A (1994) Bildverstehen. Springer, Wien

[18] Reiss TH (1993) Recognizing planar objects using invariant image features. In: Lecture notes in computer science 676, Springer, Berlin

[19] Scheuermann T, Pfundt G, Eyerer P, Jähne B (1995) Ober-flächenkontourvermessung mikroskopischer Objekte durch Projektion statistischer Rauschmuster. In: Mustererkennung 1995, Proc 17. DAGM-Symposium, Bielefeld, 13.-15. September 1995, im Druck

[20] Schmundt D (1994) Voruntersuchungen der Einsatzmöglichkeiten digitaler Bildverarbeitung zur Analyse von Transportvorgängen und Wachstumsprozessen in Pflanzen. Diplomarbeit, Institut für Umweltphysik der Universität Heidelberg

[21] Scholz, T (1995) Ein Depth from Focus-Verfahren zur On Line-Bestimmung der Zellkonzentration bei Fermentationsprozessen. Dissertation, Institut für Umweltphysik der Universität Heidelberg

[22] Singh A (1991) Optic flow computation: a unified perspective. IEEE Computer Society Press, Los Alamitos, California

[23] Sonka M, Hlavac V, Boyle R (1993) Image processing, analysis and machine vision. Chapman & Hall, London

[24] Weickert J (1995) Multiscale texture enhancement. In: Proceedings of the sixth international conference on computer analysis of images and pattern (CAIP '95), 6-8 September 1995, Prague. Lecture notes in computer science. Springer, Berlin

[25] Zinser, Persönliche Mitteilung

[26] Grant I (1994) Selected papers on particle image velocimetry. SPIE Milestones Series Vol MS99, SPEIE Optical Eng Press, Bellingham USA

A Anwender-Fragebogen

A.1 Einsatzplanung

Allgemeine Angaben

Firma: ....

Werk: ....

Branche: ....

Straße: ....

PLZ/Ort: ....

Ansprechpartner:

Name: .... Telefon: ....

Telefax: ....

Name: .... Telefon: ....

Telefax: ....

Besuchstermin: ....

Ziele

Für die angestrebte Automatisierung der Prüfaufgabe sind folgende Ziele von Bedeutung:

Bedeutung	sehr	mäßig	kaum
Allgemeine Vorteile			
höhere Produktivität	☐	☐	☐
Objektivierung von Prüfergebnissen	☐	☐	☐
Humanisierung des Arbeitsplatzes	☐	☐	☐
Rechnergestützte Qualitätsdatenerfassung (CAQ, CIM)	☐	☐	☐
Technologische Vorteile			
berührungslose Messung	☐	☐	☐
hohe Meßgenauigkeit	☐	☐	☐
hohe Prüfgeschwindigkeit	☐	☐	☐
Sonstige Ziele			
....	☐	☐	☐
....	☐	☐	☐
....	☐	☐	☐

Aufgabenstellung

Beschreibung der Prüfaufgabe in Worten: ....

....

....

....

Wo soll der Einsatz erfolgen?

Im Labor	☐
In der Fertigung	
Massenfertigung	☐
Serienfertigung	☐
Sortenfertigung	☐

Um welche Prüfung handelt es sich?

Eingangsprüfung	☐
Zwischenprüfung	☐
Endprüfung	☐

Wie groß ist der Prüfumfang?

Stichprobenprüfung	☐
Vollprüfung	☐

Was ist zu ermitteln?

Vollständigkeit	☐
Objektposition/Orientierung	
zweidimensional	☐
dreidimensional	☐

Was ist zu ermitteln? (Fortsetzung)

Objekterkennung

    Vorhandensein eines Objektes   ☐

    Unterscheidung von Objekten   ☐

    Erkennen von

        Zeichen (alphanumerisch)   ☐

        Codierungen   ☐

    Sonderfälle

        Objektzählung   ☐

        Bewegungserkennung   ☐

    Sonstiges: ....

        ....

        ....

Geometrie

    Nähere Beschreibung: ....

        ....

        ....

Oberflächenprüfung im Hinblick auf

    quantitative Oberflächeneigenschaften:

        Formabweichungen (z. B. Beulen, Dellen)   ☐

        Welligkeit   ☐

        Rauhigkeit   ☐

    qualitative Oberflächeneigenschaften:

        Oberflächenfehler (z. B. Kratzer, Risse)   ☐

        Oberflächentexturierung (z. B. Marmorierung)   ☐

Oberflächengüte   ☐

Farbeigenschaften   ☐

Was ist zu ermitteln? (Fortsetzung)

Oberflächenprüfung im Hinblick auf (Fortsetzung)

andere Oberflächeneigenschaften (z. B. Glanz)   ☐

....

Fehler und deren nähere Beschreibung: ....

....

....

Quantifizierung der Fehlstellen erforderlich   ☐

Auswirkung der Fehler

    funktional   ☐

    ästhetisch   ☐

Wie wurde die Aufgabe bisher gelöst?

Noch nicht   ☐

Durch Prüfpersonen   ☐

Mit anderer Technik   ☐

Kurzbeschreibung der Prüfung: ....

....

....

....

Welche Probleme bestehen?

Zulässige Prüfzeit zu kurz: ... Sekunden   ☐

Zu hoher Durchschlupf   ☐

Als Prüfkriterien dienen

Musterteile   ☐

Fotos   ☐

Zeichnungen   ☐

Ein Fehlerkatalog ist vorhanden

detailliert ☐

unvollständig ☐

nicht vorhanden ☐

Welche Nebenverrichtungen werden ausgeführt?

Handhaben ☐

Fügen ☐

Reinigen ☐

Markieren ☐

Dokumentieren ☐

Welche besonderen Ausstattungen hat der Prüfplatz?

Hilfsmittel: ....

....

....

Beleuchtung: ....

....

....

Sonstiges: ....

....

....

....

Beschreibung des Prüfobjektes

Kurzbeschreibung: . . . .

. . . .

. . . .

Objektmaterial: . . . .

Geometrie

    Länge: . . . .

    Breite: . . . .

    Tiefe: . . . .

Stabilität

    starr   ☐

    abschnittsweise starr   ☐

    biegeschlaff   ☐

Objektoberfläche

Geometrische Ausprägung

    eben   ☐

    gekrümmt   ☐

    Erhöhungen, Vertiefungen   ☐

Reflexionseigenschaften

    matt   ☐

    glänzend   ☐

    spiegelnd   ☐

Farbe

    einfarbig (Farbangabe): . . . .

    mehrfarbig   ☐

Objektoberfläche (Fortsetzung)

Textur

    homogen □

    regelmäßig texturiert □

    unregelmäßig texturiert □

Als sichtbare Störungen können vorkommen

    keine □

    Staub □

    Fett □

    Späne □

    Korrosion □

    Sonstiges: ....

    ....

    ....

Varianten des Objektes:

Bei der Prüfaufgabe ist	konstant	variabel
Abmessung des Objektes	□	□
Form des Objektes	□	□
Oberflächeneigenschaften	□	□
Farbe	□	□
Verschmutzungsgrad	□	□

Anzahl der Varianten: ....

Angaben zur Häufigkeit des Variantenwechsels: ....

....

....

Prüfbereiche

Lage der Prüfbereiche

    außen   ☐

    innen   ☐

    außen und innen   ☐

Anzahl definierter Prüfbereiche

    gering   ☐

    mittel   ☐

    hoch   ☐

Bereiche aus derselben Richtung sichtbar

    überwiegend   ☐

    teilweise   ☐

    nein   ☐

Zugänglichkeit der Prüfbereiche

    beliebig   ☐

    eingeengt   ☐

    kompliziert   ☐

Größe des kleinsten zu untersuchenden

Prüfobjektdetails: ...... mm

Akzeptable Toleranzen der für die Prüfung relevanten Größen:

Größe: .... Toleranz: ....

Größe: .... Toleranz: ....

Wie wird das Prüfobjekt dargeboten?

Bewegungszustand

   ruhend   ☐

   kontinuierlich bewegt   ☐

   Geschwindigkeit: ...... m/s

   Schwankungen: ...... m/s

   vibrierend   ☐

Bei Bewegung ist ein Anhalten

   möglich   ☐

   nicht möglich   ☐

Der Hintergrund ist

   gestaltbar   ☐

   nicht gestaltbar   ☐

   homogen ohne Schatten   ☐

   homogen mit Schatten   ☐

   inhomogen   ☐

   Es handelt sich um

      Förderband   ☐

      Palette   ☐

      Sonstiges: ....

      ....

Wie wird das Prüfobjekt dargeboten? (Fortsetzung)

Ordnungszustand des Prüfobjektes:

    vereinzelt   ☐

    berührend   ☐

    überlappend   ☐

    gestapelt   ☐

    geschüttet   ☐

Eine Positionierung des Prüfobjektes

    ist möglich   ☐

        Genauigkeit: ...... mm

    ist nicht möglich   ☐

Zeitbedingungen

mittlere Produktion/Schicht: ....

maximale Produktion/Schicht: ....

Taktzeit: .... Sekunden

davon verfügbare Prüfzeit: .... Sekunden

Die Taktzeit ist

    prozeßbedingt starr   ☐

    in Grenzen variabel   ☐

Umgebungsbedingungen

Raumverhältnisse

Direkter Einblick auf Objektdetail

 ist möglich   ☐

 ist nicht möglich   ☐

Beobachtungsabstand zum Objekt

 beliebig nah   ☐

 minimal: .... mm

Beleuchtungsverhältnisse

Tageslicht

 direkte Sonneneinstrahlung   ☐

 deutliche Schwankungen   ☐

Hallenbeleuchtung

 Oberlicht   ☐

 Arbeitsplatzbeleuchtung   ☐

 deutliche Schwankungen   ☐

Ist die Beleuchtung gestaltbar?

 Ja   ☐

 Nein   ☐

Betriebsmittel des vorgelagerten Bereiches

Die Zuführung des Prüfobjektes erfolgt

    automatisiert   ☐

    mechanisiert   ☐

    manuell   ☐

Welche Einrichtungen sind vorhanden?

    Vereinzelungseinrichtung: ....

    ....

    Förder- und Transportmittel: ....

    ....

Es bestehen Gestaltungsmöglichkeiten

    bei der Art   ☐

    beim Layout   ☐

    keine   ☐

Betriebsmittel des nachgelagerten Bereiches

Die Weiterführung der Prüfobjekte erfolgt

    automatisiert   ☐

    mechanisiert   ☐

    manuell   ☐

Welche Einrichtungen sind vorhanden?

    Sortiereinrichtung: ....

    ....

    Förder- und Transportmittel: ....

    ....

Es bestehen Gestaltungsmöglichkeiten

    bei der Art   ☐

    beim Layout   ☐

    keine   ☐

Integration in den Produktionsprozeß

Die Ergebnisse der Bildauswertung sollen übertragen werden an

eine Prozeßsteuerung

    SPS-Steuerung   □

    IR-Steuerung   □

    CNC-Steuerung   □

Sonstiges: ....

einen Qualitätsregelkreis (CAQ)   □

Schnittstellenbeschreibung: ....

....

....

Welche Ergebnisse der Bildauswertung sollen ausgegeben werden?

Bild der aktuellen Szene   □

Kennzeichnung relevanter Bildregionen   □

Gut/Schlecht-Entscheidung   □

Fehlerklassifikation (Fehlerart)   □

Größe der Fehler   □

Fehlerpositionen   □

Kontrollkarten-Daten (Statistische Größen)   □

Sonstiges: ....

....

....

Wie soll dem Bildauswertungssystem die Prüfaufgabe „eingegeben"werden?

Mittels Referenzobjekten im Teach-In-Verfahren   ☐

Off-line, z. B. über ein CAD-System   ☐

Über Eingabe von Prüfprogramm-Nr., Code etc.   ☐

Sonstiges: ....

....

Bedienung des Bildauswertungssystems

Das Prüfprogramm soll nur gestartet und gestoppt werden
können   ☐

Generierung und Aufruf unterschiedlicher Prüfprogramme
soll möglich sein   ☐

Eingabe und Änderung der Prüfparameter (Objektmerkmale,
Prüfabläufe)
soll möglich sein   ☐

Grenz- und Toleranzwerte sollen geändert werden können

   Welche?: ....

....

....

Das Bildauswertungssystem soll bedient und betreut werden von

   angelernten Mitarbeitern   ☐

   Facharbeitern   ☐

   Technikern, Ingenieuren   ☐

   Sonstigen: ....

Realisierungskriterien

Kostenrahmen für das Bildauswertungssystem

Machbarkeitsstudie finanzierbar   ☐

Anschaffungskosten: .... DM

Betriebskosten: .... DM

Amortisationszeit: .... Jahre

---

Terminvorstellungen

Abschlußtermin Machbarkeitsstudie:........................

geplante Inbetriebnahme:..................................

keine Vorstellungen   ☐

Kostenrahmen für die Automatisierung

von Nebenaufgaben: .... DM

Firmeninternes Know-how

Der Ausbau der Qualitätssicherung ist

    gut   ☐

    mittel   ☐

    weniger gut   ☐

Planungskapazitäten sind vorhanden   ☐

Sind Erfahrungen mit dem Einsatz bildauswertender Systeme
vorhanden?

    Bisher keine   ☐

    In Labor, Entwicklung etc.   ☐

    In der Fertigung   ☐

        geringe   ☐

        umfangreiche   ☐

Weitere Zusammenarbeit

**Um ein Lösungskonzept erarbeiten zu können,
werden zur Verfügung gestellt**

repräsentative Musterteile ☐

geeignete Fotos ☐

Zeichnungen ☐

Fehlerkatalog ☐

typische Kundenreklamationen ☐

**Soll ein Angebot für eine Machbarkeitsstudie
erstellt werden?**

Ja ☐

Termin für das Angebot: ....

Nein ☐

A.2 Abnahme

Abnehmer: **Anbieter:**

Firma: ....   Firma: ....

Straße: ....   Straße: ....

PLZ/Ort: ....   PLZ/Ort: ....

Ansprechpartner: ....   Ansprechpartner: ....

....

Telefon: ....   Telefon: ....

Telefax: ....   Telefax: ....

Abnahmeort: ....

Werk: ....

Straße: ....

PLZ/Ort: ....

Ansprechpartner: ....

Telefon: ....

Telefax: ....

Datum der Abnahme: ....

....
Unterschrift Abnehmer   Unterschrift Anbieter

Gerätekonfiguration

Hardware: ....

....

....

....

....

....

Software: ....

....

....

....

....

Mechanische Komponenten: ....

....

....

....

....

....

Sonstiges: ....

....

....

....

....

Funktionalität

laut Pflichtenheft: Ja   ☐   Nein ☐

Spezifisch: ....

....

....

....

bisherige Einsatzdauer: ....

Anzahl bisher geprüfter Teile: ....

Erkennungsrate: ....%

Rückweisungsrate: ....%

Erkennungszeit: ....Sekunden

Störungen

Zeitpunkt ihres Auftretens ....

....

von wem festgestellt ....

....

Art der Störung ....

....

Gestaltung Bedienoberfläche

Einarbeitungszeit ....Tage

Akzeptanz des Systems bei den Mitarbeitern:

gut   □   mittel   □   schlecht □

Probleme bei der Bedienung des Systems:

keine   □   mittlere □   große   □

Garantie

Hardwarekomponenten: ....Monate

Software: ....Monate

Mechanische Komponenten: ....Monate

Sonstiges: ....Monate

Kundensupport

24-Stunden-Service:

    Ja   ☐

    Nein   ☐

Servicezeiten: von ....   bis ....

Servicenummer: ....

Ferndiagnose:

    Nein   ☐

    Ja   ☐

    Modem   ☐ Netz   ☐

    Nummer: ....   Nummer: ....

Mitgelieferte Dokumentationen: ....

....

....

....

Garantie

Sachverzeichnis

Farbtafeln

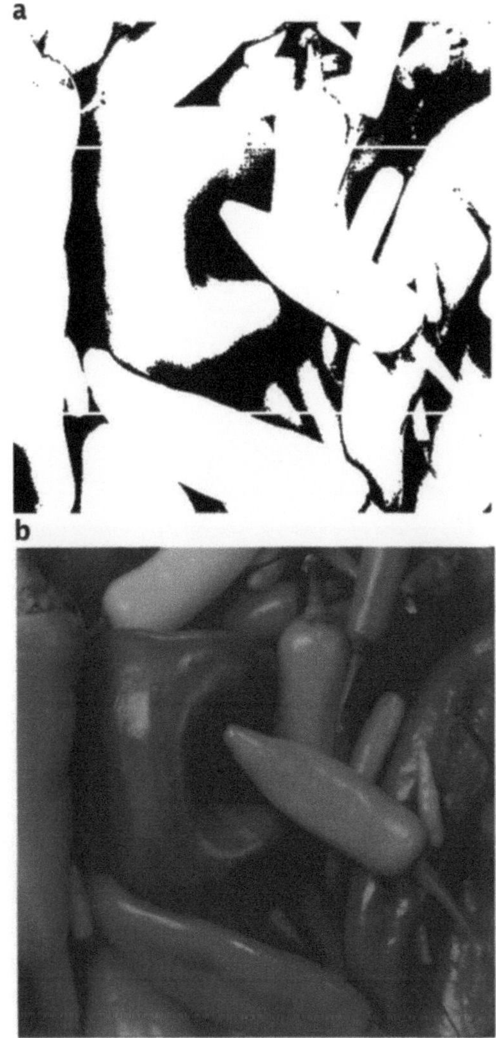

Farbtafel 1. a Ein segmentiertes Grauwertbild: Was stellt es dar? **b** Erst das Attribut *Farbe* erlaubt es, den Bildinhalt zu erkennen (siehe Abb. 1.17, S 26)

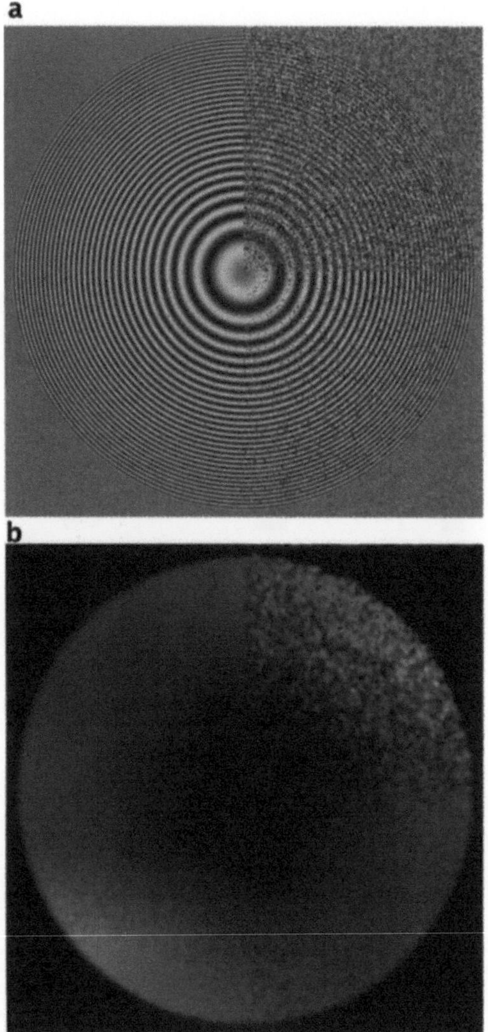

Farbtafel 2. **a** Illustration der *lokalen Orientierung* mit einem teilweise verrauschten Ringmuster. **b** Die mit dem in Abb. 2.15 dargestellten Workspace berechnete vektorielle Größe wird anschaulich in Farbe dargestellt. Der Farbton gibt die Richtung des Orientierungsvektors und damit der Grauwertstrukturen an, während die Helligkeit das Bestimmtheitsmaß, den Betrag des Orientierungsvektors, darstellt. Senkrecht aufeinander stehende Strukturen werden in Komplementärfarben dargestellt. In dunklen Bildbereichen konnte daher keine Orientierung bestimmt werden. Man erkennt deutlich, daß die lokale Orientierung ein robuster Parameter ist. Selbst in den stark verrauschten Bereichen des Ringmusters wird die Orientierung korrekt bestimmt, während in dem Rauschmuster außerhalb des Rings keine signifikante Orientierung gefunden wurde (siehe Abb. 2.17, S 74)

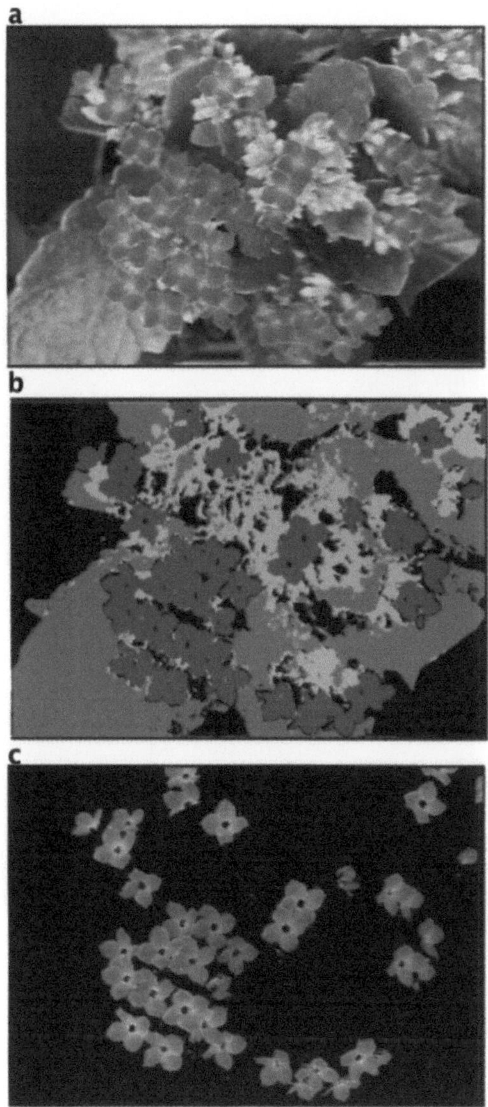

Farbtafel 3. Das Farbbild der Pflanzen (**a**) wird in mehrere Farbklassen segmentiert, die den unterschiedlichen Pflanzenteilen (Blättern, Knospen, Blüten) entsprechen (**b**). Durch weitere Analyse der einzelnen Pflanzenteile, z. B. der Blüten (**c**), kann die Qualität der Pflanze bewertet werden [25] (siehe Abb. 3.3, S 87)

Funktionsschema Criterion

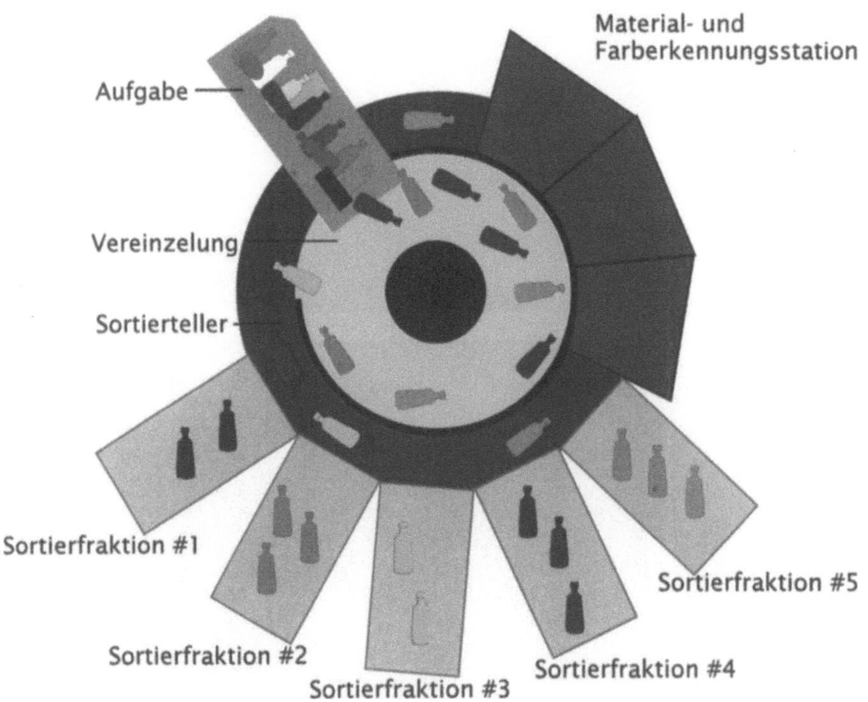

Farbtafel 4. Mit einem Drehteller werden die Plastikflaschen vereinzelt und dem Erkennungssystem zugeführt. Das Bildverarbeitungssystem prüft, ob ein Objekt im Meßfeld der Infrarot-Detektoren erscheint, so daß die Materialerkennung und die Farbmessung gestartet werden kann (Binder + Co. AG) (siehe Abb. 3.22, S 112)

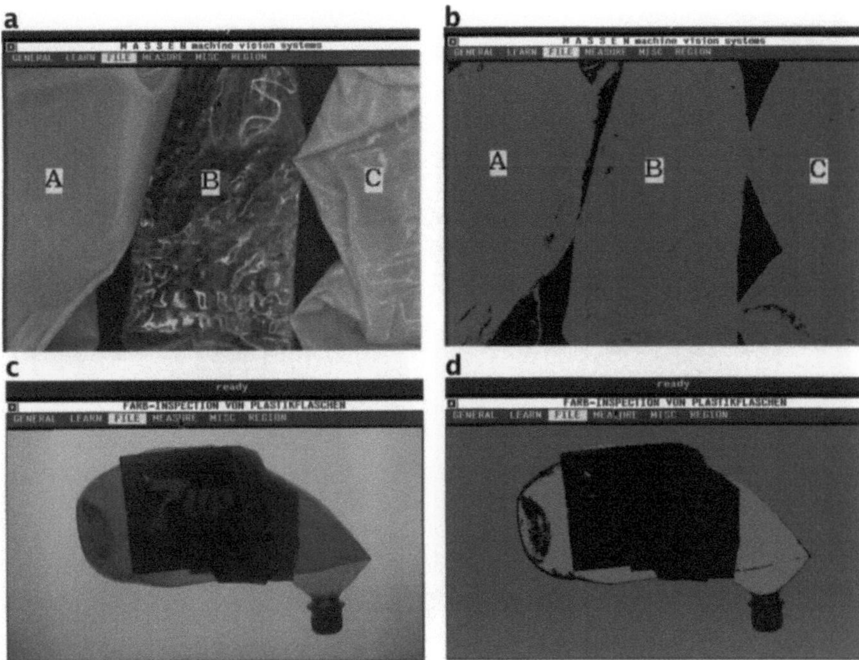

Farbtafel 5. Durch Kombination der Infrarot-Messung mit der Farberkennung kann der Plastikmüll nach Materialart und Farbe sortiert werden (**a** und **b**). Die zusätzliche Bildanalyse erlaubt auch dann eine eindeutige Zuordnung, wenn Teile des Objektes durch überlagerungen verdeckt sind (**c** und **d**) [25] (siehe Farbtafel 5, S 251)

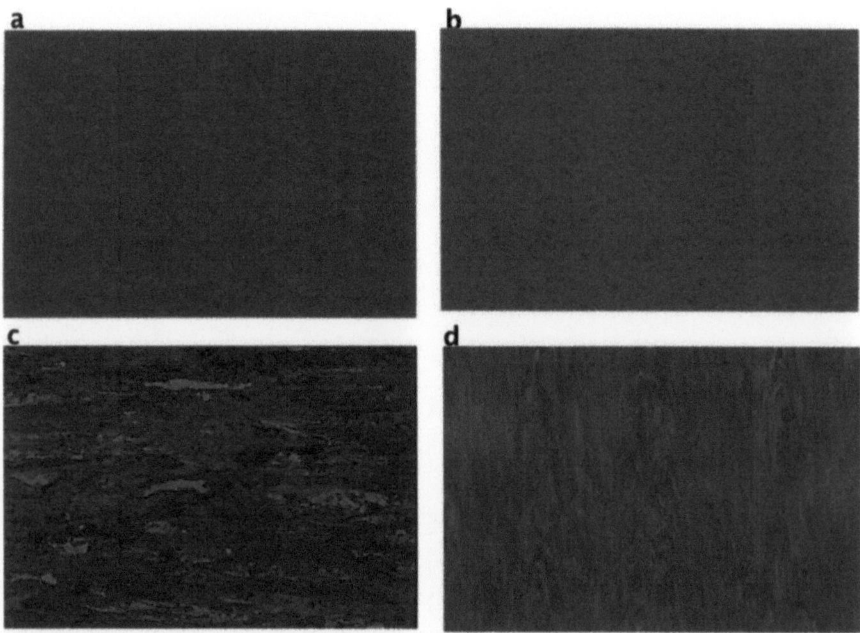

Farbtafel 6. Charakteristische Proben aus dem Produktspektrum der PVC-Bodenbeläge (siehe Abb. 3.53, S 153)

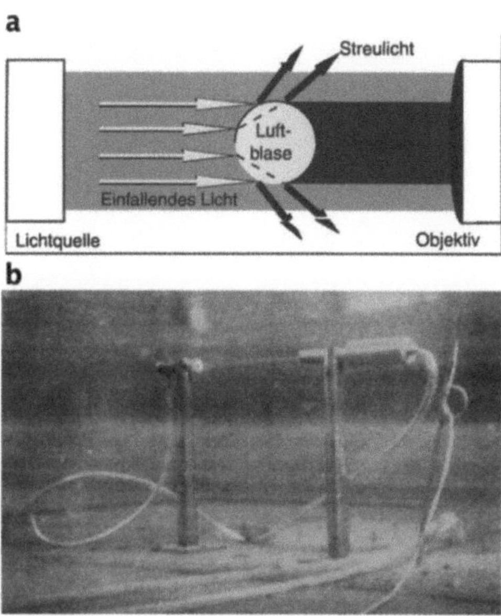

Farbtafel 7. a Visualisierungsprinzip für Luftblasen in Wasser mit einem Durchlicht-verfahren. Die Blasen reflektieren oder brechen das Licht, so daß sie als dunkle Objekte vor hellem Hintergrund erscheinen (Abb. 4.7). **b** Unterwasseraufnahme der Versuchs-einrichtung, wie sie im Wind/Wellen-Kanal von Delft Hydraulics benutzt wurde. Auf dem linken Ständer ist die Lichtquelle, rechts die Aufnahmeoptik und Kamera in wasserdich-tem Gehäuse zu sehen. Nach [14] (siehe Abb. 4.6, S 179)

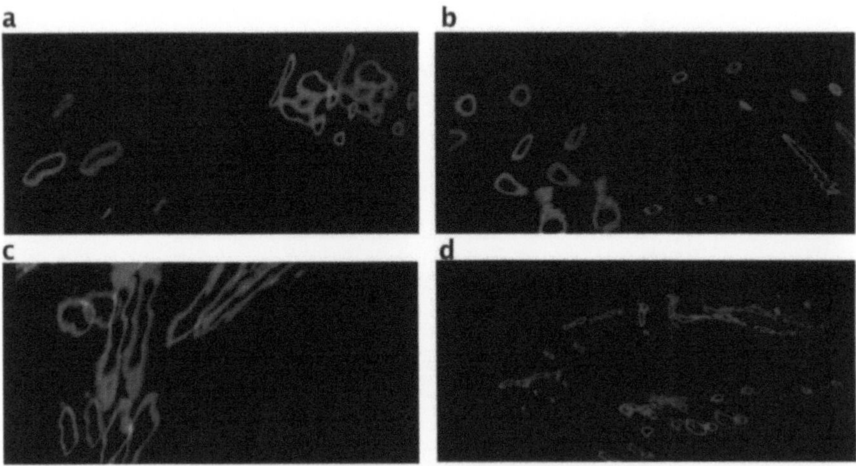

Farbtafel 8. Aus der Form der Reflexe einer ringförmigen Lichtquelle an der Wasseroberfläche läßt sich auf die Krümmung der Wasseroberfläche schließen. Durch die Stereo-
anordnung (linkes Bild grün , rechtes rot dargestellt) kann zusätzlich die Höhe der Reflexe gemessen werden. Bildausschnitt etwa 20 cm x 30 cm. Bilder überlassen von [2]
(siehe Abb. 4.9, S 182)

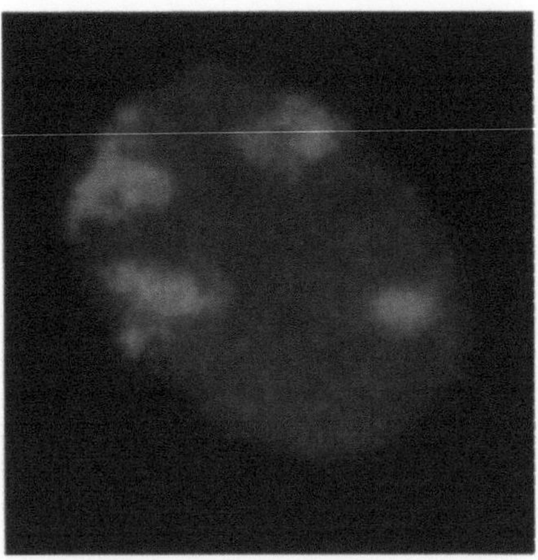

Farbtafel 9. Ein menschlicher Zellkern, bei dem das Chromosom 7 und das Geschlechtschromosom X grün angefärbt wurden. Zur Unterscheidung der beiden Chromosomen
wurde eine Teilstruktur von Chromosom 7 zusätzlich rot angefärbt. Der gesamte Zellkern ist mit einem dunkelblauen Farbstoff gegengefärbt. Bildgröße 30 x 30 µm. Aus [3]
(siehe Abb. 4.14, S 186)

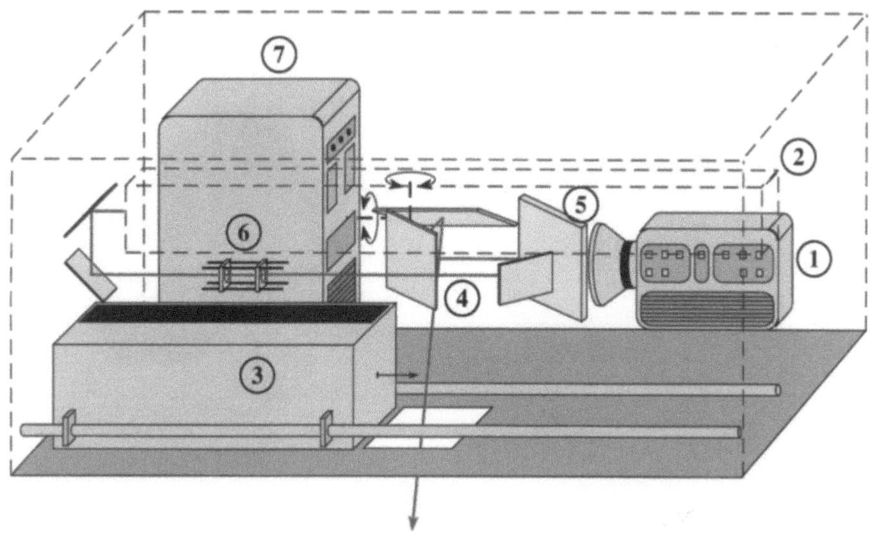

Farbtafel 10. Schematische Zeichnung der Apparatur zur aktiven Thermographie der Wasseroberfläche: **1** Amber Radiance1-Wärmebildkamera (Wellenlängenbereich 3-5 µm), **2** CO_2-Laser, **3** Kalibrierbox mit drei Schwarzkörperstrahlern unterschiedlicher Temperatur, **4** Zweiachsiger Scanner, **5** Strahlteiler, **6** Fokussieroptik für CO_2-Laser. Aus [5] (siehe Abb. 4.16, S 188)

Farbtafel 11. Montage der Apparatur aus Abb. 4.16 am Bug des Forschungsschiffs „New Horizon". Aus [5] (siehe Abb. 4.17, S 188)

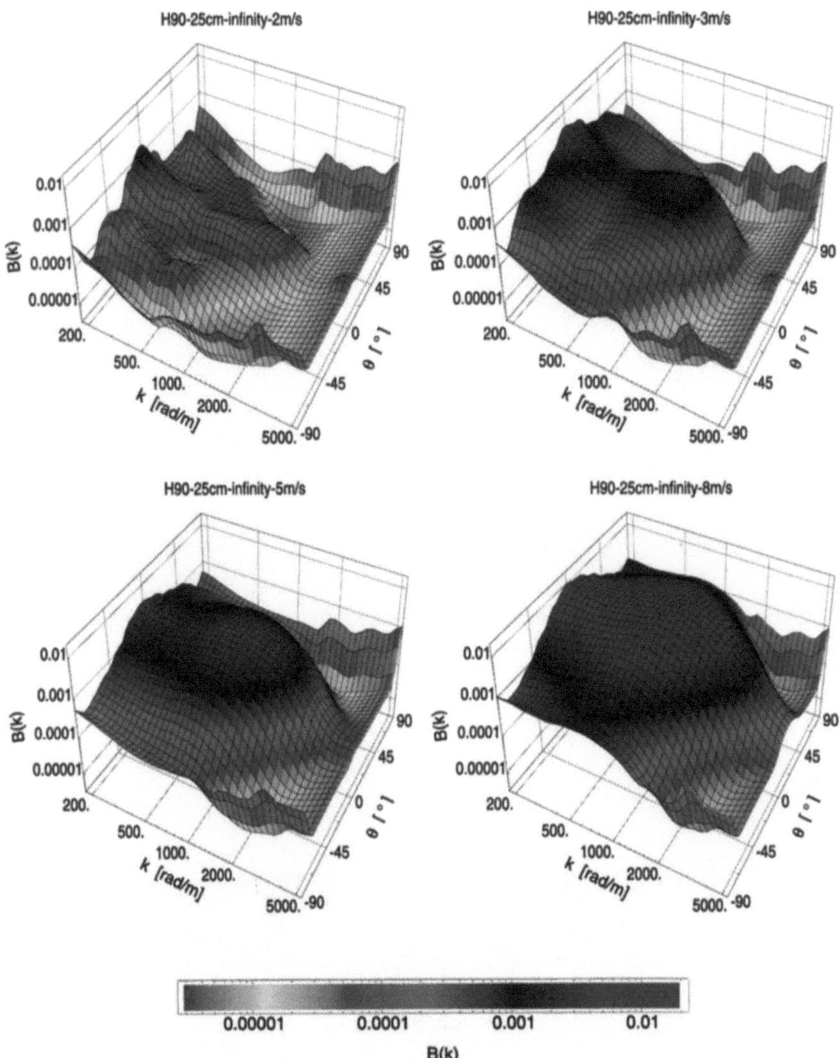

Farbtafel 12. Energiespektren von winderzeugten Wellen. Die Spektren zeigen die Winkel- und Wellenzahlverteilung der Wellen bei verschiedenen Windgeschwindigkeiten, wie sie im Wind/Wellen-Kanal der Universität Heidelberg gemessen wurden. Jedes der gezeigten Spektren ist ein Mittelwert aus mehreren hundert Bildern (siehe Abb. 4.23, S 194)

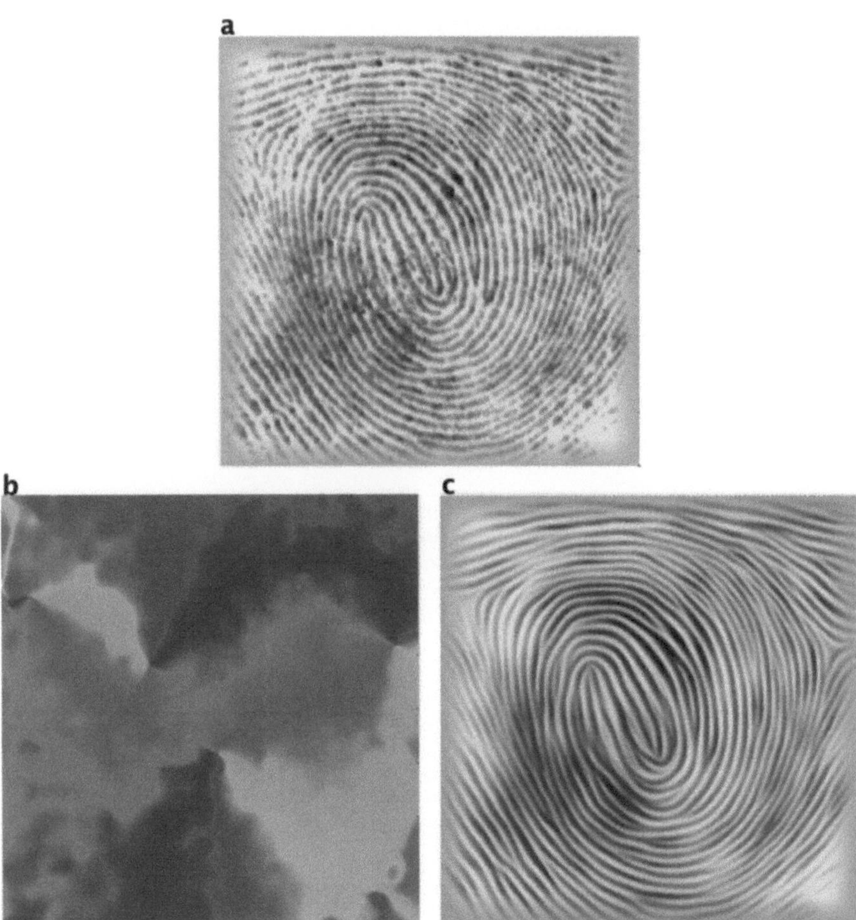

Farbtafel 13. Bildverbesserung durch auf lokaler Orientierung beruhende adaptive Filterung **a** Fingerabdruckbild, das mit anisotropen Diffusionsfiltern verbessert werden kann. **b** Orientierungsbild, **c** das mit der die Kohärenz erhöhenden anisotropen Diffusion verbesserte Bild. Aus [24] (siehe Abb. 4.24, S 195, und Abb. 4.25, S 196)

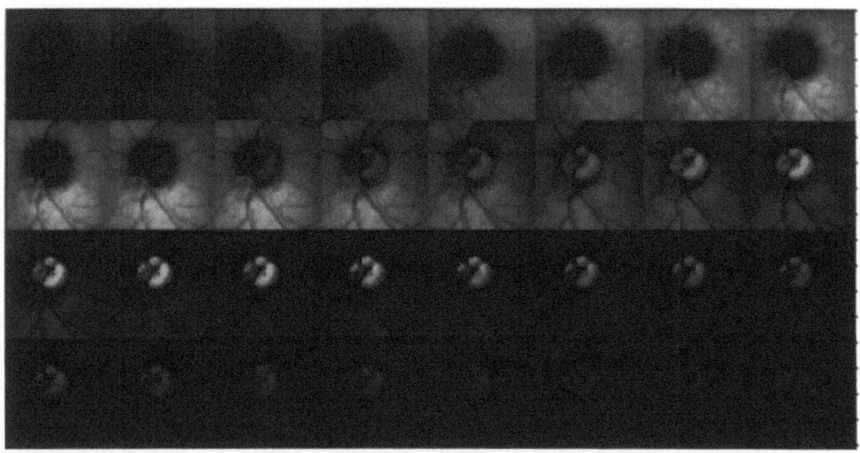

Farbtafel 14. Serie von 32 konfokalen Schnittbildern (mit von links nach rechts und oben nach unten zunehmender Tiefe zur Vermessung der Topographie des Augenhintergrundes. Aus [25] (siehe Abb. 4.28, S 201)

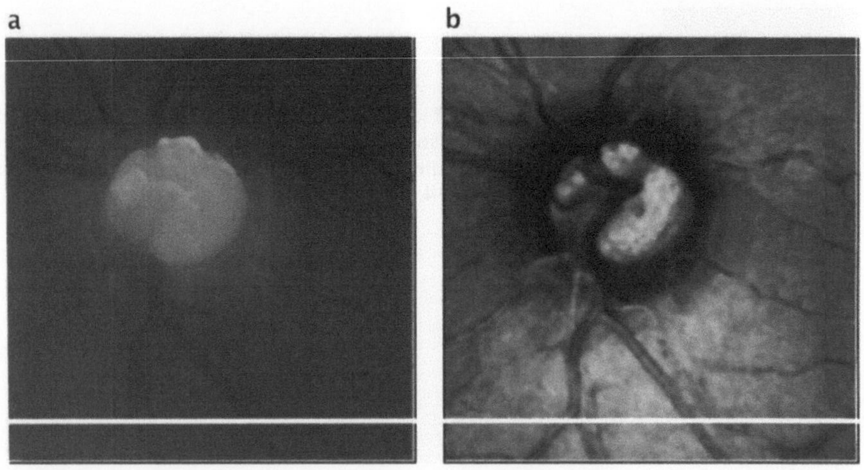

Farbtafel 15. Rekonstruktion der Topographie des Augenhintergrundes. **a** Tiefenbild: tieferliegende Strukturen, wie der Austritt des Sehnervs aus dem Auge, sind heller codiert. **b** Reflexionsbild. Aus [25] (siehe Abb. 4.29, S 201)

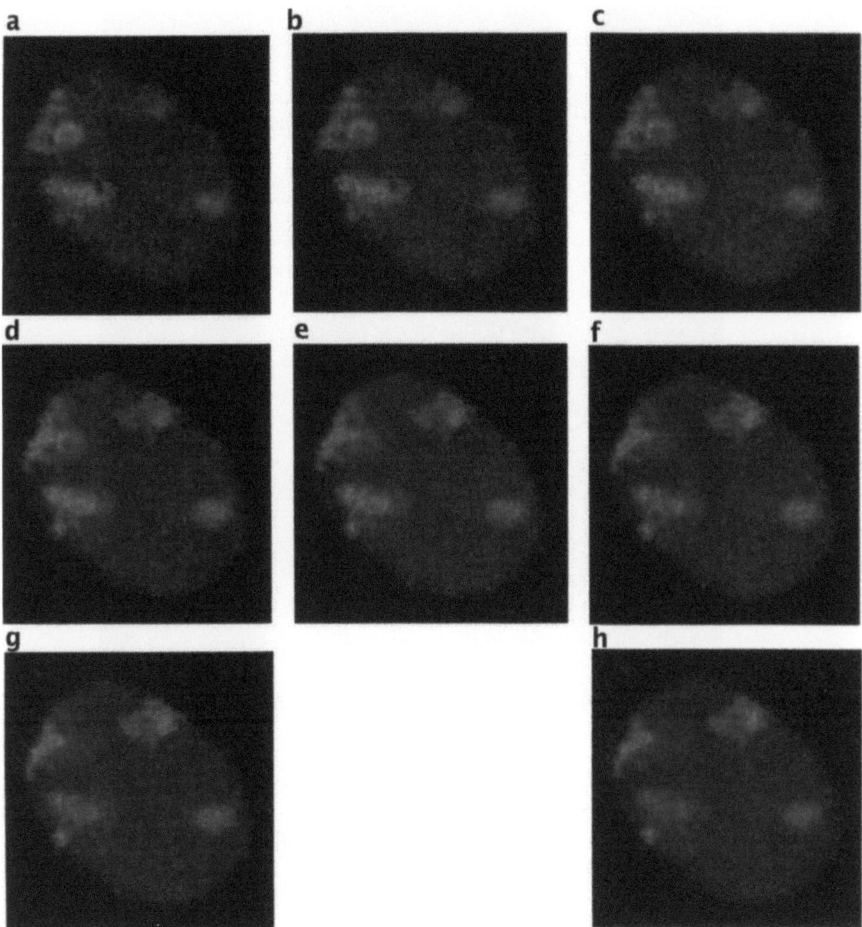

Farbtafel 16. Fokusserie eines Zellkerns, aufgenommen mit einem konfokalen Mikroskop. Die Bildgröße beträgt 30 µm x 30 µm, der Tiefenabstand der einzelnen Schnitte 0,3 µm. Die Chromosomen X und 7 sind grün eingefärbt worden. Zur Unterscheidung der beiden Chromosomen wurde eine Teilstruktur des Chromosom 7 zusätzlich rot eingefärbt. Der gesamte Zellkern wurde mit einem dunkelblauen Fluoreszenzfarbstoff gegengefärbt (siehe Abb. 4.32, S 204)

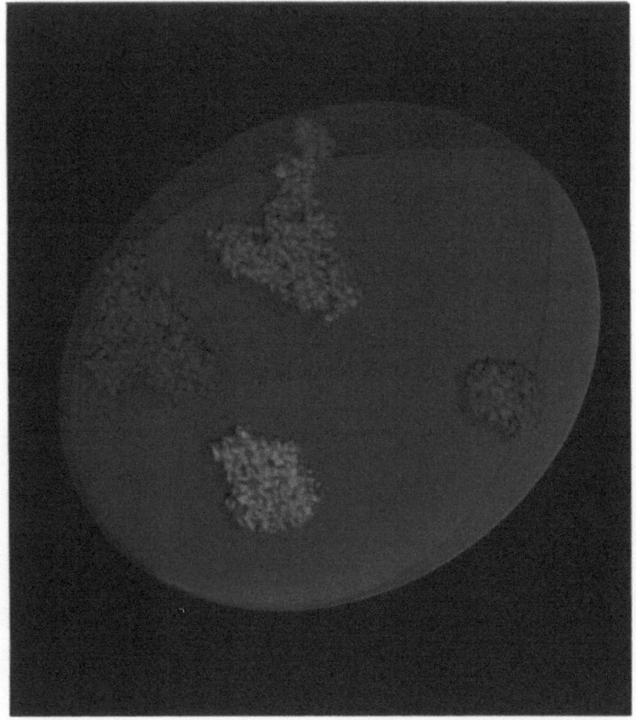

Farbtafel 17. 3D-Zellkernrekonstruktion aus der in Abb. 4.32 gezeigten Fokusserie. Das inaktive Chromosom X ist rot, das aktive gelb, Chromosom 7 ist blau, und seine Centromere sind magenta dargestellt. Der Umriß des Zellkerns ist als Ellipsoid modelliert (siehe Abb. 4.33, S 205)

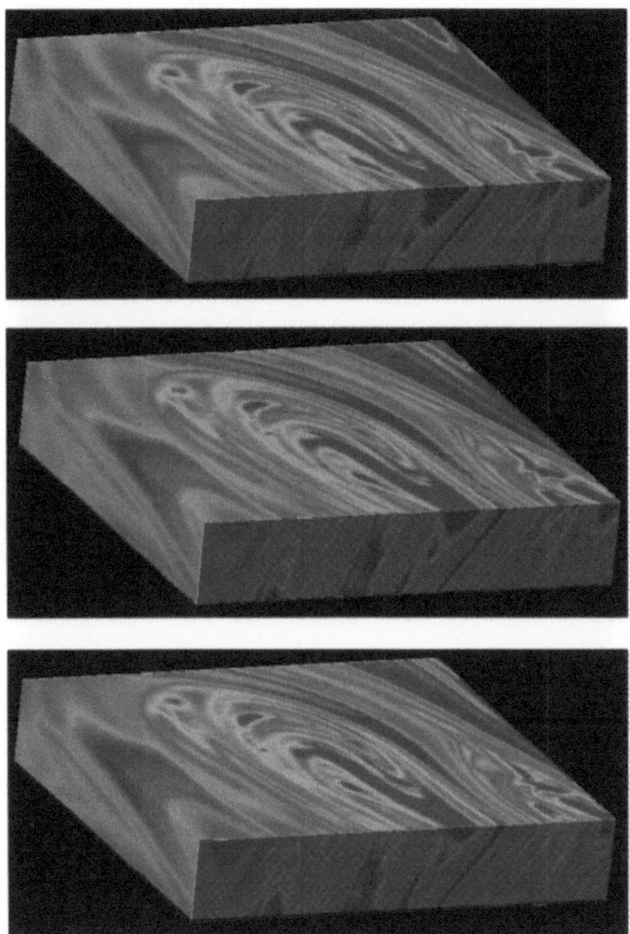

Farbtafel 18. Drei aufeinanderfolgende Volumenbilder aus je 50 Schichten von 256 x 256 Pixel großen Bildern, die im Abstand von jeweils 1/10 Sekunde gemessen wurden. Aus [16] (siehe Abb. 4.39, S 210)

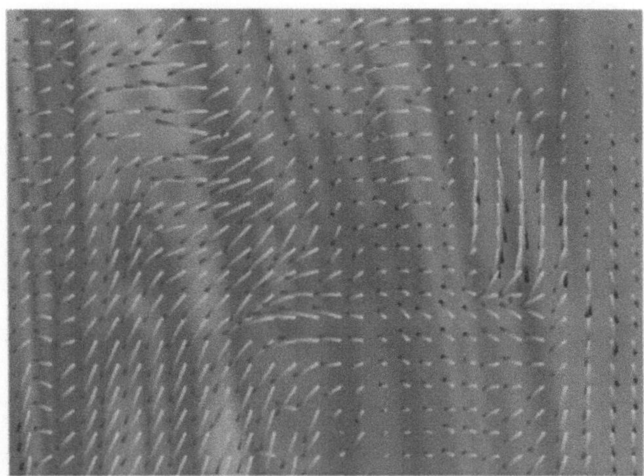

Farbtafel 19. Ein durch ein Least Squares Matching-Verfahren ermitteltes dichtes Strömungsvektorfeld. Die Strömungsvektoren sind dem Konzentrationsfeld übergelagert. Aus [16] (siehe Abb. 4.40, S 210)